南方湿润地区
基于规则的水资源合理配置

韩宇平　张建龙
朱庆福　黄会平　著

中国水利水电出版社
www.waterpub.com.cn

内 容 提 要

本书是关于区域水资源合理配置问题的专著。全书以湖北省漳河水库灌区为研究对象，系统开展了区域水资源评价与合理配置工作，查明了区域水资源量和可利用量，摸清了研究区水资源开发、利用与保护现状，分析了研究区水资源演变情势，估算了灌区的节水潜力，采用基于规则的水资源模拟模型开展区域水资源合理配置研究，并产生了水资源合理配置推荐方案。本书研究成果对于指导区域水资源规划和调度工作具有重要的指导意义。

本书可供水利、水资源、水文、地理、环境、生态、经济社会和自然资源等专业的科研、教育、计划管理人员及高等院校相关专业的本科生、研究生与教师阅读参考。

图书在版编目（CIP）数据

南方湿润地区基于规则的水资源合理配置 / 韩宇平等著. -- 北京 : 中国水利水电出版社, 2014.3
ISBN 978-7-5170-1779-0

Ⅰ. ①南… Ⅱ. ①韩… Ⅲ. ①水资源－资源配置－研究－中国 Ⅳ. ①TV213.4

中国版本图书馆CIP数据核字(2014)第043468号

书　名	**南方湿润地区基于规则的水资源合理配置**
作　者	韩宇平　张建龙　朱庆福　黄会平　著
出版发行	中国水利水电出版社 （北京市海淀区玉渊潭南路1号D座　100038） 网址：www.waterpub.com.cn E-mail：sales@waterpub.com.cn 电话：（010）68367658（发行部）
经　售	北京科水图书销售中心（零售） 电话：（010）88383994、63202643、68545874 全国各地新华书店和相关出版物销售网点
排　版	中国水利水电出版社微机排版中心
印　刷	北京嘉恒彩色印刷有限责任公司
规　格	184mm×260mm　16开本　15.75印张　373千字
版　次	2014年3月第1版　2014年3月第1次印刷
印　数	0001—1000册
定　价	**66.00**元

前言

进入21世纪，随着工业化、城镇化和农业现代化进程的不断推进，经济社会发展对水资源的需求日益增长，加之全球气候变化的影响，水资源已成为经济社会可持续发展的主要制约因素。国际、国内大量研究表明，解决水资源短缺问题的主要途径和有效措施是节水、治污、调水和配置。节水是解决水资源短缺的根本措施，通过节水可以减少用水浪费，提高用水效率，抑制需求增长，减缓供需矛盾。治污是避免发生水质性缺水的重要保障，通过治污和中水回用可以增加水资源重复利用率。调水是增加区域水资源承载能力的直接途径，通过调水可以加大供给，有效缓解区域的供需矛盾。配置是在上述措施到位或不到位情况下，就有限的水资源进行统筹安排、合理分配和高效节制与配给。通过科学配置和合理配置，协调水资源区域分布与经济社会布局不相适应的关系，解决各部门和各行业之间的竞争用水问题；通过总量控制和定额管理，促使各部门和各行业内部高效用水、强制节水，实现水资源的永续利用，保障社会经济社会、资源、生态环境的协调可持续发展。合理配置是突破区域经济社会发展水资源短缺瓶颈的关键。

国内外有关水资源优化配置或合理配置方面的成果汗牛充栋，大多数研究集中在我国缺水问题更加严重的华北地区和西北地区，南方湿润地区的研究成果相对较少。这已经与我国南方部分地区出现的水资源新情况不相适应，如湖北漳河水库灌区近年来出现了水资源短缺问题。鉴于此，湖北省漳河工程管理局于2006年启动实施了“湖北省漳河灌区水资源合理配置方案研究”项目，该项目由湖北省漳河工程管理局负责组织、监督与协调，华北水利水电大学成立项目研究组负责承担实施。项目于2006年9月启动，2008年3月通过了湖北省水利厅组织的专家验收。本项目基本查明了研究区水资源量，摸清了研究区水资源开发、利用与保护现状，分析了研究区水资源演变情势，估算了灌区的节水潜力，采用基于规则的水资源模拟模型开展区域水资源合理配置研究，产生水资源配置方案，该模型方法更加接近水资源调度实际，对生产实践更加具有指导意义。经过近几年来的项目成果实施，证实了该项目研究方案和研究成果的科学性和可靠性，为此，将该项目研究成果总结成书，希望能够发挥其对相似地区的生产实践的指导作用。

本书共分18章。

第1章针对研究区的气象、水文特性、河流湖泊、地形地貌和水文站网进行调查统计，提供了更加翔实可靠的基础资料，并提出了目前水文站网在站网布设、资料的数量和质量等方面所存在的问题。

第2章通过雨量站合理地选择、降雨资料进行插补延长和资料系列的代表性分析，利用泰森多边形的方法，计算出研究区水资源分区和行政分区的降雨量，分析了研究区多年平均年降雨量的地区分布和降雨量的年内分配及年际变化，并得到多年平均年降雨量山区大于丘陵，西南部大于中部分布和降雨量年内分配及年际分配很不均匀的规律。

第3章按照此次水资源评价细则的要求，对蒸发量资料进行了一致性分析，根据各站蒸发量资料利用面积加权的方法，分别计算了研究区的水资源分区和行政分区的水面蒸发量，研究了多年平均水面年蒸发量的地区分区情况及蒸发量的年内分配和年际变化。结合年降雨量和年蒸发量，准确地计算出研究区的干旱指数，并分析其地区分布和年内分布情况。

第4章依据我国南方地区河流泥沙的基本情况，以打鼓台站的资料为基础，对漳河水库流域进行泥沙评价。分别计算出水库流域的多年平均年输沙量和输沙模数，并分析了河流泥沙的变化趋势和河流含沙量的基本特点。

第5章经过对实测径流还原计算和天然径流量系列一致性分析与处理，提出了系列一致性较好、反映近期下垫面条件下的天然年径流系列，分别计算出水资源分区和行政分区的地表水资源量，并分析比较研究区多年平均年径流量的年内分配和年际变化。

第6章根据南方地区地下水资源的特点，按照《全国水资源综合规划技术细则》的要求，缺乏的水文地质资料，主要参照《湖北省水资源综合规划报告》。山丘区按照排泄量的计算方法，将计算出的1960—2005年逐年的河川基流量，近似作为山丘区1960—2005年地下水资源量系列。按照补给量和排泄量的计算方法，分别计算水稻田降水灌溉入渗、旱地降水入渗、水稻田旱作期降水入渗、旱地和水稻田旱作期的灌溉入渗、渠系渗漏、水库对地下水等补给量，结合潜水蒸发、河道排泄、侧向渗流等排泄量得出研究区的地下水资源量。

第7章正确合理地确定了重复计算量R_g（或不重复计算量$Q_{不重复}$），将地表水资源量和地下水资源量相加扣除它们互相转化的重复水量作为水资源总量，分别得到水资源分区和行政分区的水资源总量。以水量平衡为基础，探讨了降水、地表水、地下水等各水文要素之间的数量关系及它们在各计算分区的对比状况，检查分析水资源计算成果的合理性。

第8章在统筹考虑生活、生产和生态环境用水，协调河道内与河道外用水基础上，通过经济合理、技术可行的措施，利用倒算法和可开采系数法，分别求得研究区的地表水资源可利用量和地下水资源可利用量，为研究区的水资源开发利用提供了科学的依据。

第9章利用研究区46年的资料系列，对研究区的生产生活耗水量、工业用水耗水量、农业灌溉耗水量、降雨量、蒸发量和水资源量的演变情势进行分析计算，并得到了各因素演变情势的发展规律和水资源量演变的丰枯变化。

第10章以水资源分区和行政区为统计单元，收集统计了研究区与用水密切关联的经济社会指标，其指标主要有人口、工农业产值、灌溉面积、牲畜头数、国内生产总值（GDP）、耕地面积、粮食产量等。

第11章以现状年为基准年，调查统计了研究区的地表水源、地下水源和其他水源等三类供水工程的具体数量和现状年在漳河水库灌区内，地表水源供水量、地下水源供水量及其他水源供水量。总结了灌区供水量的变化情况，详细阐述了漳河水库、太湖港水库和中小型水库的供水量变化趋势。同时提交了研究区水资源及其开发利用调查评价的GIS系统。

第12章按照用户特性分别调查统计了灌区现状年农业用水、工业用水和生活用的用水量，具体分析了漳河水库和太湖港水库的各项用水量变化情况。根据灌区的经济发展情况，科学地总结了灌区用水组成的变化情况和变化趋势，结合荆门市水资源公报和2005年湖北省水利厅发布的水资源状况，分析计算了现状年各行政区灌区工业、农业和生活的用水消耗量以及综合耗水情况。

第13章根据蓄水、引水、提水和调水四类地表水源工程的水质监测资料及供水量，对2005年漳河水库灌区的主要供水水源工程进行水质评价和富营养水平分析，调查了现状年工业企业污染源、废污水排放量以及主要污染物入河情况，系统反映了生活、工业及农业用水的供水水质。

第14章结合研究区的水资源量和开发利用情况，分析了研究区的水资源开发利用程度。在经济社会资料收集整理和用水调查统计的基础上，对各分区的综合用水指标、农业用水指标、工业用水指标和生活用水指标进行了分析计算，评价其用水综合水平和用水效率及其变化情况。

第15章以避免浪费、减少排污、提高水资源利用效率为目的，采取了包括工程、技术、经济和管理等各项综合措施的行为对灌区进行了节约用水研究。内容主要包括：分析了现状节水水平，确定了各地区、各部门、各行业分类节水标准与指标，分析与计算了节水的潜力，确定了不同水平年的节水目标，拟定了节水方案，落实了节水措施。

第16章依据各地统计年鉴资料和常用的社会经济发展的预测方法，分别预测了灌区人口、城镇化、宏观经济、经济结构、工业、农业、建筑业和第三产业的发展状况。在此基础上结合灌区的实际发展情况，恰当地制定和预测了各部门用水定额，进而对灌区的第一、第二、第三产业不同规划水平年不同保证率的需水量进行了合理的预测。

第17章在系统、有效、公平和可持续利用等原则的指导下，遵循自然规律和考虑市场经济规律，按照资源配置准则，通过合理抑制需求、有效增加供水、积极保护生态环境等各种工程与非工程措施和手段，根据研究区的实际情况，准确把握配置模型的关键技术，合理地水资源对系统进行概化，最终有针对性地建立了基于规则的水资源配置模拟模型。结合模型系统运行时的规则和灌区不同约束条件下的配置方案，采用了长系列月调节计算的方法，在多次供需反馈并协调平衡的基础上，分别得到了不同规划水平年不同保证率情况下的供需平衡结果和各地区的供水结构。结合不同干旱年应急情景的设定，制定了遇连续干旱年或特殊干旱年的水资源调配方案和应急预案。

第18章首先总结了研究成果，同时根据水资源合理配置结果以及漳河水库灌区的实际情况，提出了经济建设布局要以水资源条件为基础、建立有效的水资源管理体制、进行水资源使用权的初始分配尝试、建立合理水价形成机制和水价体系、实施对农业节水灌溉的补贴制度和制定有效保护水资源的地方条例等具体的水资源实施政策与建议。

本书各章撰写分工如下：第1章～第5章由朱庆福撰写；第6章由黄会平撰写；第7章～第9章由韩宇平撰写；第10章～第16章由韩宇平、张建龙、黄会平撰写；第17章、第18章由韩宇平撰写，全书由韩宇平最终审阅、统稿。本书在收集资料过程中得到了湖北省漳河工程管理局杨平富、陈祖梅、田树高、胡小梅、周铁军等人的大力协助，同时书中也凝聚了他们的思想和心血，在此深表感谢！书中参考了大量国内外专家学者的研究成果，在此表示感谢！撰写过程中我们对引用文献尽量予以标注，如果存在疏漏情况请予以海涵！本书的出版得到了国家自然科学基金项目（编号51279063）、水利部“948”项目（编号201328）和教育部新世纪优秀人才支持计划项目（编号NCET-13-0794）的资助，在此表示感谢！

因受时间和作者水平所限，书中疏漏和不足之处，恳请读者批评指正！

作　者

2014年1月

于郑州

目 录

第1章 基本概况

1.1 自然状况

研究区位于湖北省中部，区域内包括漳河水库流域和灌区两部分，总面积7755.93km^2。其中漳河水库流域是指漳河水库坝址以上的汇水区域，面积为2212km^2，坝址以上尽属崇山峻岭，河流穿行于峡谷之间，平均高程400m左右。漳河水库灌区面积5543.93km^2。灌区土地肥沃，东滨汉江，西讫沮河，南抵长湖，北接宜城，地跨荆州市的荆州区、宜昌市的当阳市、荆门市的掇刀区、东宝区、沙洋县以及钟祥市，是湖北省重要的商品粮基地之一[1]。

1.1.1 漳河水库流域概况

1.1.1.1 气象水文特性

漳河水库流域属长江中游亚热带季风气候类型，冬季尚暖，夏季炎热，山地气候特征显著。年内气温相差很大，变化剧烈，年蒸发量在700～1000mm之间，月最大蒸发量为150mm，月最小蒸发量为16.5mm。夏季多南风、东南风，冬季多北风、东北风。

水库流域年降雨量丰富，漳河水库流域1960—2005年的多年平均年降雨量为989.6mm，降水总量为22亿m^3。50%频率的降雨量为973.8mm，降水总量为21.5亿m^3；75%频率的降雨量为849.1mm，降水总量为18.8亿m^3；95%频率的降雨量为694.7mm，降水总量为15.4亿m^3，降雨年内分布极不均匀，5—10月降雨量占全年降雨量的80.8%左右，7—8两月降雨量则占全年降雨量的32.7%。漳河径流主要来源于降雨，径流也具有和降雨同样的特点，径流量不但年内分配不均匀，而且年际变化较大，有连续多年丰、枯水变化显著的现象。

1.1.1.2 河流水系

漳河发源于湖北省南漳县境内荆山南麓之三景庄，流经保康、南漳、远安、荆门、当阳等县、市，于当阳市两河口与西支沮河汇流，流域为一长条形，自西北向东南倾斜，海拔42～1400m。流域内漳河水系的主要河流包括：位于南漳县境内的茅坪河、小漳河、杨家河以及位于东宝区境内的钱河、姚河和安河等，具体情况详见表1-1[2]。

表1-1 水库流域主要河流水系情况统计表

行政区	序号	支流名称	起于	止于	河长（km）	承雨面积（km^2）
南漳县	一	13			194.2	1077.9
	1	明阳洞河	老龙洞	大河	8.0	83.5
	2	般若寺河	黄家坑	林爬	6.0	9.5
	3	九家河	尹家垭	于家寨	6.3	27.8

续表

行政区	序号	支流名称	起于	止于	河长（km）	承雨面积（km^2）
南漳县	4	阎家河	阎家河	中 厂	3.8	10.8
	5	杨家河	跑汉口	杨树井	21.0	186.6
	6	刘家河	银马洞	台子上	11.0	50.0
	7	西林河	周家湾	漫荣北	8.3	18.8
	8	东林河	黄龙洞	漫荣南	13.0	18.8
	9	里三沟	南 坡	杨洞子	15.3	39.5
	10	小漳河	谢家湾	纸厂畈	21.5	175.5
	11	南浴沟	树林子	打鼓台	12.5	22.5
	12	陈家河	老虎窝	口 泉	6.5	11.8
	13	茅坪河	阎家垭	龙王滩	61.0	422.8
远安县	二	5			95.0	225.8
	1	丁家河	东 冲	蔡 坡	51.0	133.5
	2	漳木沟	宋家冲	阳河坪	9.0	13.0
	3	巩峪河	张家垭	巩峪口	10.0	23.0
	4	北岔沟	西峰垭	王家湾	6.0	12.5
	5	温家沟	漆树垭	小河口	19.0	43.8
东宝区	三	4			96.5	361.0
	1	臭水河	林 沟	牛金湾	17.5	44.0
	2	钱 河	界山垭	姚家畈	41.0	142.0
	3	姚 河	陈家湾	谢家畈	21.0	86.0
	4	安 河	泉 湾	宋 台	17.0	89.0
合计		22			385.7	1664.7

1.1.2 漳河水库灌区概况

1.1.2.1 气象水文特性

灌区属亚热带季风气候类型，气候温和，无霜期长，雨量充沛，为农业生产提供了极为有利的条件。据统计，灌区多年平均气温 15.6～16.4℃，年内气温相差很大，变化剧烈，冬季 1 月平均气温 2.7～4.8℃；7 月最热，平均气温 28.1～37.8℃。灌区多年平均年蒸发量为 958.9mm，全年无霜期为 246～270 天。一般初霜时间多在 11 月，终霜时间在次年 3 月。

灌区年降雨量丰富，灌区 1960—2005 年的多年平均年降雨量为 984.6mm，降水总量为 54 亿 m^3，50%频率的降雨量为 962.9mm，降水总量为 53.29 亿 m^3；75%频率的降雨量为 828.6mm，降水总量为 45.86 亿 m^3；95%频率的降雨量为 670.5mm，降水总量为 37.11 亿 m^3。由于灌区降雨量在时空上分布不均，南大于北，西大于东，4—10 月降雨占全年的 85%，并且地处冷暖空气南北来往的交汇处，所以易形成暴雨洪水、大风、春旱、夏旱、伏秋连旱、冬旱和梅雨期洪涝等自然灾害，在灌区的平原地区多发生洪涝灾害，有时外洪内涝，造成农业不同程度的减产，给农业生产带来了不利影响[3]。

1.1.2.2 河流水系

灌区河流基本上分为三大水系。以荆山山脉为界，以东为汉江水系，以西为漳河水系，以南为长湖水系，三大水系均入长江，灌区主要河流 25 条，主要河流的特征详见附表 1－1。漳河水系和汉江水系的各河流，因有泉水和地下水补给，长年有水，但径流量受降雨影响，变差较大。由于河流纵坡陡，呈山溪性河流特征，易涨易落。长湖水系因没有地下水补给或极少补给，呈间歇性河流，雨季有水，旱季多断流。

1.1.2.3 湖泊

据 2005 年资料统计，灌区共有湖泊 35 处，总控制流域面积 3375.7km^2，水面面积 23.04 万亩，总库容 3.54 亿 m^3，主要分布在沙洋县境内，共计 24 处，占整个灌区的 68.6%。灌区内最大的湖泊为长湖，流域面积 2265.4km^2，水面面积 17.0 万亩，总库容 2.9 亿 m^3，分别占灌区的 67.11%、73.78%和 81.83%。其他较大的湖泊有借粮湖、彭冢湖、虾子湖、贺吕湖、季加湖，具体详见附表 1－2。

1.2 地形地貌

研究区地形分为五种，分别为侵蚀山丘、构造剥蚀与构造侵蚀地形、剥蚀地形、剥蚀堆积地形、堆积地形，对应的五种地貌分别是山地、中低山区、丘陵、山前倾斜平原和阶地。各种地形地貌的分布情况如下[4]：

(1) 侵蚀山丘：分布在研究区的漳河水库流域，地形绝对标高在 500～1600m 之间，其中以 600～900m 为多，相对高程在 100～700m。由西北向东南倾斜，河谷深切，为山间峡谷地形。

(2) 构造剥蚀与构造侵蚀地形：中低山区主要分布在灌区的荆门黄家集、观音寺以北及冷水铺朱堡埠一带，由三叠纪灰岩、侏罗纪砂页岩等地层组成。地形绝对标高 200～700m，其中以 300～500m 为多，相对高程 100～500m。由北向南倾斜，河谷深切，山岭陡峻，形成山间峡谷地形。

(3) 剥蚀地形：丘陵地形主要分布在观音寺—鸡公尖以南、香炉山—仙女庙、荆门东宝山—五岭包、龟山—赵庙等地，主要由侏罗纪及第三系砂页岩组成，表面有零星覆盖物，地形绝对标高 90～200m，相对高程在 42～80m，山势平缓，高差不大。

(4) 剥蚀堆积地形：由山前倾斜平原或阶地，经后期沟谷切割而成。一是岗状地形，地面绝对标高 70～130m，依据地形形态可分成丘岗与平岗，前者地形起伏较大（15～35m），岗体方向性不强，主要分布在中低山与丘陵的前缘；后者地形起伏不大（10～25m），岗面平坦，主要分布在灌区东南部。岗状地形由更新统上部黏土与下部砂乐石层组成，小型河谷、大型坳谷与冲沟发育，岗面呈近南北向伸延较远，为布置渠系进行自流灌溉及自然排水的良好地形条件。二是波状地形，分布在山前倾斜平原与冲积湖平原接壤地带，地形谷梁相间波浪起伏，高差不大，约 5～15m，绝对标高 40～60m，沟谷开阔平坦，一般宽 0.5～1km，为种植稻田主要地区。

(5) 堆积地形：一是冲积平原，为汉江、长江、沮漳河冲积而成的漫滩型平原，由全新统亚黏土、亚砂土、粉砂土组成，平原表面绝对高程一般30～40m，平原上分布着大小不一的湖泊及沼泽。二是冲积湖积平原，分布在长湖等较大湖泊周围，由全新统亚黏土、亚砂土及淤泥质亚黏土组成，湖泊周围一般都分布着环状沼泽。

研究区各类地形面积见表1-2。

表1-2　研究区各类地形面积及所其占研究区总面积百分比统计表

地形（绝对高程）	山地（500～1600m）	丘陵（40～700m）	平原（42～65m）	合　计
面积（km^2）	2212	4658.64	885.29	7755.93
百分比（%）	28.52	60.07	11.41	100.0

1.3 水文站网

1.3.1 地表水监测站网

研究区内的水文站网建设主要在漳河水库流域，从1956年设立第一个水文站——薛坪站以来，至今已有52年的历史。此后又设置了板桥、高峰、甘溪、肖堰、巡检、打鼓台、太平、东巩、泥龙、晓坪、口泉、苍坪、栗溪、观音寺、西河、鸡公尖、烟墩等水文站，但只有打鼓台、苍坪、口泉三个站的观测项目有径流观测。泥沙资料观测的水文站只有打鼓台站，水面蒸发站只有烟墩站。漳河水库灌区内有韩家场和皮家集两个地表水的监测站。

1.3.2 存在问题

虽然目前研究区水文监测在站网布设、资料的数量、质量方面基本满足本次水资源调查评价的要求，但也存在一些不足之处，个别水利工程没有开展水文监测或者监测资料不完整，影响天然径流的计算质量。

附表

附表1-1　漳河水库灌区主要河流统计表

水系	河流名称	河流等级	集水面积（km^2）	起于	止于	长度（km）	平均坡降（m）
合计	25						
长湖	西荆河	干流	311.0	王家咀水库	李市镇彭河村	35.8	17.0
	大路港	干流	230.0	安洼水库	支家咀	54.6	52.0
	广坪河	干流	170.0	曾集陈港闸	后港龚家咀	28.3	40.0
	扬场河	干流	174.0	拾桥杨场水库	后港刘院	14.0	16.0
	拾桥河	干流	1113.0	荆城西碑凹	蛟尾李台	157.0	0.0
	车桥河	一级支流	235.0	沙港河水库	草场双河坝	74.5	65.7
	却集河	一级支流	115.0	漳河夹园	草场两河口	37.5	—
	新埠河	干流	374.9	草场双河坝	拾回桥	39.0	33.0
	鲍河	一级支流	209.0	杨树当水库	鲍河电站	46.4	33.0
	王桥河	一级支流	118.0	金鸡水库	拾回桥	28.7	33.0

续表

水系	河流名称	河流等级	集水面积 (km²)	起于	止于	长度 (km)	平均坡降 (m)
汉江	利河	干流	1140.0	荆门市栗溪镇	汉江	86.3	293.5
	仙居河	一级支流	244.7	仙居插旗山北	新集闸	51.3	5.6
	龙裕湖	一级支流	147.0	龙裕湖	新集闸上	21.0	—
	峡卡河	一级支流	210.0	峡卡河	—	21.0	—
	象河	一级支流	178.0	仙居插旗山南	双河口	34.1	290.0
	南桥河	一级支流	285.0	胜景山北麓	双河镇伊坪	42.2	220.0
	九渡港	干流	141.1	北山水库	沿山头	46.0	—
	竹皮河	干流	720.0	圣境山东麓	马良石土湾	10.0	53.0
	革集河	一级支流	102.0	十里牌	吕家坪	32.0	55.0
	麻城河	一级支流	120.0	官堰角水库	马良石土湾	28.8	24.8
	塌湖河	一级支流	306.0	刘冲水库	塌湖	10.5	—
	黄荡湖	干流	388.0	雨淋山水库	马良闸	74.0	44.5
漳河	渮溪河	干流	174.0	荆门市尹湾	漳河	55.2	32.0
	莫家湖	干流	73.0	河溶镇香炉山	河溶镇莫家湖	25.6	58.0
	脚东港	干流	60.0	荆门市付集	河溶镇脚东港	21.0	59.0

附表 1-2　漳河水库灌区主要湖泊统计表

序号	湖泊名称	湖泊类型	所在		控制流域面积 (km²)	水面面积 (亩)	库容 (万 m³)	湖底高程 (m)
			地点	流域				
	合计		35		3375.7	230400	35440	636.9
一	沙洋县		24		3149.5	205950	32950	479.4
1	长湖	淡水湖	沙洋镇	长湖	2265.4	170000	29000	27.0
2	借粮湖	淡水湖	毛李镇	长湖	45.0	12000	1600	27.0
3	彭家湖	淡水湖	毛李镇	长湖	225.0	5000	792	30.0
4	宋湖	淡水湖	毛李镇	长湖	60.0	1000	160	28.0
5	虾子湖	淡水湖	毛李镇	长湖	60.0	2000	178	31.0
6	白洋湖	淡水湖	毛李镇	长湖	1.5	500	70	29.5
7	杨贴湖	淡水湖	毛李镇	长湖	—	600	80	30.6
8	踏平湖	淡水湖	沙洋镇	长湖	83.0	500	70	33.0
9	郑家套	淡水湖	官垱镇	长湖	60.0	500	50	30.0
10	苏家套	淡水湖	官垱镇	长湖	3.0	350	30	30.0
11	黄坪湖	淡水湖	沙洋镇	长湖	—	500	—	—
12	西湖	淡水湖	后港镇	长湖	—	1000	—	—
13	南北垱	淡水湖	后港镇	长湖	—	3000	—	—
14	白骨塔	淡水湖	沙洋镇	长湖	—	200	—	—

续表

序号	湖泊名称	湖泊类型	所在		控制流域面积（km^2）	水面面积（亩）	库容（万 m^3）	湖底高程（m）
			地点	流域				
15	贺吕湖	淡水湖	马良镇	汉江	53.2	2500	335	38.0
16	铁 湖	淡水湖	马良镇	汉江	4.4	600	—	37.5
17	周 湖	淡水湖	马良镇	汉江	6.3	500	35	37.5
18	台子湖	淡水湖	马良镇	汉江	50.7	1500	150	32.0
19	黄荡湖	淡水湖	高阳镇	汉江	232.0	2000	400	38.3
20	覃家渊	淡水湖	沙洋镇	汉江	—	500	—	—
21	王子港	淡水湖	沙洋镇	汉江	—	500	—	—
22	何家塔	淡水湖	沙洋镇	汉江	—	300	—	—
23	刘家塔	淡水湖	沙洋镇	汉江	—	300	—	—
24	贺家套	淡水湖	沙洋镇	汉江	—	100	—	—
二	钟祥市		6		45.4	5420.0	77	120.0
1	塌 湖	淡水湖	石牌镇	汉江	24.0	1200	33	41.0
2	康桥湖	淡水湖	石牌镇	汉江	—	1350	15	—
3	烂泥湖	淡水湖	石牌镇	汉江	8.0	620		39.5
4	渊坑湖	淡水湖	石牌镇	汉江	5.0	1350	—	39.5
5	小南湖	淡水湖	冷水镇	汉江	8.4	600	11	—
6	王家当	淡水湖	冷水镇	汉江	—	300	18	—
三	荆州区		1		178.8	16830	2113	0.0
1	菱角湖	淡水湖	马山镇	沮漳河	178.8	16830	2113	—
四	当阳市		4		2.0	2200	300	37.5
1	季加湖	淡水湖	草埠湖	沮漳河	2.0	2200	300	37.5
2	莫家湖	淡水湖	河溶镇	沮漳河	—	—	—	—
3	赵家湖	淡水湖	河溶镇	沮漳河	—	—	—	—
4	草埠湖	淡水湖	草埠湖	沮漳河	—	—	—	—

第2章 降　雨　量

降雨是产生地表径流和补给地下水的主要来源，降雨量的大小及时空变化间接反映一个地区的天然水资源状况。为了使得研究区的同步期一致，决定对评价区域统一采用1960—2005年作为同步期进行代表性分析，计算不同分区的降雨量系列、统计参数、不同频率的年降雨量和降雨量的年内分配。

2.1 降水资料分析

2.1.1 雨量站的选择

本次水资源调查对研究区雨量站的降雨资料都进行了收集，同时也对研究区外的南漳县、远安县、当阳县气象部门的降雨资料进行收集。在全面收集资料的基础上，再按面上分布均匀、能反映地形变化影响及高低值区的原则，选择资料质量好、系列完整的雨量站点进行分析统计。一般在降雨量变化梯度较大的山区尽可能多选取一些站点，在点据稀少的地区，增选一些资料系列较短的雨量站，通过插补延长处理后作为补充。本次共选用18个雨量站，见附表2-1。平均站点密度为每站430.9km²，各水资源分区及行政分区的雨量站分布情况见表2-1。

表2-1　研究区选用雨量站统计表

序号	水资源分区	行政分区	面积（km²）	站数	站网密度（km²/站）
1	漳河水库流域	南漳县	1080	7	154.3
2	漳河水库流域	保康县	108	0	—
3	漳河水库流域	远安县	282.9	2	141.5
4	漳河水库流域、灌区	当阳市	528.3	1	528.3
5	漳河水库流域、灌区	东宝区	1579.31	6	710.4
6	漳河水库灌区	掇刀区	639	0	—
7	漳河水库灌区	钟祥市	901	1	901
8	漳河水库灌区	荆州区	593.42	1	593.42
9	漳河水库灌区	沙洋县	2044	0	—

2.1.2 资料的插补延长

为了减少样本的抽样误差，提高统计参数的精度，对缺测年份的资料应当进行插补，对较短的资料系列应适当延长，但展延的年数不宜过长，最多不超过实测年数的1/3。研究区设立的雨量站较多，其中漳河水库流域现有雨量站18处，但大多数在20世纪60～

70年代设站（薛坪站是在1956年设站），实测系列多数在40（计算至2005年）年左右，且实测年份中有些站点个别月份的降雨资料没有记录，因此需对缺测的月份进行插补。漳河水库灌区的雨量站均来自于气象部门，系列长度能够满足此次水资源评价的要求，因此不需插补延长。

由于研究区的降水资料大多数是1960年以后的资料，因此把1960—2005年作为此次水资源评价的同步期，同步期以外的年份不再进行插补。

资料插补延长的主要途径如下：

（1）直接移用。当两站距离较近，具有小气候、地形的一致性时，将缺测的资料直接移用相邻站的资料。如板桥站1962年的降雨量直接移用薛坪站同期的降雨量。

（2）相关分析。对需插补延长雨量的年份，一般采用缺测站与参证站相关关系法，即当缺测站与参证站距离较近，成因基本一致，相关关系密切时，通过建立缺测站与参证站同步系列相关曲线，用以插补缺测站的资料，例如利用薛坪站的降水资料插补栗溪站缺失的降雨量资料。据统计在研究区降水资料中实测807年（不包括同步期以外的实测资料及月插补的年份），插补延长21年，平均每站1年，插补延长占总年数的3%。雨量站资料插补延长的详细情况见表2-2。

表2-2　　研究区雨量站资料插补延长详细情况

站　名	插补的年份	插补年数	插补方法	相关系数
薛坪	1960	1	直接移用	
板桥	1960—1962	3	直接移用	
肖堰	1960—1962	3	直接移用	
巡检	1960—1962、1965	4	直接移用	
打鼓台	1960、1961	2	直接移用	
栗溪	1960、1999、2000	3	相关分析	0.86
观音寺	1960、1961	2	直接移用	
漳河	1960、1961、1962	3	直接移用	

2.1.3　系列的代表性分析

1960—2005年降雨量为随时间而变化的一系列离散型观测值，即为随机水文过程中的一个抽样样本。通过统计分析，实测水文系列应该具有丰枯结构和统计参数的相对稳定，即在一个随机系列中，有一个或几个完整的丰枯周期，其中又包含长系列中的最大值和最小值，统计参数X均值和C_v及C_s/C_v值相对稳定，则一般认为这个系列的代表性比较好。

本次水资源评价计算，降水和径流均采用1960—2005年46年的系列资料，而降水又是水资源量的主要补给来源，通过论证降雨量系列的代表性，可间接说明水资源量计算成果的可靠性，因此须对46年同步期降水系列的代表性进行分析。

2.1.3.1　丰枯统计分析

根据研究区面积比较小的实际情况，考虑到对研究区进行精细化评价的要求，选择实测系列较长（大于40年）的薛坪、打鼓台、东巩、观音寺、荆门、当阳、荆州等7个雨量站进行丰、平、枯水年统计分析。

统计标准为：频率小于37.5%的为丰水年，频率在37.5%～62.5%的为平水年，频率大于62.5%的为枯水年，各站丰、平、枯出现的年份详见表2-3。在同步期1960—2005年系列内，在研究区参加统计的7处雨量站共322站年的资料中，丰水年出现124站年，占38.5%；平水年出现79站年，占24.5%；枯水年出现119站年，占37%。由此可以看出，1960—2005年同步期系列中丰、枯年份出现次数几乎相同，可以认为研究区各代表雨量站系列代表性较好。

表2-3　　研究区降雨量代表性分析站　　单位：站年

站名	荆门	当阳	荆州	薛坪	打鼓台	东巩	观音寺	合计
丰水年	18	17	17	18	17	20	17	124
平水年	11	13	12	10	11	8	14	79
枯水年	17	16	17	18	18	18	15	119

2.1.3.2　统计参数的稳定性分析

统计参数的稳定性分析，是基于长系列统计参数比短系列统计参数的代表性相对较好这一基本假定，即长系列统计参数更接近于总体，故以长系列统计参数为标准来检验短系列资料的代表性。由于研究区雨量站资料系列的基本上是自1960年才有记录，而本书采用的同步期是1960—2005年，长系列的长度基本上与同步期的长度相等，认为同步期系列可以代表总体，因此只需对各站的统计参数进行计算即可。统计参数的计算，全部选用站点的多年资料系列按日历年进行统计，资料一律统计到2005年，均值采用算术平均值法计算，C_v值用矩法作初步计算，计算公式如下：

$$\overline{X}=\frac{1}{n}\sum_{i=1}^{n}x_i$$

$$C_v=\sqrt{\frac{\sum_{i=1}^{n}(K_i-1)^2}{n-1}}$$

其中

$$K_i=x_i/\overline{X}$$

式中：x_i为系列变量（$i=1，2，\cdots，n$）；n为系列年数；K_i为模比系数。

系列中的特大值、特小值不作处理，用上述公式计算出的统计参数作初始值，应用皮尔逊Ⅲ型理论频率曲线进行适线调整，经验频率采用数学期望公式$P=m/(n+1)\times100\%$（m为序位，n为系列总年数），适线时固定均值不变调整C_v，照顾大部分点据，尽可能使理论频率曲线与经验点据配合好，调整C_v时，一般控制在$C_{v适}=C_{v计}\pm\delta C_v$的范围内，计算结果见表2-4。

通过对研究区雨量站进行统计参数和特征值的分析计算，由单站降雨量的计算结果可知，C_v值在地区分布上的差别不大，变化范围在0.19～0.27之间，83%雨量站的C_v值介于0.20～0.25之间。

表 2-4　研究区各雨量站统计值表

雨量站	均值（mm）	C_v	雨量站	均值（mm）	C_v
薛坪	1134.5	0.22	泥龙	1009.7	0.23
板桥	1083.0	0.22	晓坪	1019.4	0.23
肖堰	986.7	0.23	苍坪	963.3	0.24
巡检	997.3	0.21	栗溪	985.7	0.24
打鼓台	972.7	0.22	观音寺	954.7	0.26
太平	986.1	0.19	西河	935.7	0.23
东巩	921.3	0.23	烟墩	930.3	0.25
当阳	986.9	0.24	荆门	961.7	0.22
荆州	1078	0.23	钟祥	963.2	0.27

2.1.3.3 模比系数差积曲线分析

年降雨量模比系数差积曲线能较好地反映年降雨量的丰枯变化情况。当一段时间内差积曲线的总趋势是下降的，说明在此期间逐年降雨量大多小于多年平均值，定为枯水期；当一段时间内差积曲线总的趋势是上升的，说明在此期间逐年降雨量大于多年平均值，定为丰水期。差积曲线不同的形状反映了不同的降水周期。

差积曲线的绘制：

（1）计算长系列参证站多年平均年降雨量以及各年降雨量模比系数。

（2）将 1960—2005 年模比系数差积值从 1960 年依次累加，直到 2005 年，得到一系列$\sum(K_i-1)$。

（3）以$\sum(K_i-1)$为纵坐标，以年份为横坐标，绘制关系曲线，即为年降雨量模比系数差积曲线。

根据薛坪、打鼓台、东巩、观音寺、当阳、荆门、荆州等各站 1960—2005 年的降雨量，得其年降雨量模比系数差积曲线，如图 2-1～图 2-4 所示。

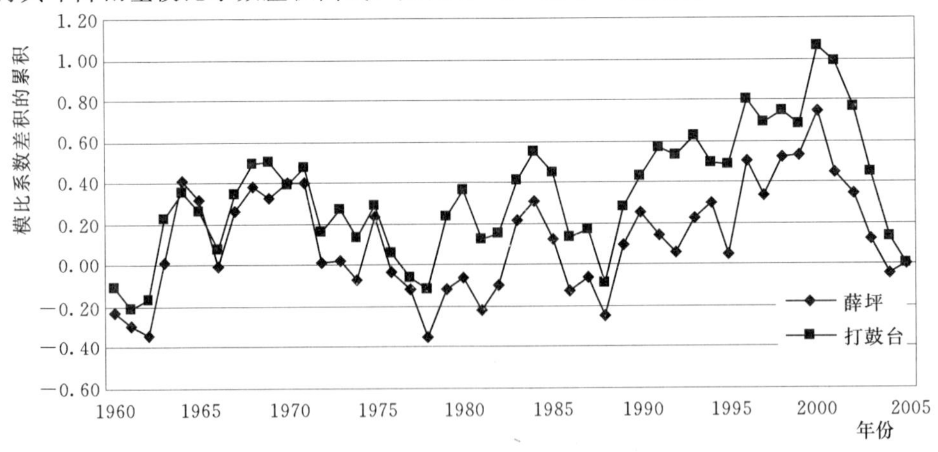

图 2-1　薛坪、打鼓台站年降雨量模比系数差积曲线

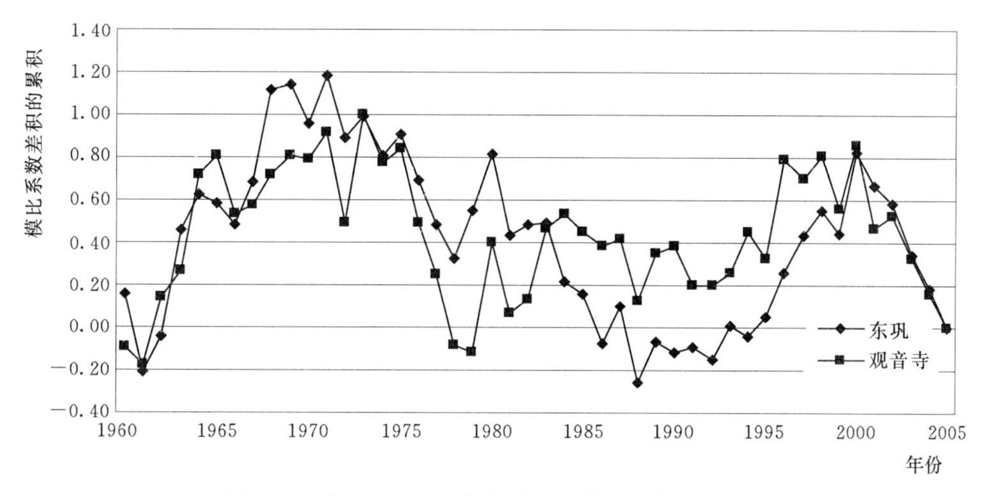

图 2-2 东巩、观音寺站年降雨量模比系数差积曲线

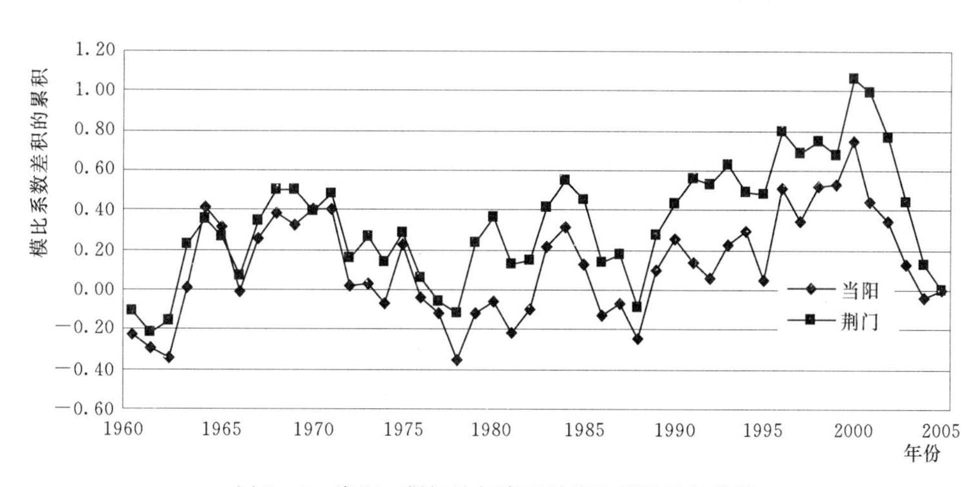

图 2-3 当阳、荆门站年降雨量模比系数差积曲线

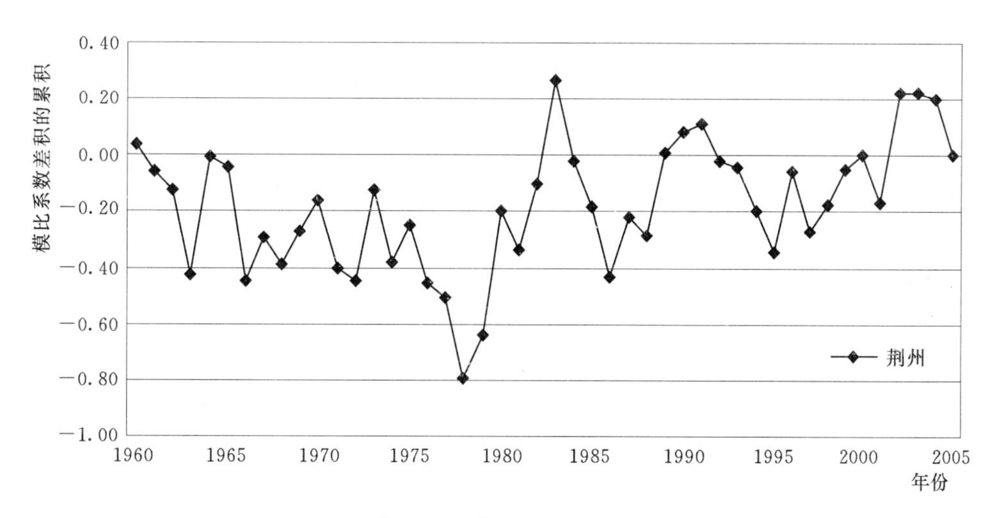

图 2-4 荆州站年降雨量模比系数差积曲线

由长系列代表站差积曲线图 2-1～图 2-4 可以看出，薛坪、打鼓台、东巩、观音寺、荆门、当阳、荆州站的丰枯交替变化周期大约在 40 年左右；由此可见，研究区 1960—2005 年降雨量系列基本包括一个丰枯周期，而且期间有小周期变化，可以认为该系列的代表性相对较好。

2.2 多年平均年降雨量的地区分布

研究区以漳河水库大坝为界分为漳河水库流域和漳河水库灌区两部分，漳河水库坝址以上尽属崇山峻岭，河流穿行于峡谷之间，平均海拔 400m 左右，观音寺坝址至消溪镇一带为低山丘陵区，消溪镇以下进入平原湖泊区，灌区内的地形为丘陵和平原。

根据 1960—2005 年降雨量资料，用泰森多边形法计算得研究区多年平均年降雨量为 986mm，各站的平均年降雨量见表 2-5 和附表 2-2。

表 2-5 研究区各站多年平均年降雨量统计表

站 名	多年平均年降雨量 (mm)	站 名	多年平均年降雨量 (mm)
薛坪	1134.5	泥龙	1009.7
板桥	1083	太平	986.1
巡检	997.3	栗溪	985.7
肖堰	986.7	苍坪	963.3
打鼓台	972.7	西河	935.7
东巩	921.3	当阳	986.9
观音寺	954.7	荆州	1078
烟墩	930.3	荆门	961.7
晓坪	1019.4	钟祥	963.2

从各站多年平均年降雨量进行分析，多年平均年降雨量随高程的下降而逐步减少。其中处于海拔最高的薛坪站最大，达到 1134.5mm；其次是板桥站，为 1083mm；东巩站最小，为 921.3mm；然后到荆州站又达到 1078mm。因此研究区多年平均年降雨量的地区分布规律是山区大于丘陵，西南部大于中部。

2.3 水资源分区降雨量

研究区的水资源分区分漳河水库流域和灌区两部分，具体见附表 2-3 和附表 2-4。研究区内的降雨量是根据各行政区内雨量站的降雨量资料，用泰森多边形法计算出各行政区 1960—2005 年的年降雨量系列，然后绘制 P-Ⅲ型曲线图，得出不同频率下的年降雨量，计算结果详见表2-6。水资源分区中各行政区的不同年系列降雨量的特征值见附表2-5。

表2-6　　水资源分区降雨量表

水资源分区	区域面积(km^2)	年降雨深(mm)	年降雨量(亿m^3)	不同频率降雨深(mm)				
				20%	50%	75%	90%	95%
漳河水库流域	2212	989.6	21.96	1149.9	973.8	849.1	748.1	694.7
漳河水库灌区	5543.93	984.6	54.04	1157.9	962.9	828.6	724.7	670.5

2.4 行政分区降雨量

根据研究区各行政区的降雨量资料（其中保康县的降雨量资料采用薛坪站的资料），用泰森多边形法计算出各行政区的多年平均年降雨量，其中保康县的多年平均年降雨量最大，达1109.3mm，其次为南漳县，降雨量为1104.9mm，最小为荆门市的掇刀区和沙洋县，降雨量均为961.7mm，各行政分区的多年平均年降雨量具体见表2-7和图2-5。

表2-7　　研究区各行政区年降雨量表

行政区	区域面积(km^2)	年降雨深(mm)	年降雨量(亿m^3)	不同频率降雨深(mm)					所占比率(%)
				20%	50%	75%	90%	95%	
东宝区	1579.31	951.3	15.02	1118.7	930.4	800.6	700.2	647.8	19.7
掇刀区	639	961.7	6.15	1138.6	939.6	802.4	696.2	641	8.1
沙洋县	2044	961.7	19.66	1138.6	939.6	802.4	696.2	641	25.9
南漳县	1080	1004.9	10.85	1167.7	988.8	862.2	759.7	705.4	14.3
保康县	108	1109.3	1.20	1304.6	1084.9	933.6	816.5	755.4	1.6
当阳市	528.3	986.9	5.21	1054.9	877.2	748.7	691.4	633.2	6.9
远安县	282.9	999.3	2.83	1175.1	977.3	841	735.5	680.5	3.7
荆州区	593.42	1078	6.40	1267.7	1054.3	907.2	793.4	734.1	8.4
钟祥市	901	963.3	8.68	1140.5	941.1	803.7	697.4	642	11.4
合计	7755.93		76.00						100

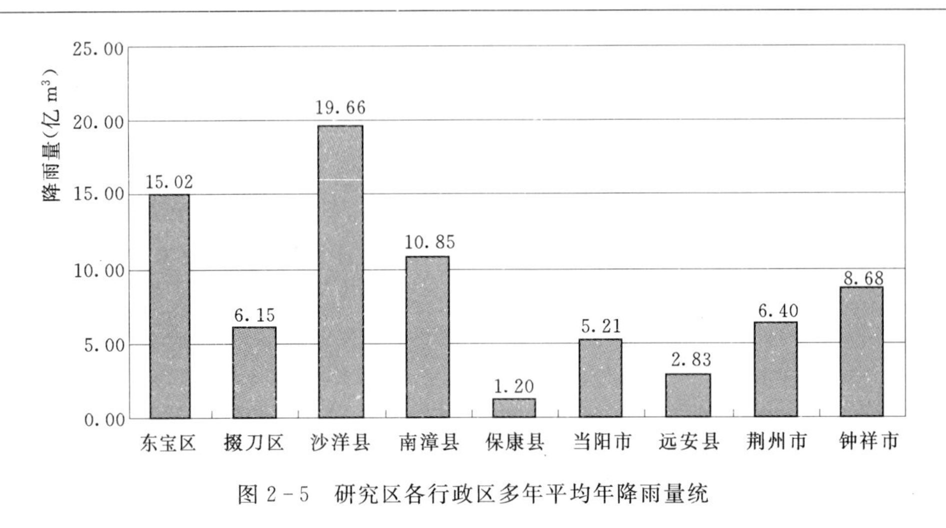

图 2-5 研究区各行政区多年平均年降雨量统

2.5 降雨量年内分配及年际变化

2.5.1 年内分配

研究区内降雨量的年内分配很不均匀，随季节的变化，与上层空间水汽、风向和风力变化有密切关系。可根据降雨量将年内分为汛期与非汛期。整个研究区的汛期和非汛期雨量分别占年平均值的75.5%和24.5%，研究区雨量代表站多年平均月降雨量，见表2-8和图2-6。

表 2-8 研究区雨量代表站多年平均月降雨量 单位：mm

代表站	1月	2月	3月	4月	5月	6月	7月	8月	9月	10月	11月	12月	全年
薛坪	21.8	32.1	57.5	87.5	122.1	129.7	211.2	191.1	127.0	91.3	43.4	19.8	1134.5
打鼓台	14.4	22.1	41	72.7	108.2	130	208.9	158.5	94.7	74.1	33.3	14.8	972.7
东巩	14.6	23	43.1	69.9	104.5	122.6	198.5	150.1	85.1	65.1	30.7	14.1	921.3
观音寺	15	25.5	46.8	81.4	119.1	124.8	202.8	137.3	83.5	70.3	33.6	14.6	954.7
当阳	20.4	29	55.5	90.1	122.9	130	183.6	128	88.6	76.3	45.4	17.1	986.9
荆门	17.7	29.1	53.2	79.8	116.5	127.5	183.9	135.7	88.1	68.9	44.4	16.9	961.7
荆州	29.3	44.2	74.2	113.8	138.3	149.8	157.8	123.5	82.7	81.1	57.1	26.2	1078

通过表2-8和图2-6可知，研究区非汛期（11月—次年4月）降雨较少，仅占年雨量的21.2%～32%，其中东巩占21.2%、荆州市气象站占32%、观音寺占22.7%、当阳市气象站占26.1%、荆门市气象站占25.1%、打鼓台占20.4%、薛坪占23.1%。汛期（5—10月）降雨量很多，占全年雨量的68%～79.6%，其中东巩占78.8%、荆州市气象站占68%、观音寺占77.3%、当阳市气象站占73.9%、荆门市气象站占74.9%、打鼓台

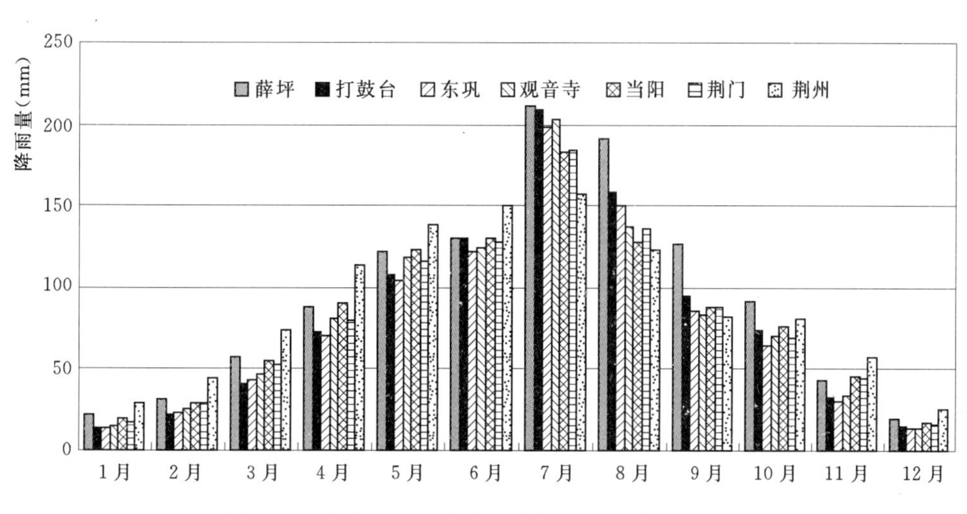

图 2-6 研究区雨量代表站多年平均月降雨量统计

占 79.6%、薛坪占 76.9%。

2.5.2 降雨量的年际变化分析

2.5.2.1 资料选用

选取研究区内实测系列较长的薛坪、打鼓台、东巩、观音寺、当阳、荆门、荆州等 7 个站作为降雨量年际分析的代表站。

2.5.2.2 最大值与最小值

根据各雨量代表站 1960—2005 年的降雨量资料，统计出各站的多年平均年降雨量、最大年降雨量和最小年降雨量，见表 2-9。

表 2-9　　研究区选用站年降雨量最大、最小统计

站名	系列年数(年)	多年平均年降雨量(mm)①	最大年降雨量(mm)②	出现年份	最小年降雨量(mm)③	出现年份	Δ ②-③	K_m ②/③	$K_丰$ ②/①	$K_枯$ ③/①
薛坪	46	1134.5	1657.6	1996	697.3	1972	960.3	2.38	1.46	0.61
打鼓台	46	972.7	1352.9	1963	659.7	1972	693.2	2.05	1.39	0.68
东巩	46	921.3	1384.7	1963	570.9	1981	813.8	2.43	1.50	0.62
观音寺	46	954.7	1443.4	1980	547.7	1972	895.7	2.64	1.51	0.57
当阳	46	986.9	1544	1983	536.9	1966	1007.1	2.88	1.56	0.54
荆门	46	961.7	1511	1980	652.4	1976	858.6	2.32	1.57	0.68
荆州	46	1078	1551.5	1980	640.3	1966	911.2	2.42	1.44	0.59

通过表 2-9 可知，各站降雨量年际变化大，丰、枯悬殊。其中最大年降雨量比最小年降雨量多 693.2～1007.1mm，最大年降雨量为最小年降雨量的 2.05～2.88 倍；最大年降雨量为多年均值的 1.39～1.57 倍；最小年降雨量为多年均值的 54%～68%。

附表

附表 2-1 **选用水文监测站**

测站（井）名称	代码	所在			集水面积（km^2）	监测项目	地址	地理坐标				主管机构	备注
		水资源分区	行政区	河流				东经		北纬			
								(°)	(′)	(°)	(′)		
薛坪	01	流域	南漳县	漳河	100	降雨量	南漳县薛坪乡	111	40	31	38	襄樊市水文局	
板桥	02	流域	南漳县	漳河	193	降雨量	南漳县板桥镇	111	36	31	32	襄樊市水文局	
肖堰	03	流域	南漳县	茅坪河	141	降雨量	南漳县肖堰镇	111	46	31	29	襄樊市水文局	
巡检	04	流域	南漳县	漳河	136	降雨量	南漳县巡检镇	111	37	31	23	襄樊市水文局	
打鼓台	05	流域	南漳县	漳河	175	降雨量、蒸发量、径流、泥沙	南漳县金厢乡	111	44	31	23	襄樊市水文局	
太平	06	流域	南漳县	茅坪河	136	降雨量	南漳县太平乡	111	52	31	26	襄樊市水文局	
东巩	07	流域	南漳县	茅坪河	146	降雨量	南漳县东巩镇	111	50	31	20	襄樊市水文局	
泥龙	08	流域	远安县	漳河	98	降雨量	远安县晓坪乡	111	44	31	13	襄樊市水文局	
晓坪	09	流域	远安县	漳河	102	降雨量	远安县晓坪乡	111	45	31	11	襄樊市水文局	
苍坪	10	流域	南漳县	茅坪河	117	降雨量、径流	南漳县苍坪乡	111	52	31	15	襄樊市水文局	
栗溪	11	流域	荆门市	漳河	171	降雨量	荆门市栗溪镇	111	59	31	16	荆州市水文局	
观音寺	12	流域	荆门市	观音寺水库	146	降雨量	荆门市观音寺乡	111	57	31	04	漳河工程管理局	
西河	13	流域	荆门市	漳河	210	降雨量	荆门市西河乡	112	05	31	09	荆州市水文局	
漳河	14	流域	荆门市	漳河水库内	73	降雨量	荆门市漳河镇	112	04	30	58	荆州市水文局	
杨家场	15	灌区	沙洋县	新埠河	1089	径流	—	—	—	—	—	—	
皮家集	16	灌区	沙洋县	竹皮河	208	径流	—	—	—	—	—	—	
南漳县气象站	17	流域	南漳县	—	—	降雨量、蒸发量	南漳县城关镇	111	50	31	47	宜昌市气象局	
当阳市气象站	18	流域、灌区	当阳市	—	—	降雨量、蒸发量	当阳市室内	—	—	—	—	宜昌市气象局	
远安县气象站	19	流域	远安县	—	—	降雨量、蒸发量	远安县城	111	38	31	03	宜昌市气象局	
荆门市气象站	20	流域、灌区	荆门市	—	—	降雨量、蒸发量	荆门市内	—	—	—	—	荆州市气象局	
钟祥市气象站	21	流域、灌区	钟祥市	—	—	降雨量、蒸发量	钟祥市内	—	—	—	—	荆州市气象局	
荆州市气象站	22	流域、灌区	荆州市	—	—	降雨量、蒸发量	荆州市内	—	—	—	—	荆州市气象局	

附表 2-2　　选用雨量站年降雨量特征值（1960—2005 年系列）

单位：mm

雨量站名称	所在		最大		最小		平均年降雨量				1960—2005 年 C_v 值
	水资源分区	行政区	年降雨量	出现年份	年降雨量	出现年份	1960—2005 年	1960—1979 年	1971—2005 年	1980—2005 年	
薛坪	漳河水库流域	南漳县	1657.7	1996	697.3	1972	1134.5	1127.9	1121.6	1139.6	0.22
板桥	漳河水库流域	南漳县	1570.9	1967	714	1976	1083.0	1086	1074.4	1080.7	0.22
肖堰	漳河水库流域	南漳县	1544.6	1989	627.9	1972	986.7	970.8	982.0	999.0	0.23
巡检	漳河水库流域	南漳县	1403.4	2000	602.2	1986	997.3	988.1	999.2	1004.3	0.21
打鼓台	漳河水库流域	南漳县	1352.9	1963	659.7	1972	972.7	984.9	962.5	964.6	0.22
太平	漳河水库流域	南漳县	1401	1996	664.7	1986	986.1	981.5	983.5	989.7	0.19
东巩	漳河水库流域	南漳县	1384.7	1963	570.9	1981	921.3	947.3	896.7	902.4	0.23
泥龙	漳河水库流域	远安县	1538.1	1963	600.9	1972	1009.7	1007.5	994.2	1011.4	0.23
晓坪	漳河水库流域	远安县	1578.6	1996	600.9	1972	1019.4	1005.3	1006.9	1030.3	0.23
苍坪	漳河水库流域	南漳县	1415.6	2000	544	2001	963.3	986	938.7	945.9	0.24
栗溪	漳河水库流域	荆门市	1556.6	1996	629.2	1972	985.7	984.7	969.6	986.5	0.24
观音寺	漳河水库流域	荆门市	1443.4	1980	547.7	1972	954.7	949.1	933	958.9	0.26
西河	漳河水库流域	荆门市	1316.7	1989	562.3	1972	935.7	937.6	922.4	934.2	0.23
烟墩	漳河水库流域	荆门市	1392.2	1973	513.7	2005	930.3	933.5	893.6	907.2	0.25
荆门市气象站	漳河水库灌区	荆门市	1510.8	1980	652.4	1976	961.7	961.8	911	961.5	0.22
钟祥市气象站	漳河水库灌区	钟祥市	1516.4	1980	560.7	1966	963.2	926.6	963.8	991.4	0.27
当阳市气象站	漳河水库灌区	当阳市	1544	1983	536.9	1966	986.9	974	981.5	996.8	0.24
荆州市气象站	漳河水库灌区	荆州市	2217.7	2002	640.3	1966	1078	1043.5	1083	1104.6	0.23

附表 2-3 水资源分区

水资源分区名称	水资源分区代码	总面积（km²）	计算面积（km²）	其中：平原区面积（km²）	备注
漳河水库流域	01	2212	2212	0	
漳河水库灌区	02	5543.93	5543.93	885.29	

附表 2-4 行政分区

水资源分区	行政区	代码	简称	总面积（km²）	其中：平原区面积（km²）	备注
漳河水库流域	保康县	01	漳河水库流域保康县	108	0	
	南漳县	02	漳河水库流域南漳县	1080	0	
	当阳市	03	漳河水库流域当阳市	101.3	0	
	远安县	04	漳河水库流域远安县	282.9	0	
	荆门市	05	漳河水库流域荆门市	639.8	0	
漳河水库灌区	当阳市	06	漳河水库灌区当阳市	427	153	
	东宝区	07	漳河水库灌区东宝区	939.51	264.03	
	掇刀区	08	漳河水库灌区掇刀区	639		
	沙洋县	09	漳河水库灌区沙洋县	2044		
	钟祥市	010	漳河水库灌区钟祥市	901	60	
	荆州区	011	漳河水库灌区荆州市	593.42	408.26	

附表 2-5

年降雨量特征值

水资源分区	行政区	计算面积（km^2）	统计年限	年数	统计参数			不同频率年降雨量（mm）			
					年均值（mm）	C_v	C_s/C_v	20%	50%	75%	95%
漳河水库流域	保康县	108	1960—2005	46	1109.3	0.22	2.5	1304.6	1084.9	933.6	755.4
			1960—1979	20	1109.49	0.23	2.5	1313.6	1084	925.8	739.5
			1971—2005	35	1098.42	0.2	2.5	1276.4	1080.8	942.4	771.1
			1980—2005	26	1109.22	0.2	2.5	1288.9	1091.5	951.7	778.7
	南漳县	1080	1960—2005	46	1104.9	0.2	2.5	1167.7	988.8	862.2	705.4
			1960—1979	20	1007.18	0.19	2.5	1162.2	991.9	871.3	722
			1971—2005	35	994.7	0.2	2.5	1155.8	978.8	853.5	698.3
			1980—2005	26	1003.09	0.19	2.5	1157.5	987.8	867.8	719.1
	当阳市	101.3	1960—2005	46	986.9	0.24	2.5	1176.4	963.2	816.4	643.5
			1960—1979	20	974	0.23	2.5	1153.2	951.6	812.7	649.2
			1971—2005	35	981.5	0.25	2.5	1177.8	957	804.8	625.7
			1980—2005	26	996.8	0.25	2.5	1196.2	971.9	817.4	635.5
	远安县	282.9	1960—2005	46	999.3	0.22	2.5	1175.1	977.3	841	680.5
			1960—1979	20	1000.24	0.22	2.5	1176.3	978.2	841.8	681.2
			1971—2005	35	983.89	0.23	2.5	1164.9	961.3	821	655.8
			1980—2005	26	988.53	0.23	2.5	1182.3	975.6	833.2	665.5
	荆门市	639.8	1960—2005	46	950.4	0.22	2.5	1117.7	929.5	799.9	647.2
			1960—1979	20	957.73	0.23	2.5	1134	935.7	799.1	638.3
			1971—2005	35	930.66	0.24	2.5	1109.3	908.3	769.8	606.8
			1980—2005	26	944.78	0.22	2.5	1111.1	924	795.1	643.4

续表

水资源分区	行政区	计算面积（km^2）	统计年限	年数	统计参数			不同频率年降雨量（mm）			
					年均值（mm）	C_v	C_s/C_v	20%	50%	75%	95%
漳河水库灌区	当阳市	427	1960—2005	46	986.9	0.24	2.5	1176.4	963.2	816.4	643.5
			1960—1979	20	974	0.23	2.5	1153.2	951.6	812.7	649.2
			1971—2005	35	981.5	0.25	2.5	1177.8	957	804.8	625.7
			1980—2005	26	996.8	0.25	2.5	1196.2	971.9	817.4	635.5
	东宝区	939.51	1960—2005	46	951.3	0.22	2.5	1118.7	930.4	800.6	647.8
			1960—1979	20	953.4	0.23	2.5	1128.8	931.5	795.5	635.4
			1971—2005	35	932.5	0.24	2.5	1111.5	910.1	771.4	608
			1980—2005	26	949.7	0.23	2.5	1124.4	927.9	792.4	633
	掇刀区	639	1960—2005	46	961.7	0.22	2.5	1146.3	938.6	795.5	627
			1960—1979	20	961.82	0.23	2.5	1138.8	939.7	802.5	641.1
			1971—2005	35	941.3	0.25	2.5	1129.6	917.8	771.9	600.1
			1980—2005	26	961.55	0.24	2.5	1146.2	938.5	795.4	626.9
	沙洋县	2044	1960—2005	46	961.7	0.22	2.5	1146.3	938.6	795.5	627
			1960—1979	20	961.82	0.23	2.5	1138.8	939.7	802.5	641.1
			1971—2005	35	941.3	0.25	2.5	1129.6	917.8	771.9	600.1
			1980—2005	26	961.55	0.24	2.5	1146.2	938.5	795.4	626.9
	钟祥市	901	1960—2005	46	963.3	0.27	2.5	1140.5	941.1	803.7	642
			1960—1979	20	926.62	0.2	2.5	1076.7	911.8	795	650.5
			1971—2005	35	963.85	0.23	2.5	1141.2	941.7	804.2	642.4
			1980—2005	26	991.42	0.23	2.5	1173.8	968.6	827.2	660.8
	荆州区	593.42	1960—2005	46	1078	0.23	2.5	1276.4	1053.2	899.5	718.5
			1960—1979	20	1043.5	0.24	2.5	1243.9	1018.5	863.2	680.4
			1971—2005	35	1083	0.23	2.5	1282.3	1058.1	903.7	721.8
			1980—2005	26	1104.6	0.23	2.5	1307.8	1079.2	921.7	736.2

注 此表按水资源分区和行政区分别填报。

附表 2-6　　雨量代表站典型年及多年平均年降雨量月分配　　单位：mm

雨量站	典型年	出现年份	降雨量													汛期	
			1月	2月	3月	4月	5月	6月	7月	8月	9月	10月	11月	12月	全年	起止月	降雨量
薛坪	偏丰年	2000	32	11.8	17.4	8.3	99.9	178.5	257.2	194.9	286.4	211.4	43.2	31.6	1372.6	5—10	1228.3
	平水年	1971	27.8	50.2	33.5	81.6	111.7	242.9	22.3	222.5	173.4	107.2	59.1	4.7	1136.9	5—10	880
	偏枯年	2004	20	19	27	10	105	142	114	400	72	10	23	4	946	5—10	843
	枯水年	1966	13.9	28.2	27.2	63.1	135.1	128.9	98.9	81.5	16	122.7	22.8	25.9	764.2	5—10	583.1
	多年平均		21.8	32.1	57.5	87.5	122.1	129.7	211.2	191.1	127	91.3	43.4	19.8	1134.5	5—10	872.4
打鼓台	偏丰年	1975	3.6	26.1	28.9	144.4	70.1	190.5	193.5	165.8	157.8	101.9	17	20	1119.6	5—10	879.6
	平水年	1995	8.7	19.4	15.7	53	121.6	98.2	167.6	265.8	22.3	176.8	3.8	10.3	963.2	5—10	852.3
	偏枯年	1974	20.4	19	42.6	60	172.5	63	141.3	124.7	97.1	40	43.5	20.4	844.5	5—10	638.6
	枯水年	2003	1	35	69	87	65	77	117	49	44	42	50	27	663	5—10	394
	多年平均		14.4	22.1	41	72.7	108.2	130	208.9	158.5	94.7	74.1	33.3	14.8	972.7	5—10	774.4
东巩	偏丰年	1989	43.6	63.8	44.5	121.5	83.5	168.3	178.1	169.9	62.7	88.6	41.2	31.5	1097.2	5—10	751.1
	平水年	1983	18.3	7.8	20.5	43	123.4	172.5	170.2	105	116.2	126.9	15.5	13	932.3	5—10	814.2
	偏枯年	1970	6	28.4	35.9	103.3	140.6	87	71.2	59.2	136.5	76.2	4	7.5	755.8	5—10	570.7
	枯水年	1988	10.2	38.3	27.1	11.8	115.3	64.1	51	161.2	85.8	12.9	2.9	8.8	589.4	5—10	490.3
	多年平均		14.6	23	43.1	69.9	104.5	122.6	198.5	150.1	85.1	65.1	30.7	14.1	921.3	5—10	725.9
观音寺	偏丰年	1994	3.8	19.7	31.3	124.4	104.7	133.2	225.9	293	84.8	31.1	53.6	35.6	1141.1	5—10	872.7
	平水年	1990	15.6	63.2	37	94.5	141.9	133.5	302.2	52.2	16.4	60.3	56.7	10.7	984.2	5—10	706.5
	偏枯年	1991	33.7	26.7	45.2	56.4	98.5	172.4	152.2	132.1	27.5	6.9	13	15.3	779.9	5—10	589.6
	枯水年	2001	25	31	14	98	49	19	73	43	7	170	15	31	575	5—10	361
	多年平均		15	25.5	46.8	81.4	119.1	124.8	202.8	137.3	83.5	70.3	33.6	14.6	954.7	5—10	737.8

续表

雨量站	典型年	出现年份	降雨量													汛期	
			1月	2月	3月	4月	5月	6月	7月	8月	9月	10月	11月	12月	全年	起止月	降雨量
当阳市气象站	偏丰年	1967	30.1	42.3	79.4	95.7	104	176	181	50.2	189	78.7	120	0.8	1147.2	5—10	778.9
	平水年	1979	15.5	1.7	58.3	148	117	273	142	14.6	194	0.1	6.1	23.4	993.7	5—10	740.7
	偏枯年	1961	8.1	18.2	93.2	64.2	66.1	127	58.6	45.2	114	94.8	104	40.3	833.7	5—10	505.7
	枯水年	1978	11.5	8.3	56	71.3	136	94.8	87.3	19.3	24	53.8	72	6.2	640.5	5—10	415.2
	多年平均		20.4	29	55.5	90.1	122.9	130	183.6	128	88.6	76.3	45.4	17.1	986.9	5—10	729.4
荆门市气象站	偏丰年	1967	16.6	43.4	63.6	48.1	98.8	157	280	92.6	118	79.1	130	0.1	1127.3	5—10	825.5
	平水年	2004	46.6	14.8	23.1	26.2	118	153	186	226	43.3	15.5	53.8	36.3	942.6	5—10	741.8
	偏枯年	1977	5.8	2.9	94.5	201	128	34.6	138	40.9	21.5	78.8	29.4	27.4	802.8	5—10	441.8
		1981	21	55.3	65.6	105.3	16.4	99.7	36.9	103.6	24.2	103.5	54.6	2.9	689	5—10	384.3
			17.7	29.1	53.2	79.8	116.5	127.5	183.9	135.7	88.1	68.9	44.4	16.9	961.7	5—10	720.6
钟祥市气象站	偏丰年	1989	41.2	59.5	68.1	92.3	114	257	121	92.3	79.7	121.7	75.3	16.7	1138.8	5—10	785.7
	平水年	1975	3.6	28.7	58.6	152	94	178	50.2	82.7	159	114.7	15	31.1	967.6	5—10	678.6
	偏枯年	2005	16	33.8	32.6	57.9	38.5	57	132	293	57.8	52.3	22.9	6.8	800.6	5—10	630.6
	枯水年	1976	3	84.4	21.8	51	144	64.5	37.6	102	5	93	21.6	12.5	640.4	5—10	446.1
	多年平均		22.6	33.6	55.1	84.8	121.1	131.5	169.1	125.8	84.1	69.8	45.7	20.1	963.3	5—10	701.4
荆州市气象站	偏丰年	1996	42.9	8.3	119.7	46.2	188.9	159.3	317.5	238.1	88.1	65.7	108	0.6	1383.3	5—10	1057.6
	平水年	1960	13.9	26	162.8	99.5	160.8	184.2	210.9	84.3	63.6	34.6	71.6	6.8	1119	5—10	738.4
	偏枯年	1995	37.9	37.1	20	148.7	138.7	184.3	144.9	87.4	8.1	107.9	1.7	7.8	924.5	5—10	671.3
	枯水年	1963	0	7.1	85.6	146.4	135.7	23.5	77.3	151.2	19.9	27.8	60.9	20.6	756	5—10	435.4
	多年平均		29.3	44.2	74.2	113.8	138.3	149.8	157.8	123.5	82.7	81.1	57.1	26.2	1078	5—10	733.2

注 偏丰年（P=20%）、平水年（P=50%）、偏枯年（P=75%）、枯水年（P=95%）。

第3章　蒸发能力及干旱指数

蒸发是衡量水分收支状况的重要因素，也是参与地球表面水热平衡的重要因素。蒸发能力是指充分供水条件下的陆面蒸发量，由于研究区内没有实测陆面蒸发资料，本次评价近似用E601型蒸发皿观测的水面蒸发量代替。干旱指数为年蒸发能力与年降雨量的比值，是反映气候干湿程度的指标。本次调查评价中，主要对水面蒸发量的资料质量及其地区分布、年内分配、年际变化和干旱指数进行分析评价。

3.1　水面蒸发站的选择

本次对研究区内的八个水面蒸发站的资料进行了搜集，分别是烟墩水文站、南漳县气象站、远安县气象站、荆门市气象站、荆州市气象站、当阳市气象站、钟祥市气象站、团林试验站。

根据此次水资源评价细则的要求，对各站蒸发量资料进行了一致性分析，主要是对历年所采用的蒸发器皿的型号做详细的分析。气象部门采用的是Φ20型蒸发皿，而水文部门则采用的是E601型蒸发皿，由于采用蒸发器皿型号不同，造成了各蒸发观测站观测成果的不一致，须将各种蒸发器皿观测资料统一折算为E601蒸发皿的蒸发量，才能达到资料的一致性要求。

本次评价要求将各种不同型号蒸发器观测的蒸发量统一换算为E601型的蒸发量，根据团林试验站1976—2005年E601和Φ20型蒸发皿的同期观测资料，计算出其折算系数为0.685，按这个折算系数对研究区内所有Φ20型蒸发皿的观测资料进行折算。

3.2　多年平均水面年蒸发量地区分布

根据八处观测站统一折算为E601型蒸发皿后的资料（1980—2005），用面积加权法得出研究区的多年平均年蒸发量为946.5mm。

3.3　水资源分区和行政分区水面蒸发量

3.3.1　水资源分区

研究区的水资源分区分漳河水库流域和漳河水库灌区两部分，利用研究区1980—2005年的蒸发量资料，用面积加权的方法进行计算得出漳河水库流域、灌区多年平均年蒸发量分别为927.9mm和958.9mm。

3.3.2 行政分区

研究区内包括保康县、南漳县、当阳市、远安市、东宝区、掇刀区、沙洋县、钟祥市、荆州区等九个行政区，由于保康县没有蒸发量资料且仅有一小部分在库区内，因此其蒸发量资料采用南漳县的蒸发量资料。根据1980—2005年多年平均年水面蒸发量资料，用面积加权法计算出研究区内各行政区的年蒸发量。结果是漳河水库流域保康县、南漳县的蒸发量最大，漳河水库灌区掇刀区、沙洋县的蒸发量次之，而荆州区的蒸发量最小，各行政分区的近期多年平均水面年蒸发量见表3-1。

表3-1　各行政分区的近期多年平均水面年蒸发量　单位：mm

保康县	南漳县	当阳市	远安县	东宝区	掇刀区	沙洋县	钟祥市	荆州区
968.7	968.7	922	902.6	956.3	967.6	967.6	943.5	828.1

3.4 蒸发量年内分配及年际变化

3.4.1 蒸发量年内分配

整个研究区内各代表站的年内分配不平衡，详见表3-2。蒸发量从高至低排列次序一般为夏季、春季、秋季、冬季。各季节的水面蒸发量占全年平均水面蒸发量的比例为：

表3-2　研究区各行政分区蒸发代表站年内分配统计表　单位：mm

行政区	蒸发站名称	年蒸发量	春季		夏季		秋季		冬季		汛期		非汛期	
			蒸发量	占比(%)	蒸发量	占比(%)	蒸发量	占比(%)	蒸发量	占比(%)	蒸发量	占比(%)	蒸发量	占比(%)
保康县	南漳县气象站	968.7	278.2	28.7	370.3	38.2	215.2	22.2	105.1	10.8	657.7	67.9	311.0	32.1
南漳县	南漳县气象站	968.7	278.2	28.7	370.3	38.2	215.2	22.2	105.1	10.8	657.7	67.9	311.0	32.1
当阳市	当阳市气象站	922	246.1	26.7	347.1	37.6	219.7	23.8	109.0	11.8	624.3	67.7	297.6	32.3
远安县	远安县气象站	902.6	252.3	28.0	352.0	39.0	201.7	22.3	96.7	10.7	619.4	68.6	283.2	31.4
东宝区	烟墩校站、荆门市气象站	956.3	249.2	26.1	348.6	36.5	236.2	24.7	122.3	12.8	634.7	66.4	321.6	33.6
掇刀区	荆门市气象站、团林试验站	967.6	258.5	26.7	352.7	36.4	233.9	24.2	122.5	12.7	642.4	66.4	325.2	33.6
沙洋县	荆门市气象站、团林试验站	967.6	258.5	26.7	352.7	36.4	233.9	24.2	122.5	12.7	642.4	66.4	325.2	33.6
钟祥市	钟祥气象站	943.5	253.7	26.9	351.6	37.3	222.2	23.5	115.9	12.3	636.2	67.3	307.2	32.6
荆州区	荆州市气象站	828.1	202.4	24.4	322.5	38.9	212.0	25.6	91.1	11.0	577.5	69.7	250.6	30.3

夏季 37.6%，春季 27%，秋季 23.7%，冬季 11.7%，具体见图 3-1。其中蒸发代表站 1980—2005 年平均水面蒸发量月分配见附表 3-1。

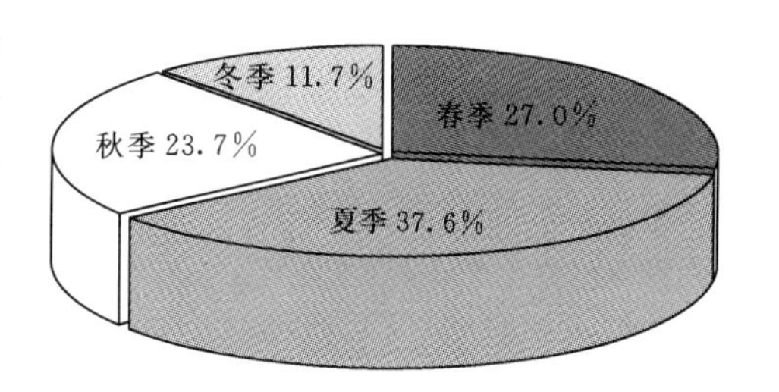

图 3-1 研究区近期多年平均年蒸发量的季节分配

3.4.2 蒸发代表站的年际变化

研究区各水资源分区内都有代表站，但系列长度不等，为反映研究区各水资源分区的多年蒸发量的变化情况，分别选取系列较长的南漳县气象站、当阳市气象站、荆门市气象站、团林试验站、荆州市气象站的多年蒸发量资料进行分析计算。分别绘制以上各站的逐年蒸发量变化趋势图，如图 3-2～图 3-6 所示。

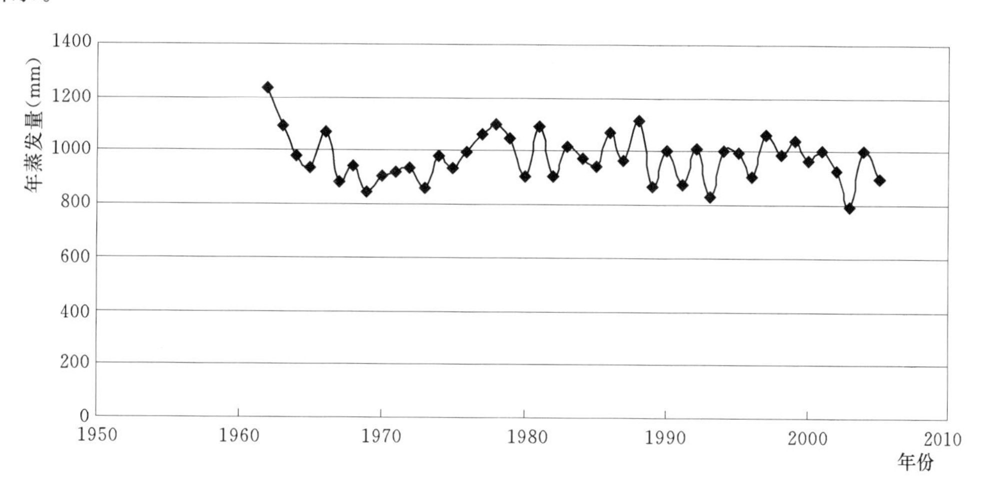

图 3-2 南漳县气象站 1962—2005 年蒸发量变化图

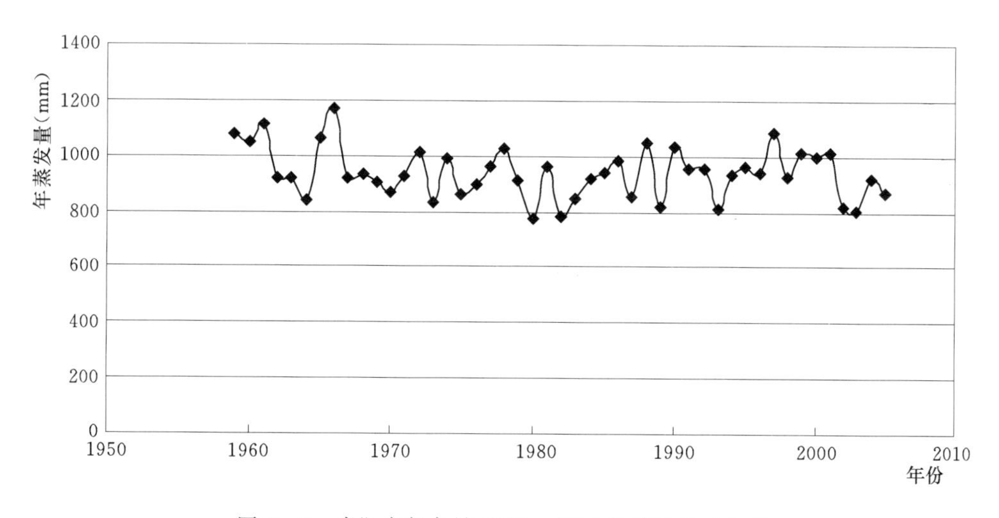

图 3-3 当阳市气象站 1959—2005 年蒸发量变化图

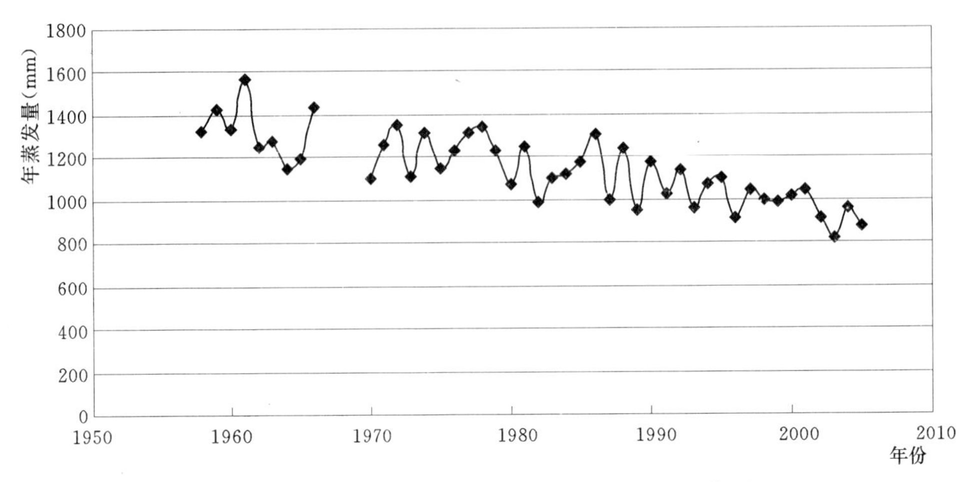

图 3-4　荆门市气象站 1958—2005 年蒸发量变化图

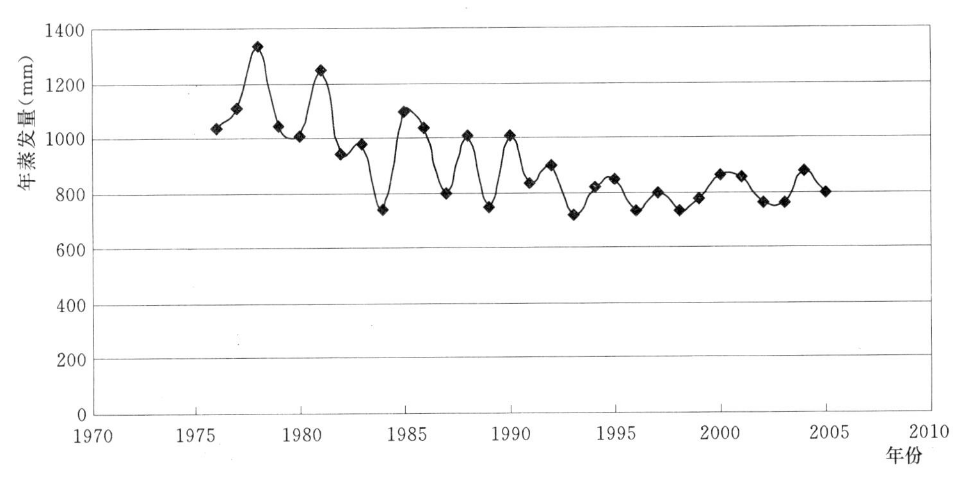

图 3-5　团林试验站 1976—2005 年蒸发量变化图

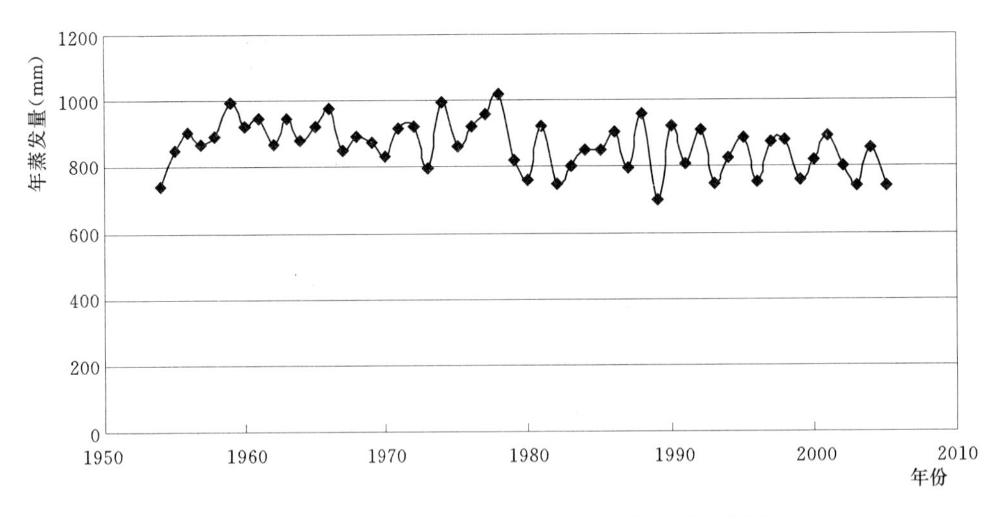

图 3-6　荆州市气象站 1954—2005 年蒸发量变化图

通过图 3-2～图 3-6 可以看出南漳县气象站、当阳市气象站年蒸发量的多年变化不大，但荆门市气象站、团林试验站和荆州市气象站的年蒸发量是逐年变小的，同时利用各蒸发代表站的蒸发量资料用面积加权法得出水库流域和灌区的历年蒸发量，通过计算结果可知漳河水库流域的多年平均年蒸发量变化量不大，而漳河水库灌区的多年平均年蒸发量的变化较大；因此整个研究区的多年平均年蒸发量的变化趋势是逐年减小。造成漳河水库灌区水面蒸发量减小的原因有很多，主要有湿度、气温、风速和日照等因素。

根据团林试验站 1974—2005 年资料进行分析，分别绘制团林试验站 1974—2005 年的历年相对湿度变化趋势图、历年平均气温变化图、历年平均风速和日照时数变化图，如图 3-7～图 3-9 所示。

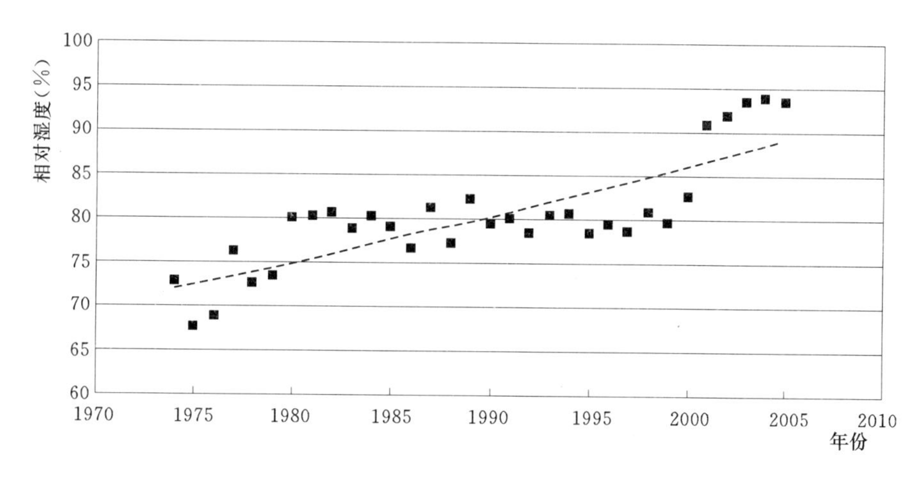

图 3-7 团林试验站历年相对湿度变化趋势图

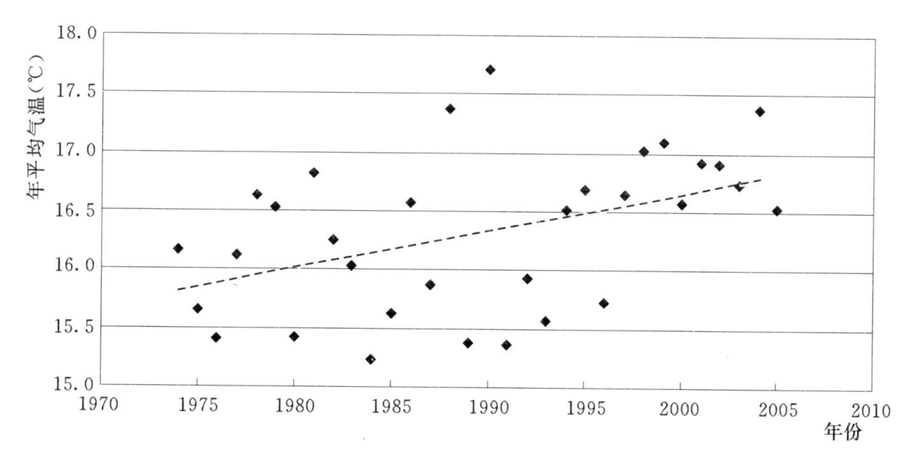

图 3-8 团林试验站历年平均气温变化趋势图

通过图 3-7～图 3-9 可以看出，1974—2005 年团林试验站相对湿度、气温的变化趋势是逐渐增大，而风速和日照时数则有逐年变小的趋势。相对湿度变化可能与森林覆盖率和农林灌溉面积变化有关，据来自林业部门和水利部门的统计资料分析，近些年来随着荆

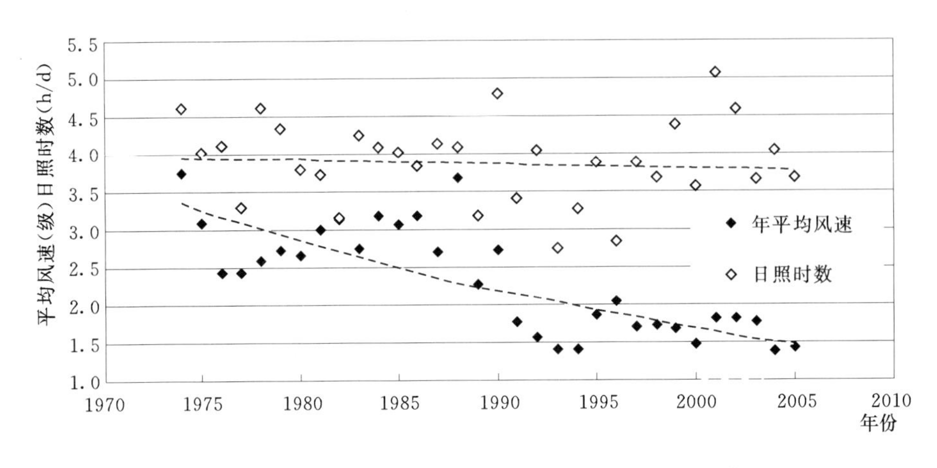

图3-9　团林试验站历年平均风速、日照时数变化趋势图

门市积极开展国家重点林业工程建设，大力实施退耕还林，打造绿色家园等工程，使得荆门市的森林覆盖率得到了逐年提高，现状年的森林覆盖率已达到35.7%，远远高于全国18.2%的平均水平。森林覆盖率的增加，使得历年平均风速减小，也是造成灌区蒸发量减少的主要原因。

3.5　干旱指数及其分布

3.5.1　干旱指数的计算

干旱指数是反映各地区气候干湿程度的指标，在气候分析上，干旱指数通常采用年蒸发能力与年降雨量的比值表示。蒸发能力超过降雨量越多，干旱指数越大，干旱程度越严重。

本次分析采用E601蒸发皿的蒸发值作为蒸发能力来计算。干旱指数的精度取决于降雨量和蒸发量资料的可靠性和一致性。因此，要求降雨量和蒸发量资料质量较好且尽可能是同一观测场的观测值。本次评价所用到的降雨量和蒸发量资料均为同一观测场的观测值。蒸发代表站干旱指数的计算见表3-3。

表3-3　研究区各代表站1980—2005年系列干旱指数

站　名	所在行政区划	年蒸发量(mm)	年降雨量(mm)	干旱指数
南漳县气象站	南漳县	968.7	915.7	1.06
远安县气象站	远安县	902.6	1046.1	0.86
当阳市气象站	当阳市	922	996.8	0.92
烟墩水文站	东宝区	864.2	907.2	0.95
荆门市气象站	荆门市	1048.4	961.5	1.09

续表

站　名	所在行政区划	年蒸发量（mm）	年降雨量（mm）	干旱指数
钟祥市气象站	钟祥市	943.5	991.4	0.95
团林试验站	掇刀区	872.7	995	0.88
荆州市气象站	荆州市	828.1	1104.6	0.75

3.5.2 干旱指数地区分布

根据《中国水资源评价》一书，对干旱指数的分级是：<0.5 为十分湿润，0.5～1.0 为湿润，1～3 为半湿润，3～7 为半干旱，>7 为干旱[5]。

通过表 3-3 和调查分析可知，研究区属亚热带季风气候类型，日照强，热量丰富，常年风力较大，蒸发较大，因此干旱指数多年平均值不高。整个研究区多年平均干旱指数变化范围在 0.75～1.09 之间；荆州市气象站最小，为 0.75，团林试验站次之，为 0.88，而荆门市气象站、南漳县气象站的干旱指数均达到 1.0 以上，主要原因是两个气象站位于城区，森林覆盖率低、温度高而造成的。因此研究区的气候干湿差别不大，对水资源的分配和开发利用均没有明显的影响。

3.5.3 干旱指数的年内分布

以烟墩水文站和团林试验站 1980—2005 年同步期的降雨量和蒸发量为例，分别计算各月份的平均干旱指数，具体见图 3-10。

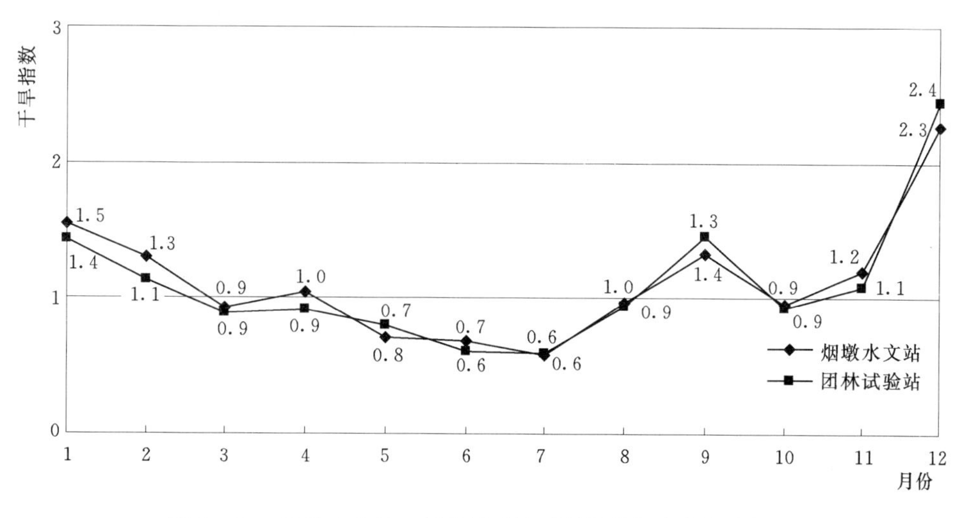

图 3-10　烟墩水文站、团林试验站干旱指数年内变化趋势图

从图 3-10 可以看出，两个站各月干旱程度差别不大，从年内分配来看，烟墩水文站、团林试验站非汛期（11 月—次年 4 月）蒸发大，降水少，干旱指数高，除 3 月外干旱指数均大于 1，为半湿润时期；而汛期（5—10 月）干旱指数较小，蒸发量没有降雨量大，除 9 月外，干旱指数均小于 1，为湿润时段。可见研究区内各月的干旱程度变化较大，一般枯水季节较干旱，而汛期较湿润，这基本反映了南方湿润地区的气候变化特征。

附表

附表 3-1 **蒸发代表站 1980—2005 平均水面蒸发量月分配**

蒸发站	所在		多年平均月水面蒸发量（mm）												多年平均年水面蒸发量（mm）
	水资源分区	行政区	1月	2月	3月	4月	5月	6月	7月	8月	9月	10月	11月	12月	
南漳县站	漳河水库流域	南漳县	29.8	40.5	63.5	94.3	120.4	126.1	125.4	118.7	98.0	69.0	48.2	34.8	968.7
当阳市站		当阳市	32.3	40.0	57.5	83.6	105.0	104.3	121.1	121.7	103.9	68.3	47.5	36.8	922.0
远安市站		远安县	29.1	36.6	58.5	86.3	107.5	108.5	121.1	122.4	95.8	64.2	41.6	31.0	902.6
烟墩站		东宝区	32.6	37.9	49.9	68.5	88.5	90.6	107.6	122.9	102.9	71.6	52.7	38.5	864.2
当阳市站	漳河水库灌区	当阳市	32.3	40.0	57.5	83.6	105.0	104.3	121.1	121.7	103.9	68.3	47.5	36.8	922.0
荆门市站		东宝区	40.8	48.1	69.2	99.7	122.6	117.6	132.1	126.4	109.8	76.8	58.6	46.7	1048.4
钟祥市站		钟祥市	34.0	42.2	56.7	82.7	114.4	109.8	125.7	116.2	100.8	69.4	51.9	39.8	943.5
荆州市站		荆州市	26.9	31.9	49.8	66.7	85.9	90.1	114.4	118.0	104.5	64.6	42.9	32.3	828.1

注 不同型号蒸发皿的观测值，应统一换算为 E601 型蒸发皿的蒸发量。

第4章 河 流 泥 沙

河流泥沙是反映地表水资源质量的一个重要因素，对水资源开发利用和江河治理有较大的影响。由于研究区内只有一个泥沙测验站——打鼓台站（位于漳河上游山区），因此只对漳河水库流域的泥沙进行评价，不再对灌区泥沙进行分析。

4.1 资料的选用与审查

根据打鼓台1968—1990年间的实测泥沙资料，经计算得出漳河的多年平均年含沙量为0.27kg/m^3，多年平均年输沙率为2.36kg/s。打鼓台泥沙站实测含沙量与输沙量统计见附表4-1。

4.2 漳河水库流域多年平均年输沙量

打鼓台的控制面积为727km^2，漳河水库流域的面积为2212km^2，打鼓台的控制面积占整个水库流域面积的32.9%，多年平均年输沙量为7.45万t。根据打鼓台的实测输沙量资料，按面积比和降雨量的权重计算出漳河水库流域1968—1990年平均年输沙量为21万t。

4.3 输沙模数的计算

输沙模数即单位面积上的输沙量，以t/km^2表示，它的大小反映流域土壤侵蚀程度，输沙模数大的流域即为水土流失较严重的地区。漳河水库流域的输沙模数为95t/km^2，根据水力侵蚀强度分级说明，属于微度侵蚀，因此说明漳河水库流域的水土流失较轻。

4.4 河流泥沙变化趋势

根据打鼓台站1968—1990年平均含沙量资料，点绘打鼓台站平均含沙量过程线，见图4-1。

通过图4-1可以看出，年平均含沙量与年平均流量的大小是基本一致的，年流量大的时候对应的含沙量也增大，年流量小的时候其含沙量也相应减小。这基本上反映了漳河水库流域河流含沙量的基本特点。

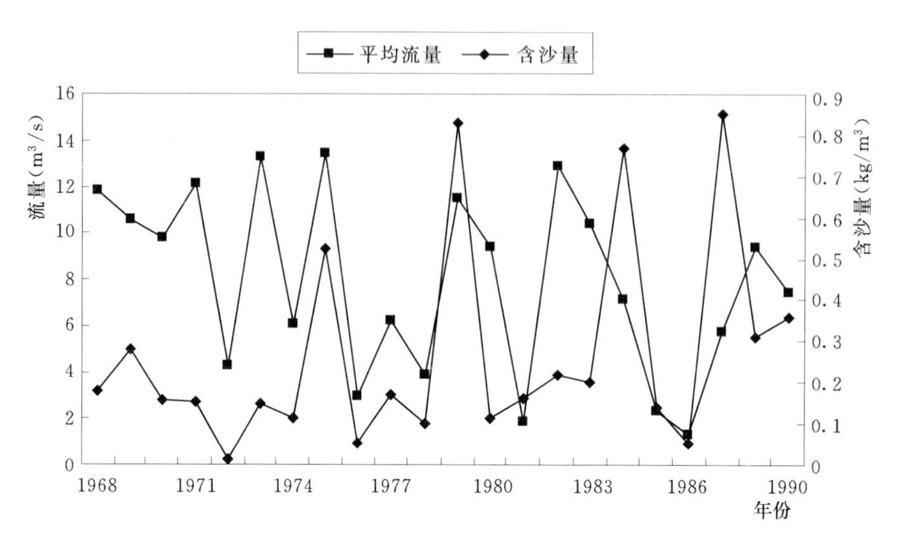

图 4-1 打鼓台年平均含沙量、年平均流量关系图

附表

附表 4-1 主要河流泥沙站实测含沙量与输沙量

河流名称	测站名	控制面积(km²)	统计年段	多年平均年含沙量(kg/m³)	最大年含沙量		多年平均年输沙量(t)	最大年输沙量		多年平均年输沙模数(t/km²)
					含沙量(kg/m³)	出现年份		输沙量(t)	出现年份	
漳河	打鼓台	727	1968—1990	0.27	0.85	1987	210000	4.84	1987	95

第5章 地表水资源量

地表水资源量是指河流、湖泊、冰川等地表水体中由当地降水形成的、可以逐年更新的动态水量，用天然河川径流量表示。本次评价要求通过实测径流还原计算和天然径流量系列一致性分析与处理，提出系列一致性较好、反映近期下垫面条件下的天然年径流系列，作为评价地表水资源量的依据。

5.1 径流资料

5.1.1 基本资料的收集

研究区内的河流分别属于汉江、长湖和漳河三大水系，其中属于漳河水系的河流主要有茅坪河、漳河、丁家河和钱河；属于汉江水系的主要有俐河、竹皮河；属于长湖水系的有新埠河、大陆港和广坪港等。此次水资源评价对研究区河流的径流资料进行了搜集，共搜集到漳河、茅坪河、新埠河、竹皮河四条河流的径流资料。

5.1.2 资料的选用与审查

研究区有径流资料的水文站包括打鼓台、苍坪、口泉、韩家场、皮家集五个站，各站资料长度如下表5-1。

表5-1 研究区水文站径流资料情况表

水文站	资料年限	资料长度（年）	控制流域面积（km²）
打鼓台	1963—1987、1989—2005	42	727
口泉	1971—1975、1978、1980—1986	13	862
苍坪	1971—1987、1989—2005	34	402
韩家场	1962—2005	44	1089
皮家集	1962—2005	44	208

由于口泉站资料系列较短，且打鼓台和口泉站分别位于漳河的上下游，因此口泉站的资料舍弃不用，仅选用打鼓台、苍坪、韩家场、皮家集四个站的径流资料进行分析。

5.1.3 资料的插补延长

为了满足本次评价对资料系列的要求，对径流系列不足46年同步期的站，一律插补延长至46年。本次系列插补延长主要采用方法如下：单站径流系列，如果中间有缺测年份，可以用控制站流域的面平均年降雨量与年径流量相关法插补延长。先绘制年降雨量与年径流量关系图，以缺测年份的年降雨量插补延长无资料站点的年径流系列[6]。

据统计，在选用四个站的径流资料中，实测164年，插补延长20年，共计184年，实测占89.1%，插补延长占10.9%。各站插补延长情况见表5-2。

表5-2 研究区各站径流资料插补延长情况表

水文站	实测		插补资料长度		系列年数
	年份	年数	年份	年数	
打鼓台	1963—1987、1989—1998	42	1960—1962、1988	4	46
苍坪	1971—1987、1989—1998	34	1960—1970、1988	12	46
韩家场	1962—2005	44	1960—1961	2	46
皮家集	1962—2005	44	1960—1961	2	46

5.1.4 径流资料还原计算

由于受人类活动的影响，如流域内兴修各种水利工程及工农业用水、城镇生活用水等，水文站断面测到的径流量不能代表天然径流量。为了使径流计算成果能够基本上反映天然情况，使资料具有一致性，需要对测站以上受开发利用活动影响而增减的水量进行还原计算。径流还原是一个比较复杂的问题，方法也有多种，根据此次项目实施方案及有关要求，统一采用概念比较清楚、成果比较可靠的分项调查还原法，对选用的4个水文站实测径流进行还原计算，将实测年径流系列还原为天然年径流系列[7]。

5.1.4.1 还原内容

（1）还原的主要项目：农业灌溉、工业和生活用水的耗损量（含蒸发消耗和入渗损失），跨流域引出、引入水量，水库蓄水变量等。

（2）还原分析计算要求：凡有观测资料的，根据观测资料计算还原水量；没有观测资料的，通过典型调查分析进行估算。

5.1.4.2 径流还原计算方法

径流还原计算采用分项调查方法还原[8]。径流还原计算公式：

$$W_{天然}=W_{实测}+W_{农灌}+W_{工业}+W_{生活}+W_{跨引}+W_{库蓄} \quad (5-1)$$

式中：$W_{天然}$为还原后天然径流量；$W_{实测}$为水文站实测径流量；$W_{农灌}$为农业灌溉耗损量；$W_{工业}$为工业用水耗损量；$W_{生活}$为城镇生活用水耗损量；$W_{跨引}$为跨流域引水量，引出正、引入负；$W_{库蓄}$为水库蓄水变量，增加为正、减少为负。

5.1.5 径流系列的一致性分析

5.1.5.1 分析目的

1980年以来，随着研究区内工业和农业的快速增长，人类活动对下垫面条件的影响加剧，这给我们提出一个新问题：在人类活动影响逐渐加大的情况下，如果采用较长的年径流系列，即使将实测系列还原成天然系列，仍难以做到系列具有较好的一致性，且计算成果也不能反映近期下垫面条件下的产流量。因此需对 1960—2005 年天然年径流系列进行一致性分析，主要目的是处理下垫面条件变化对径流的影响和检查还原计算成果的合理性，通过修正后得到具有一致性且能反映近期下垫面条件的天然年径流系列。

5.1.5.2 分析资料的选取

为了使分析成果具有一定的代表性，对研究区内的四个站进行一致性分析，四个水文站的控制流域面积 2426km^2，占整个研究区面积的 31.3%。

5.1.5.3 分析方法及内容

1. 点绘各站年降雨量与年径流深相关图

在单站还原计算的基础上，点绘打鼓台、苍坪、韩家场、皮家集站面平均年降雨量与天然年径流深的相关图，如图 5-1～图 5-4 所示。

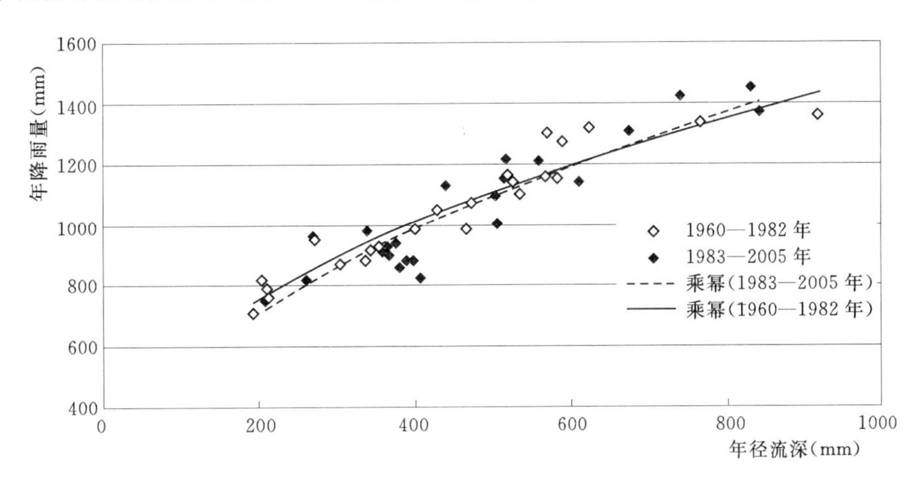

图 5-1 打鼓台站年降雨量与年径流深相关图

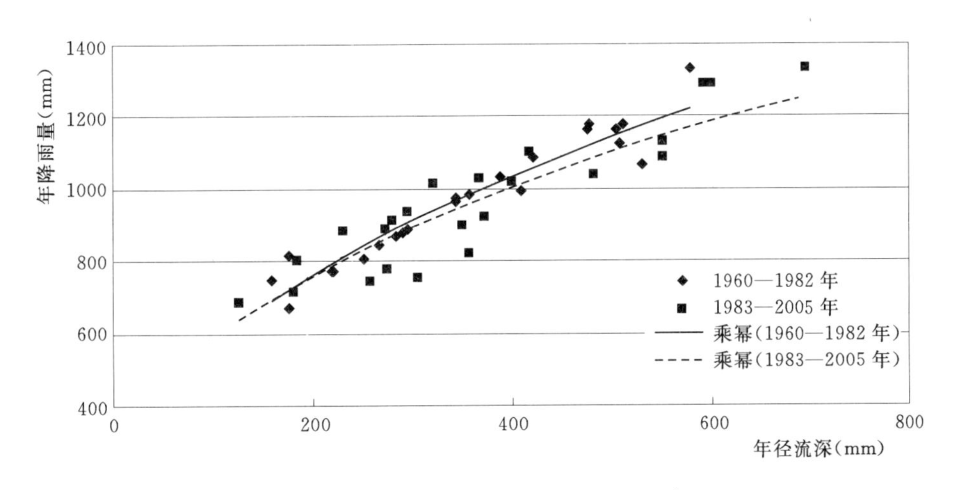

图 5-2 苍坪站年降雨量与年径流深相关图

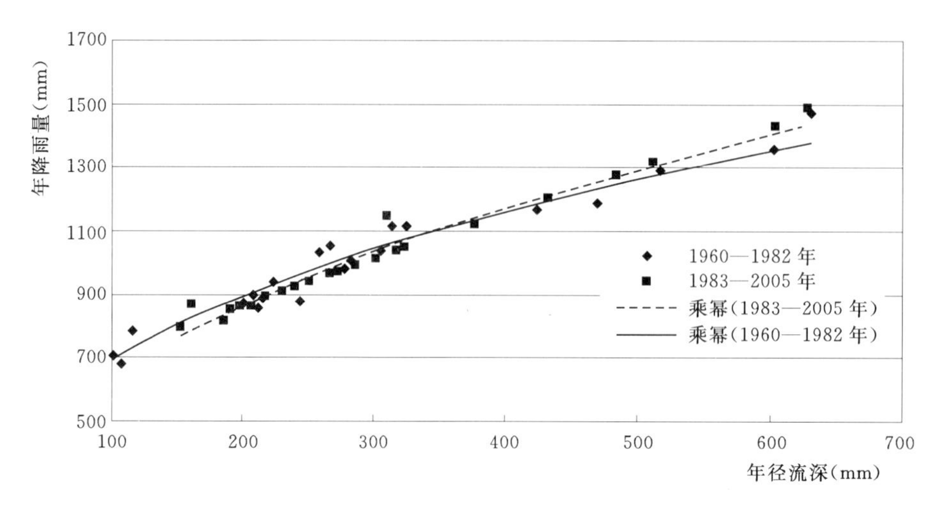

图5-3 韩家场站年降雨量与年径流深相关图

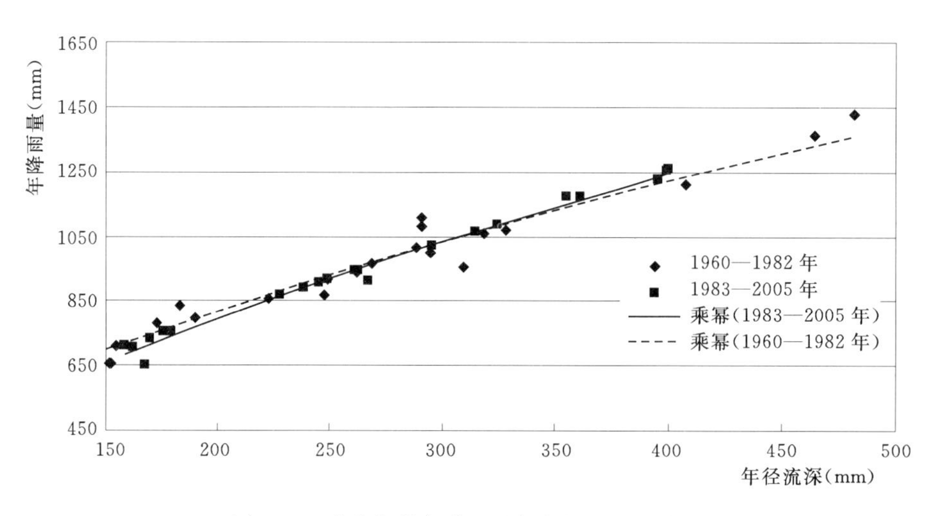

图5-4 皮家集站年降雨量与年径流深相关图

2. 绘制各站年降雨量与年径流深相关曲线

对于打鼓台站、苍坪站、韩家场站、皮家集站，参照《全国水资源综合规划技术细则》的要求，将整个年系列划分为1960—1982年和1983—2005年两个相同时段，以便检查流域不同时段下垫面的变化对径流影响的大小。分别通过点群中心绘制其年降水量—年径流深相关曲线，实线代表1960—1982年的年降水径流关系，虚线代表1983—2005年的年降水径流关系，两根曲线之间的横坐标距离即为年径流衰减值。

3. 年径流衰减率

选定一个年降水值，从图5-1～图5-4中两曲线上查出两个年径流深值（R_1和R_2），用下列公式计算年径流衰减率

$$\alpha=100\times\frac{(R_1-R_2)}{R_1} \tag{5-2}$$

式中：α为年径流衰减率；R_1为1960—1982年下垫面条件的径流深；R_2为1983—2005

年下垫面条件的径流深。

根据年径流衰减率计算公式分别计算打鼓台、苍坪、韩家场、皮家集站年径流衰减率，经计算得，打鼓台站为−3.6%，苍坪站为−4.7%，韩家场站为−0.6%，皮家集站为2.1%。

5.1.5.4 一致性分析

对1960—2005年天然年径流系列进行一致性分析，主要目的是处理下垫面条件变化对径流的影响，也可附带检查还原计算成果的合理性，通过修正后得到具有一致性且能反映近期下垫面条件的天然年径流系列。从四个站降雨量与径流深相关图上看，打鼓台、苍坪站1960—1982年与1983—2005年的年降雨量与年径流深的相关曲线系统偏离的较为明显，而韩家场、皮家集站的年降雨量与径流深没有较明显的偏离，因此需对打鼓台、苍坪站还原后的天然年径流作还现修正。

选定一个年降水值，从图中两条曲线上可查出两个年径流深值（R_1 和 R_2），用下列公式计算修正系数：

$$\beta=\frac{R_2}{R_1} \tag{5-3}$$

式中：β 为年径流修正系数；R_1 为1960—1982年下垫面条件的径流深；R_2 为1983—2005年下垫面条件的径流深。

经计算得到打鼓台、苍坪站的 α 值和 β 值，具体见表5-3。

表5-3 研究区打鼓台、苍坪站不同年降雨量的 **α** 值和 **β** 值

打鼓台	P（mm）	800	900	1000	1100	1200	1300	1400
	α（%）	−8.7	−6.7	−4.9	−3.3	−1.9	−0.6	0.6
	β	1.09	1.07	1.05	1.03	1.02	1.01	0.99
苍坪	P（mm）	700	800	900	1000	1100	1200	
	α（%）	1.6	−1.2	−3.8	−6.1	−8.3	−10.3	
	β	0.98	1.01	1.04	1.06	1.08	1.10	

根据查算的不同年降雨量的 α 值和 β 值可以绘制 P—β 关系曲线，作为修正1960—1982年天然年径流系列的依据。根据需要修正年份的降雨量，从 P—β 关系曲线上查得修正系数，乘以该年修正前的天然年径流量，即可求得修正后的天然年径流量。

5.2 水资源分区和行政分区地表水资源量

5.2.1 水资源分区地表水资源量

5.2.1.1 水资源分区测站控制情况

整个研究区的面积为7755.93km²，其中有水文站控制的流域集水面积为2426km²，占整个研究区面积的31.3%，分区水文站控制情况见表5-4，其中在漳河水库流域内的水文站是打鼓台站和苍坪站，在灌区内的水文站是韩家场站和皮家集站。

表 5-4　研究区水资源分区水文站控制面积统计表　单位：km²

分　　区	分区面积	有水文站控制面积	无水文站控制面积	控制百分比
漳河水库流域	2212	1129	1083	51.0%
漳河水库灌区	5543.93	1297	4246.93	23.4%
研究区	7755.93	2426	5329.93	31.3%

5.2.1.2 分区地表水资源量计算方法

由于水文测站的控制面积不能完全有效地控制各个分区，即使有水文站的地区也不能控制某个行政分区。因此在计算分区水资源量时，根据不同情况采用不同的计算方法。

（1）当区内水文站已控制面积（F_a）较大，且未控制面积（F_b）内的面平均降雨量（P_b）［或径流深（R_b）］与控制面积内的平均降雨量（P_b）［或径流深（R_a）］一致时，直接按面积比进行放大，计算公式如下：

$$W_b=\frac{W_aF_b}{F_a} \tag{5-4}$$

式中：W_a、W_b 为已控制面积和未控制面积的水量。

（2）当分区内没有水文站时，则根据已知地区和未知相邻地区的多年平均年降雨量和已知地区的多年平均年径流深进行计算，公式如下：

$$W_b=\frac{P_b}{P_a}R_aF_b \tag{5-5}$$

5.2.1.3 分区地表水资源量

以打鼓台、苍坪、韩家场、皮家集控制站作为骨干站点，根据还原且修正后的1960—2005的系列地表径流量，计算出各水资源分区地表水资源量。研究区水资源分区中多年平均年径流量最大为漳河水库灌区，其地表水资源量为15.25亿m³，而漳河水库流域则为9.69亿m³。各分区水资源量见表5-5。

表 5-5　研究区水资源分区地表水资源量

水资源分区	面积（km²）	多年平均		不同频率天然年径流量（地表水资源量）（亿 m³）				
		年径流量（亿 m³）	年径流深（mm）	20%	50%	75%	90%	95%
漳河水库流域	2212	9.69	438.1	12.6	9.1	6.9	5.4	4.7
漳河水库灌区	5543.93	15.25	275.1	19.9	14.2	10.7	8.2	7
研究区	7755.93	24.94	321.5	32.1	23.4	18	14.2	12.4

5.2.2 行政分区地表水资源量

行政分区地表水资源量计算方法同水资源分区的计算方法，由计算结果可知各行政分区中沙洋县的地表水资源量最多，为 5.56 亿 m^3，其次是东宝区，为 5.51 亿 m^3，最小是保康县，为 0.51 亿 m^3。各市县多年平均地表水资源量见表 5-6 和统计图 5-5。

表 5-6　　研究区各行政区地表水资源量表

行政区	面积（km^2）	多年平均		地表水资源量（亿 m^3）				
		年径流量（亿 m^3）	年径流深（mm）	20%	50%	75%	90%	95%
保康县	108	0.51	472.2	0.6	0.5	0.4	0.3	0.2
南漳县	1080	4.58	424.1	5.9	4.3	3.4	2.6	2.3
远安县	282.9	1.20	424.2	1.6	1.1	0.8	0.7	0.6
当阳市	528.3	1.60	302.9	2.1	1.5	1.1	0.9	0.7
东宝区	1579.31	5.51	348.9	7.2	5.1	3.9	3.0	2.6
掇刀区	639	1.74	272.3	2.3	1.6	1.1	0.9	0.7
沙洋县	2044	5.56	272.0	7.4	5.2	3.8	3.0	2.5
钟祥市	901	2.44	270.8	3.1	2.2	1.7	1.3	1.1
荆州区	593.42	1.80	303.3	2.4	1.7	1.3	1.0	0.8

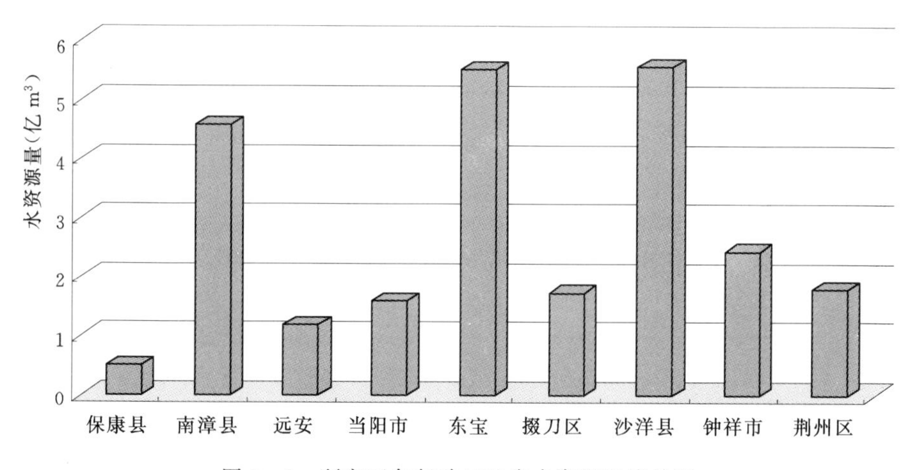

图 5-5　研究区各行政区地表水资源量统计图

5.3 径流年内分配及多年变化

5.3.1 多年平均年径流量

根据打鼓台、苍坪站、韩家场、皮家集 1960—2005 年还原且修正后的多年平均年径流深，用水文比拟法（见 5.2.1.2）计算出不同行政分区的年径流深和多年平均年径流量，整个研究区的多年平均年径流深为 321.5mm，多年平均年径流量为 24.94 亿 m^3，多年平均年径流系数为 0.33。

5.3.2 径流的年内分配

根据径流量的年内分配情况，选取了打鼓台、苍坪、韩家场、皮家集的实测径流资料进行统计分析。由于研究区河流均为降水补给性河流，从分析成果可以看出，径流的年内分配基本上与降水的年内分配一致，年内分配很不均匀。汛期（5—10 月）径流量集中，一般占年径流的 70%以上，非汛期（11 月—次年 4 月）地表径流量小，一般占全年径流总量的 30%以下，研究区具体各条河流的年内分配见表 5-6，径流站典型年及多年平均年径流量分配详见附表 5-1。

表 5-6　研究区主要河流年径流的年内分配

时　段	漳　河	茅坪河	新埠河	竹皮河
汛期（5—10 月）	81.7%	81.6%	77.6%	84.4%
非汛期（11 月—次年 4 月）	18.3%	18.4%	22.4%	15.6%

5.3.3 径流的年际变化

根据四个站还原后的 1960—2005 年天然径流资料，可以计算出各站的多年平均年径流量、最大年径流量、最小年径流量，最大年径流量和最小年径流量同多年平均年径流量的比值 $K_{丰}$ 和 $K_{枯}$，具体见表 5-7。

表 5-7　研究区主要河流的年径流的年际变化

站名	河流	多年平均年径流量（亿 m^3）	最大年径流量（亿 m^3）	出现年份	最小年径流量（亿 m^3）	出现年份	Δ	$K_{丰}$	$K_{枯}$
		①	②		③		②-③	②/③	③/①
打鼓台	漳河	3.27	6.67	1963	1.41	1972	5.26	4.73	0.43
苍坪	茅坪河	1.43	2.8	1996	0.51	1986	2.29	5.49	0.36
韩家场	新埠河	3.23	6.86	1980	0.95	1966	5.91	7.22	0.29
皮家集	竹皮河	0.55	1	1980	0.26	1976	0.74	3.85	0.48

通过表 5-7 可以看出研究区主要河流的年际变化较大，最大年径流量是最小年径流量的 3～8 倍，其中新埠河的年际变化最大达到 7.22，其次是茅坪河的 5.49，而最小的是竹皮河达到了 3.85；最小年径流量是多年平均年径流量的 29%～48%，因此可以看出研究区径流的年际变化较大，丰枯悬殊较大。这基本上反映了研究区的河流基本特性。

附表

附表 5-1 **径流代表站典型年及多年平均天然径流量月分配** 单位：万 m^3

测站名称	所在河流	所在水资源分区	典型年	出现年份	天然径流量 1月	2月	3月	4月	5月	6月	7月	8月	9月	10月	11月	12月	全年	汛期 起止月份	汛期 天然径流量
打鼓台	漳河	漳河水库流域	P=20%	1973	1.47	2.31	4.86	13.18	9.78	16.14	52.31	16.14	32.39	9.02	2.67	1.71	42768.7	5—10	35949.1
			P=50%	1970	1.20	1.15	3.01	9.49	19.66	20.80	10.29	16.56	22.25	10.35	3.94	2.17	31853.2	5—10	26384.0
			P=75%	1974	1.34	1.87	3.86	6.89	18.61	3.39	4.39	19.24	4.27	8.58	2.54	1.69	20341.6	5—10	15599.1
			P=95%	1981	1.02	1.23	2.03	13.01	2.44	2.14	8.63	10.45	3.19	9.37	4.02	1.98	15719.4	5—10	9659.8
			多年平均	1.70	2.19	4.35	8.88	13.97	11.63	30.03	26.75	16.81	9.71	4.86	2.46	11.14	35291.8	5—10	28921.3
苍坪	茅坪河	漳河水库流域	P=20%	0.71	0.61	0.46	0.46	3.59	2.47	23.34	7.98	30.78	3.40	1.49	1.12	0.71	20145.4	5—10	18878.7
			P=50%	0.75	0.64	0.48	0.48	3.75	2.58	24.42	8.35	32.20	3.56	1.56	1.17	0.75	12497	5—10	19750.5
			P=75%	1.20	0.97	1.61	3.02	1.63	6.90	5.69	3.72	3.42	1.89	1.43	2.08	1.20	8835.3	5—10	6137.3
			P=95%	0.99	1.01	0.90	4.29	1.15	0.47	0.97	4.02	1.62	2.71	2.44	1.15	0.99	5716.1	5—10	2913.2
			多年平均	0.98	1.14	1.58	2.60	4.86	5.67	12.32	10.03	6.13	3.69	2.07	1.28	4.39	13851.2	5—10	11334.2
韩家场	新埠河	漳河水库灌区	P=20%	1967	436	457	1884	2723	5554	6752	9311	4225	6316	1601	6697	283	46239	5—10	33759
			P=50%	1963	359	446	980	2287	2897	3354	7264	5118	2189	1557	1993	741	29185	5—10	22379
			P=75%	1988	436	381	1143	1231	2069	4280	3648	2853	1100	1329	926	871	20266	5—10	15279
			P=95%	1981	327	436	2178	457	1546	849	425	370	762	3528	1143	545	12567	5—10	7481
			多年平均		376	396	1642	2762	3985	4328	6119	3862	3159	2389	1170	541	30728	5—10	23842
皮家集	竹皮河	漳河水库灌区	P=20%	1969	174	142	490	1416	3441	4225	14723	5423	5118	185	338	98	35774	5—10	33116
			P=50%	1979	261	163	327	2418	2298	7242	5053	490	8168	76	163	316	26975	5—10	23326
			P=75%	1982	218	370	316	1710	5336	1742	5499	1666	2842	240	501	240	20680	5—10	17326
			P=95%	1976	98	555	261	1307	3419	3169	2069	1732	142	773	250	185	13961	5—10	11304
			多年平均		235	279	641	2519	3613	3858	7279	4480	3286	1416	519	244	28368	5—10	23931

第6章 地下水资源量

地下水是指赋存于饱和带岩土空隙中的重力水[9]。本次评价的地下水资源量主要是指与大气降水、地表水体有直接补排关系，能在地下水体中参与水循环且可以更新的动态水量，即浅层地下水资源量。由于此次水资源评价时收集的资料有限，因此只进行地下水资源量的计算，而对其他方面不再进行评价。

6.1 研究区地质概况

6.1.1 地形与地貌

整个研究区以漳河水库大坝为界分漳河水库流域和灌区两部分，坝址以上为山区，坝址以下为丘陵和平原。漳河水库流域系拦截漳河及其支流清溪河而成，位于湖北省江汉平原西部，地处荆门、宜昌、襄樊三市交界处，属荆山山脉。漳河水库灌区位于长江中游、汉江中下游与漳河中下游组成的河间地区，全区地势西北部高（高程600～700m），东南部低（高程30～40m）。在西北部由荆山及其支脉组成，而南与东南部则为江汉平原的边缘及其两者之间的过渡地带（倾斜平原）。研究区的地形地貌的分布情况见第1章中的内容。

6.1.2 地层与岩性

（1）第四系前地层：主要由前震旦系、震旦系上统、寒武系、奥陶系、志留系、泥盆系、石炭系、二叠系、三叠系、朱罗系、第三系、下第三系与上第三系等13个系、25个地层组组成，其岩性主要为麻岩、云岩、花岗岩、砂岩、片岩、灰岩、页岩、砾岩等。

（2）第四系地层：主要由下更新统、下更新统—中更新统残积层、中更新统、上更新统、上更新统—全新统与全新统等6个系统组成，再细分可分为8个地层组。其岩性主要为亚黏土、黏土岩、页岩、砂岩、灰岩、石英岩、亚砂土等组成[10]。

6.1.3 地质构造

（1）当阳向斜：轴线通过观音寺附近，大致呈北北西—南南东向，核部为中生代侏罗系地层组成，岩层产状平缓。有近南北向与东西向小型褶皱及断裂，两翼延展为古生代地层，如东翼在荆门一带出露奥陶系寒武系地层。水库枢纽均位于此向斜核部，向斜构造为水库创造了蓄水和建筑的有利条件。

（2）南漳地堑：位于荆门以东，呈北北西—南南东向条带状分布，地堑中部为第三系砂页岩组成，南北两端为第四系覆盖。东西两侧皆以北北西向大断裂与朱堡埠地垒和当阳向斜相接，三干渠与四干渠上段位于此单元上。

（3）朱堡埠地垒：位于汉水西岸与南漳地堑之间，呈北北西向分布，本区北部（冷水铺—朱堡埠）出露前震旦系古生代地层，南部大部分为新生代第三系、第四系地层所覆盖，三干渠与四干渠中下段大部分位于此单元上。

（4）汉水地堑：位于冷水、马良、沙洋以东，为第四系地层所覆盖，灌区三干渠、四干渠下段与尾水段在本单元上。

（5）后港凸起与江陵凹陷：除岭山、纪山附近有第三系红色层及玄武岩零星分布外，主要为第四系地层覆盖，灌区南部即为此两个构造单元。

综上所述，灌区地质构造北部以块断裂和褶皱为主伴随升降运动，而南部以升降运动为主伴随有断裂构造。

6.1.4 新地质构造

本地区新地质构造运动的基本特点具有明显的继承性。表现以升降运动和掀斜运动为主，其次为断裂活动。一是宜昌—京山块断裂地区（库区、枢纽和灌区北部）为差异性上升运动，其中当阳向斜为中等上升，南漳地堑为不等量稳定上升，朱堡埠地垒为稳定上升，汉水地堑为南北向不等量上升；二是中部河溶—马良地区（灌区中部和南部）为上更新统南北向掀升运动；三是灌区南部边缘地带江汉平原近代下降。

6.1.5 水文地质

本区属长江中游亚热带季节风气候类型，多年平均年降雨量 986mm，多年平均年蒸发量 946.5mm，潮湿系数不大于 1，属湿度中等。

研究区地下水在西北部中低山及丘陵区为大气降雨补给，中部、东部、南部为倾斜平原径流，而东南部灌区边缘地带为冲积、冲积湖积平原径流排泄，形成地下水完整的循环系统。

地下水化学类型：西北部中低山及丘陵区为重碳酸钙和重碳酸钙镁型淡软水，倾斜平原为重碳酸钙钠型淡软水，冲积、冲积湖积平原为重碳酸钙钠和重碳酸氯化物钙钠型淡软水。地下水矿化度在 0.2～0.4g/L，pH 值 7～7.8，不含或微量侵蚀性二氧化碳，对混凝土一般不具侵蚀性，其水质适合工业、生活及灌溉用水。

本区气候较为湿润，主要灌溉水源（漳河水库）为低矿化度（0.15g/L）水，土壤为亚黏土、亚砂土类，可溶盐含量均小于 0.03%，灌区大部分地区含水层与灌溉水相连甚少，水头小于 5～10m，水头距地表尚有 1～7m，承压水顶板为厚 6～15m 的黏土隔水层，地下水为水平运动。由此可知，灌区广大范围内，不具有沼泽化、盐碱化形成的条件。在灌区边缘冲积、冲积湖积平原地下水埋藏较浅，水位为 0.2～1.2m，最大 4m，灌溉后可能引起地下水位升高，形成部分地区沼泽化和盐碱化形成的可能性同样很小。

6.1.6 土壤

土壤特征：土层一般都较厚，耕作层较深，质地黏重，透水性较差，保水、保肥、抗旱能力较强，干旱时板结坚硬，容易发生裂缝，遇水则软柔易耕，肥力较高，宜种植水稻。

土壤物理特性：黏土空隙率 43%，最大持水率 91%；黏壤土空隙率为 46%，最大持水率为 86%。

分布情况：荆州区及荆门市长湖边缘地区，地表为浅丘陵区及平原区，黏土占 54%，黏壤土占46%。荆门市其他地区为丘陵区，黏土占55%，黏壤土占45%。当阳市为浅丘陵—平原区，黏土占50%，黏壤土占50%。

6.2　区域地下水的补给、径流与排泄

区域地下水的补给、径流与排泄，可根据水文地质条件划分为水库集水区与漳河水库灌区两个水文地质单元。漳河水库上游集水区主要接受大气降水的补给，排泄方式主要以河川径流、泉水出露、侧向径流和人工开采为主，径流方向与本区地形相一致。水库库区的地下水补给主要是水库中的蓄水，其排泄形式以侧向渗漏损失为主。漳河水库灌区地下水的补给来源主要有：大气降水入渗补给、河流渠系渗漏补给、灌溉入渗及山前侧向径流补给。其中，浅层地下水补给条件较好，具备了上述各种补给来源，而深层地下水补给条件较差，主要补给方式为侧向径流补给。

6.3　水文地质参数分析

水文地质参数是地下水资源量计算的重要依据。本次丘陵、平原区地下水资源评价所需的水文地质参数包括给水度μ、降水入渗补给系数α、潜水蒸发系数C、灌溉入渗补给系数β及其他有关参数等。

6.3.1　给水度μ

给水度是指饱和岩土层在重力作用下，自由排出重力水的体积与该饱和岩土层相应体积的比值。它是计算降水入渗补给系数的重要参数，μ值的变化在平面上随岩性而异，在垂直方向上随深度而变。根据《中国水资源评价》一书的成果，亚砂土的μ值取0.076，砂土的μ值取0.142，亚黏土的μ值取0.047。

6.3.2　降水入渗补给系数α

降水入渗补给系数为降水入渗补给地下水的水量与降雨量之比值。

参照《湖北省水资源综合规划报告》（2007年3月）成果，取年降雨量在1000mm情况下的具体值，见表6-1。

表6-1　研究区各岩性降水入渗补给系数计算成果表

包气带岩性	年降雨量（mm）	年均浅层地下水埋深（m）			
		$Z\leqslant1$	$1<Z\leqslant2$	$2<Z\leqslant3$	$3<Z\leqslant4$
粉细砂	$800<P\leqslant1000$	0～0.16	0.14～0.20	0.18～0.24	0.2～0.28
亚砂土		0～0.12	0.1～0.16	0.14～0.2	0.16～0.24
亚黏土		0～0.11	0.09～0.15	0.13～0.18	0.15～0.22
黏土		0～0.1	0.08～0.14	0.12～0.16	0.14～0.2

6.3.3　潜水蒸发系数C

潜水蒸发系数C是潜水蒸发量与水面蒸发量的比值。不同岩性C值也不同，同一岩

性的 C 值随深度而变，一般是随深度增加而递减，至一定深度（极限埋深）则为零。由于本次评价缺乏地下水动态观测资料，故不作分析计算，参考借用《湖北省水资源综合规划报告》（2007 年 3 月）的 C 值。详见表 6-2。

表 6-2　研究区岩性潜水蒸发系数借用成果表

包气带岩性	植被情况	年均浅层地下水埋深（m）					
		$Z \leqslant 0.5$	$0.5 < Z \leqslant 1.0$	$1.0 < Z \leqslant 1.5$	$1.5 < Z \leqslant 2.0$	$2.0 < Z \leqslant 3.0$	$3.0 < Z \leqslant 4.0$
亚砂土	有	1.15～0.65	0.65～0.40	0.40～0.20	0.20～0.15	0.15～0.05	0.05～0.01
	无	1.00～0.50	0.50～0.20	0.20～0.10	0.10～0.05	0.05～0.01	0
亚黏土	有	1.10～0.55	0.55～0.30	0.30～0.15	0.15～0.10	0.10～0.05	0.05～0.01
	无	1.00～0.45	0.45～0.20	0.20～0.10	0.10～0.05	0.05～0.02	0.02～0.01
黏土	有	1.05～0.50	0.50～0.20	0.20～0.15	0.15～0.10	0.10～0.05	0.05～0.02
	无	1.00～0.40	0.40～0.15	0.15～0.10	0.10～0.05	0.05～0.02	0.05～0.01
粉细砂	有	0.60～0.90	0.30～0.60	0.30～0.10	0.10～0.05	0.005～0.05	0
	无	0.45～0.60	0.15～0.45	0.15～0.05	0.05～0.01	0.005～0.01	0

6.3.4 灌溉入渗补给系数 β

参照《湖北省水资源综合规划报告》（2007 年 3 月）的成果，灌溉入渗补给系数 β 见表 6-3。

表 6-3　灌溉入渗补给系数 β 成果表

包气带岩性	灌水定额（m^3/亩次）	年均浅层地下水埋深（m）		
		$1 < Z \leqslant 2$	$2 < Z \leqslant 3$	$3 < Z \leqslant 4$
粉细砂	20～40	0.10～0.16	0.12～0.18	0.12～0.14
亚砂土	$A \leqslant 40$	0.08～0.14	0.10～0.14	0.10～0.12
亚黏土	$A \leqslant 40$	0.06～0.12	0.08～0.12	0.09～0.11
黏土	$A \leqslant 40$	0.05～0.10	0.06～0.10	0.08～0.10

6.3.5 其他计算参数

6.3.5.1 $f_{田}$、$f_{旱}$、$f_{水田}$、$f_{旱地}$ 的确定

$f_{田}$ 是水田面积与总面积的比值，$f_{旱}$ 是总面积扣除水田、河流、水面、城乡居民点及道路不透水面积后与总面积的比值，$f_{水田}$ 是指有水灌溉的水田面积与水田总面积的比值，$f_{旱地}$ 是指有水灌溉的旱地面积与旱地总面积的比值。根据漳河水库灌区内的土地利用情况及灌溉面积数据分别计算得到各种比例系数，计算结果详见表 6-4。

表 6-4　其他计算参数成果表

比例系数	$f_{田}$	$f_{旱}$	$f_{水田}$	$f_{旱地}$
数值	0.21	0.71	0.85	0.06

注　其中水田、旱田面积来源于 2005 年的数据。

6.3.5.2　$I_{水田}$、$I_{旱地}$的确定

$I_{水田}$是指水稻田旱作期的灌溉定额。根据调查，水稻田旱作期的农作物主要是绿肥，其50%保证率下灌溉定额为20m³/亩。

$I_{旱地}$是指旱坡地旱作期的灌溉定额，本区旱坡地主要的旱作物主要包括小麦、棉花，其50%保证率下的灌溉定额分别为71.9m³/亩、81.6m³/亩。

6.4　山丘区地下水资源量

根据《全国水资源综合规划技术细则》和本次水资源评价技术细则的要求，对于山丘区，由于缺乏水文地质资料，评价仅要求计算1960—2005年逐年的河川基流量，近似作为山丘区1960—2005年地下水资源量系列。

漳河水库流域均为山丘区，山丘区地下水资源主要为中部基岩裂隙水及零星分布的火山岩裂隙孔洞潜水、岩溶水。根据湖北省漳河水库区域水文地质图的有关说明，山丘区地下水的矿化度均为$M \leqslant 1g/L$，依据地下水动力特征及现有资料，漳河水库流域山丘区地下水资源量的计算、评价，要求计算山丘区1960—2005年逐年的河川基流量，并以1960—2005年河川基流量系列近似作为山丘区1960—2005年地下水资源量（亦即降水入渗补给量）系列。因此具体计算时，按照已收集的资料长度进行计算。根据已有的河川径流量和基流量建立相关关系，根据推算出的年径流量和相关关系计算出缺测年份的河川基流量。

6.4.1　水文站的选用

计算河川基流量选用的水文站应符合下列要求[11]：

（1）选用水文站具有1960—2005年比较完整、连续的逐日河川径流量观测资料。

（2）选用水文站控制的流域闭合，地表水与地下水的分水岭基本一致。

（3）按地形地貌、水文气象、植被和水文地质条件，选择各种有代表性的水文站。

（4）单站选用水文站的控制流域面积宜介于300～5000km²之间，为了对上游各选用水文站河川基流分割的成果进行合理性检查，还应选用少量的单站控制流域面积大于5000km²且有代表性的水文站。

（5）在水文站上游建有集水面积超过该水文站控制面积20%以上的水库，或在水文站上游河道上有较大引、提水工程，以及从外流域向水文站上游调入水量较大，且未做还原计算的水文站，均不宜作为河川基流分割的选用水文站。

依据上述的选用水文站的技术要求，本次评价选用水文站为打鼓台站、苍坪站，采用降雨径流关系进行插补，水文站一览表详见表6-5。

表6-5　研究区山丘区河川基流量分割选用水文站一览表

序号	水系	河名	站名	集水面积（km²）	实测资料系列（年）	插补后资料系列（年）
1	漳河	漳河	打鼓台	727	1963—1987、1989—2005	1960—2005
2	漳河	茅坪河	苍坪	402	1972—1987、1989—2005	1960—2005

6.4.2 计算方法

河川基流量是山丘区地下水的主要排泄量。在计算河川基流量时，采用分割河川径流过程线的方法（直线斜割法），对各选用径流站逐一进行计算。其中，苍坪站采用1980—2002年的逐日径流资料，打鼓台站采用1963—1985年的逐日径流资料进行分割，根据两个站逐年分割的成果，建立单站河川径流量（R）与河川基流量（R_g）的关系曲线（R和R_g均采用还原后的水量）；根据建立的相关关系曲线和已知的河川径流量就可以计算出其他年份的河川基流量。

直线斜割法，是在河川径流过程线上将洪峰起涨点和径流退水段转折点（或称为地下径流始退点，又称为河川径流拐点）以直线相连，直线以下的径流即视为河川基流。

在实际的基流分割中，枯水期因地下径流量与地表径流量基本一致，只需要将涨水点以上流量减去即可，对于无明显地表径流汇入的枯季河川径流量可全部作为基流处理。在洪水期，若遇降雨（特别是汛期）形成的随河川径流而变化并依地下水消退的水量，即可用直线斜割法求得基流。计算结果见表6-6。

表6-6　选用水文站河川基流量分割成果表　单位：m³

打鼓台			苍坪		
年份	R	R_g	年份	R	R_g
1963	665409600	109768012	1980	196557408	47946112
1964	551880000	94616830	1981	48731328	31058717
1965	252603360	59060686	1982	154065024	43667441
1966	146327040	45479328	1983	210485952	48533221
1967	447811200	77181526	1984	137156544	42226440
1968	372124800	78554292	1985	101144160	33227159
1969	334281600	70596153	1986	37493280	21314858
1970	308106720	63534953	1987	157788000	37657518
1971	378432000	74963068	1989	226692000	64792475
1972	133712640	35643672	1990	180868032	55627682
1973	419428800	89171129	1991	211159872	54202673
1974	191423520	49781714	1992	106821504	40818376
1975	422582400	85132633	1993	136993248	48558869
1976	148849920	51671913	1994	81409536	26495865
1977	285400800	56553781	1995	119454048	37418954
1978	189216000	52447193	1996	271770336	73808143
1979	409968000	76309651	1997	101277216	38931581
1980	376358400	77174433	1998	150718752	43614176
1981	140279040	44996584	1999	61889098	31831895
1982	401241600	90763165	2000	112287254	41911526
1983	482112000	89844941	2001	90318672	37517810
1985	251009280	68443209	2002	119878790	41299506
W_{max}	665409600	109768012	W_{max}	271770336	54202673
W_{min}	140279040	44996584	W_{min}	37493280	21314858

6.4.3 河川基流量系列的计算

根据两个选用水文站的河川基流量分割成果，建立单站河川径流量（R）与河川基流量（R_g）的关系曲线，即 $R—R_g$ 关系曲线，根据单站河川年径流系列和 $R—R_g$ 关系曲线可以求出打鼓台站、苍坪站 1960—2005 年系列的河川基流量。

6.4.4 行政分区河川基流量系列的计算

按下列计算程序计算各计算分区 1960—2005 年河川基流量系列：

（1）在计算分区内，计算各选用水文站控制区域 1960—2005 年逐年的河川基流模数，计算公式：

$$M_{0基i}^{j}=\frac{R_{g站i}^{j}}{f_{站i}} \tag{6-1}$$

式中：$M_{0基i}^{j}$ 为选用水文站 i 在 j 年的河川基流模数，万 m^3/km^2；$R_{g站i}^{j}$ 为选用水文站 i 在 j 年的河川基流量，万 m^3；$f_{站i}$ 为选用水文站 i 的控制区域面积，km^2[12]。

（2）在计算分区内，根据地形地貌、水文气象、植被、水文地质条件类似区域 1960—2005 年逐年的河川基流模数，按照类比法原则，根据被移用地区的多年平均年降雨量与选用水文站所控制流域的多年平均年降雨量的比值，确定适当的类比修正系数，确定未被选用水文站所控制的区域 1960—2005 年逐年的河川基流模数。

（3）按照面积加权平均法的原则，利用下式计算各计算分区 1960—2005 年河川基流量系列：

$$R_{gj}=\sum M_{0基i}^{j}F_i \tag{6-2}$$

式中：R_{gj} 为计算分区 j 年的河川基流量，万 m^3；$M_{0基i}^{j}$ 为计算分区选用水文站 i 控制区域 j 年的河川基流模数或未被选用水文站所控制的 i 区域 j 年的河川基流模数，万 m^3/km^2；F_i 为计算分区内选用水文站 i 控制区域的面积或未被水文控制站所控制的 i 区域的面积，km^2。

经计算的研究区山丘区各行政区多年平均地下水资源量中，以南漳县为最多，达到 1.09 亿 m^3，其次是东宝区，为 0.61 亿 m^3，最少的是当阳市，为 0.1 亿 m^3；具体见图 6-1。

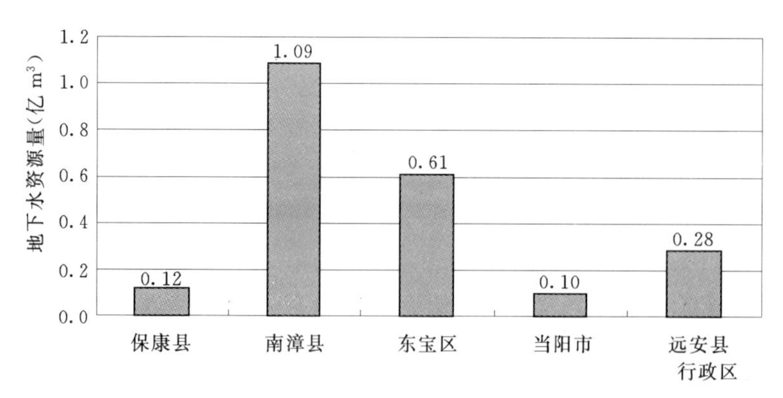

图 6-1 漳河水库流域各行政区多年平均地下水资源量

6.4.5 山丘区地下水资源量计算成果

山丘区1960—2005年多年平均地下水资源量为2.2亿m^3，多年平均河川基流量模数为9.95万m^3/km^2，山丘区历年地下水资源量计算成果详见表6-7。

表6-7　　研究区山丘区地下水资源量计算成果表

年份	地下水资源量（亿m^3）	年份	地下水资源量（亿m^3）	年份	地下水资源量（亿m^3）	年份	地下水资源量（亿m^3）
1960	2.00	1972	1.22	1984	2.13	1996	3.52
1961	1.75	1973	3.13	1985	1.96	1997	1.77
1962	2.52	1974	1.54	1986	1.38	1998	2.46
1963	3.43	1975	2.71	1987	2.03	1999	1.65
1964	2.79	1976	1.60	1988	1.45	2000	3.34
1965	2.00	1977	1.77	1989	3.04	2001	1.48
1966	1.60	1978	1.54	1990	2.52	2002	2.48
1967	2.50	1979	2.41	1991	2.33	2003	2.08
1968	2.69	1980	2.62	1992	2.23	2004	2.10
1969	2.39	1981	1.42	1993	2.36	2005	2.20
1970	1.92	1982	2.49	1994	1.59	多年平均	2.2
1971	2.34	1983	2.63	1995	1.93		

6.5 平原区地下水资源量

6.5.1 评价内容

按照此次地下水评价的要求，根据地下水动力特征及现有资料，只计算丘陵和山区的地下水资源量（$M\leqslant 1g/L$）；本次评价的对象是与大气降水和地表水体有直接水力联系的浅层地下水，评价矿化度$M\leqslant 1g/L$的多年平均地下水资源量，因此需计算水稻田水稻生长期（含泡田期）降水灌溉入渗补给量、旱地降水入渗补给量、水稻田旱作期降水入渗补给量、旱地和水稻田旱作期的灌溉入渗补给量。

6.5.2 平原区岩性、水稻田和旱地面积的确定

研究区的平原区主要指漳河水库灌区，平原区的土质共分为黏土、亚黏土、黏土岩、砂质黏土岩四种类型，平原区的总面积为5543.93km^2，不透水面积（包括水面、城镇村庄、道路、岩石等不造成对地下水补给的面积为347.34km^2，具体统计详见表6-8。

表6-8　　研究区水稻田、旱地面积分布统计表

名　　称	总面积（km^2）	计算面积（km^2）	水稻田面积（km^2）	旱地面积（km^2）	不透水面积（km^2）	湖泊面积（km^2）
漳河水库灌区	5543.93	5196.59	1164.72	3931.86	347.34	153.68

注　其中水田、旱田、湖泊的面积来源于2005年统计数据。

6.5.3 总补给量的计算

6.5.3.1 水稻田降水、灌溉入渗补给量 Q_1

水稻田降水、灌溉入渗补给量是指水稻生长期的降水和灌溉水量的入渗对地下水的补给量。由于季节不同，降水和灌溉水量也不同，同时入渗率的大小取决于岩土的性质，则补给量也随时期和岩性差异而不同。因此，在计算过程中，不同水稻的生长期不同，根据漳河团林试验站早稻、中稻、晚稻的实验历年分月统计的灌水量计算。早稻的生长期（包括泡田期和本田期）为4月中旬至7月底共101天，中稻的生长期为5月中旬至10月中旬共125天，晚稻生长期为7月上旬到10月下旬共92天。依据各岩性在各计算单元中的分布（裸露区没有水稻田故不加入计算）分别计算各计算单元的相应补给量。水稻田降水、灌溉入渗补给量 Q_1 的计算公式为：

$$Q_1=10^{-1}\varphi F_{田}\ T' \tag{6-3}$$

式中：Q_1 为水稻田水稻生长期降水、灌溉入渗补给量，万 m^3；φ 水稻田的稳定渗透率，mm/d；$F_{田}$ 为水稻田面积，km^2；T' 为水稻田水稻生长期的天数，d，分早稻、中稻、晚稻的生长期，分别为101天、125天、92天。

上式中稳定渗透率参照《中国水资源评价》的成果，一般黏土 $\varphi=1.0$mm/d，亚黏土 $\varphi=1.7$mm/d。按公式（6-3）[13]，根据逐年的灌溉定额资料，确定每年的灌溉入渗量的权重，分别计算研究灌区1966—2005年系列渗补给量 Q_1，则 $M\leqslant 1$g/L 的多年平均 Q_1 为1903万 m^3；详见表6-9。

表6-9　灌区多年平均水稻田降水、灌溉入渗补给量 Q_1 成果表

名　称	行政区	总面积（km^2）	水稻田面积（km^2）	Q_1（万 m^3）
灌区	沙洋县	2044	517.61	845
	掇刀区	639	109.45	179
	东宝区	939.51	107.45	176
	钟祥市	901	180.42	295
	当阳市	427	99.58	163
	荆州区	593.42	150.21	245
	合计	5543.93	1164.72	1903

6.5.3.2 旱地降水入渗补给量 Q_2

旱地降水入渗补给量是指旱地面积上年降雨量对地下水入渗补给量，与年降雨量及入渗补给系数成正比。

旱地降水入渗补给量 Q_2 的计算公式为：

$$Q_2=10^{-1}\alpha F_{旱}\ P_{旱} \tag{6-4}$$

式中：Q_2 为1966—2005年旱地降水入渗补给量，万 m^3；α 为降水入渗补给系数（无因次），采用本次分析计算成果；$F_{旱}$ 为旱地面积，km^2；$P_{旱}$ 为漳河灌区旱地1966—2005年的年降雨量，计算结果详见表6-10。

表 6－10　　灌区年多年平均旱地降水入渗补给量 Q_2 成果表

名　称	行政区	总面积（km^2）	旱地面积（km^2）	Q_2（万 m^3）
灌区	沙洋县	2044	1231.67	14437.3
	掇刀区	639	489.06	5732.7
	东宝区	939.51	772.54	9055.4
	钟祥市	901	705.35	8267.8
	当阳市	427	320.48	3756.6
	荆州区	593.42	412.76	4838.2
	合计	5543.93	3931.86	46088

根据公式（6－4），计算出灌区 1966—2005 年系列期多年平均旱地降水入渗补给量 Q_2 为 46088 万 m^3。

6.5.3.3　水稻田旱作期降水入渗补给量 Q_3

水稻田旱作期降水入渗补给量是指水稻田旱作期内降雨量入渗对地下水的补给量，与旱作期的降雨量及入渗补给系数成正比。根据灌区的农业结构，水稻田一般一年只有冬季旱作期（即从 11 月下旬至次年 4 月下旬）。水稻田旱作期降水入渗补给量 Q_3 的计算公式为：

$$Q_3=\alpha F_{田旱}P_{田旱} \tag{6-5}$$

式中：Q_3 为水稻田旱作期降水入渗补给量，万 m^3；α 为降水入渗补给系数（无因次），采用本次分析计算成果；$F_{田旱}$ 为水稻田旱作期面积，km^2；$P_{田旱}$ 为平原区 1966—2005 年水稻田旱作期降雨量，各行政区多年平均水稻田旱作期降水入渗补给量见表 6－11。

表 6－11　　灌区各行政区多年平均水稻田旱作期降水入渗补给量成果表

名　称	行政区	总面积（km^2）	水稻田面积（km^2）	Q_3（万 m^3）
灌区	沙洋县	2044	517.61	1590
	掇刀区	639	109.45	336
	东宝区	939.51	107.45	330
	钟祥市	901	180.42	554
	当阳市	427	99.58	306
	荆州区	593.42	150.21	462
	合计	5543.93	1164.72	3578

注　水稻田面积采用 2005 年统计数据。

根据公式（6－5），经计算可得灌区各行政区多年平均水稻田旱作期降水入渗补给量为 3578 万 m^3。

6.5.3.4　旱地和水稻田旱作期灌溉入渗补给量 Q_4

旱地和水稻田旱作期灌溉入渗补给量是指有水灌溉的旱地和能种旱作物的水稻田在旱

作期的灌溉入渗对地下水的补给量，与旱作期的灌溉入渗补给系数 β 值及灌溉定额 $I_{旱地}$、$I_{田旱}$ 成正比。其计算公式为：

$$Q_4 = 1.5\times10^{-1}\beta(I_{旱地}F_{旱地} + I_{田旱}F_{田旱}) \tag{6-6}$$

式中：Q_4 为旱地和水稻田旱作期灌溉入渗补给量，万 m^3；1.5×10^{-1} 为单位换算系数；β 为灌溉入渗补给系数；$I_{旱地}$、$I_{田旱}$ 分别为旱地、水稻田旱作期毛灌溉定额，m^3/亩，均采用本次分析计算成果；$F_{旱地}$ 为有效灌溉的旱地面积，km^2。

根据《漳河水库调度手册》表 4-5-18 中所述旱田旱作期的作物主要为小麦、棉花，水田旱作期的作物为油料。因此 $F_{旱地}$ 的作物面积为小麦、棉花的种植面积，$F_{田旱}$ 为油料的种植面积。

根据公式（6-6），计算漳河水库灌区 1966—2005 年系列和近期多年平均旱地和水稻田旱作期灌溉入渗补给量 Q_4。其中：$M\leqslant 1g/L$ 的多年平均 Q_4 为 5825 万 m^3，详见 6-12。

表 6-12　灌区多年平均旱地和水稻田旱作期灌溉入渗补给量 Q_4 成果表

名　称	行政区	水田面积（km^2）	旱地面积（km^2）	Q_4（万 m^3）
灌区	沙洋县	517.59	1231.67	2333
	掇刀区	109.45	489.06	607
	东宝区	107.45	772.54	740
	钟祥市	180.42	705.35	950
	当阳市	99.58	320.48	490
	荆州区	150.21	412.76	705
	合计	1164.72	3931.86	5825

注　水田、旱地面积采用 2005 年统计数据。

6.5.3.5　渠系渗漏补给量 Q_5

在漳河水库灌区，渠水位均高于地下水位，故灌区渠道水补给地下水。渠系水利用系数采用综合系数（考虑其他灌溉水源的渠道水利用系数）[14]。计算公式如下：

$$Q_{渠系} = mQ_{渠首引} = a(1-b)Q_{渠首引} \tag{6-7}$$

式中：$Q_{渠系}$ 为渠系渗漏补给量；m 为渠系渗漏补给系数；b 为渠系水利用系数；$Q_{渠首引}$ 为渠首引水量；a 为修正系数。

参考《漳河水库调度手册》中的数据，漳河水库灌区渠系水利用系数 b 值取 0.5。修正系数 a 值与河道土质有关，黏性土质 a 取值 0.40～0.45，砂性土质 a 取值 0.50～0.55。根据漳河水库灌区渠道情况，a 取值均采用 0.45。

根据漳河水库灌区 1966—2005 年灌区各水利设施历年提供灌溉水量统计（《漳河水库调度手册》[15]中表 4-2-9）和公式（6-7）可以计算出，漳河水库灌区的多年平均渠道渗漏补给量为 13860 万 m^3，其中灌区各行政区的渠道渗漏补给量见表 6-13。

表 6-13 灌区各行政区多年渠道渗漏补给量的计算 Q_5

名　　称	行政区	总面积（km²）	水田面积（km²）	Q_5（万 m³）
灌区	沙洋县	2044	517.61	6159
	掇刀区	639	109.45	1302
	东宝区	939.51	107.45	1279
	钟祥市	901	180.42	2147
	当阳市	427	99.58	1185
	荆州区	593.42	150.21	1788
	合计	5543.93	1164.72	13860

6.5.3.6 水库对地下水的补给量 Q_6

由于水库的水位高于地下水的水位，因此水库对地下水的补给量不可忽视。其中漳河水库的历年下渗对地下水的补给可根据《漳河水库调度手册》查得，而灌区水库的蓄水量鉴于资料的缺乏采用经验系数法进行计算，计算方法就是根据水库的兴利库容乘以一定水库对地下水的补给率，经计算得出灌区各行政区的多年平均水库蓄水补给量为 5922 万 m³，具体见表 6-14。

表 6-14 灌区各行政区水库渗漏补给量的计算 Q_6

名　　称	行政区	总面积（km²）	Q_6（万 m³）
灌区	沙洋县	2044	239
	掇刀区	639	264
	东宝区	939.51	1132
	钟祥市	901	2640
	当阳市	427	1598
	荆州区	593.42	49
	合计	5543.93	5922

6.5.4 总排泄量的计算

地下水的排泄量包括潜水蒸发量、河道排泄量、侧向流出量及浅层地下水实际开采量。根据《漳河流域水资源及其开发利用调查评价研究实施方案》（以下简称《方案》）和《地下水资源量及可开采量补充细则》的有关要求，灌区地下水排泄量只要求计算 1966—2005 年潜水蒸发量。

潜水蒸发量是指潜水在毛细管作用下，通过包气带岩土向上运动造成的蒸发量（包括棵间蒸发量和被植物根系吸收造成的叶面蒸散发量两部分），它是平原区地下水垂直排泄的主要方式。根据《方案》要求及有关部门的分析成果，水稻田水稻生长期潜水蒸发量近似按“0”处理，本次潜水蒸发量计算评价仅对地下水埋深在 0～5m 的地区分别对水稻田旱作期与旱地的潜水蒸发量进行计算。

1. 水稻田旱作期潜水蒸发量 $E_{田旱}$ 计算

水稻田旱作期潜水蒸发量 $E_{田旱}$ 的计算公式为：

$$E_{田旱}=10^{-1}CE_{0田旱}F_{田旱} \qquad (6-8)$$

式中：$E_{田旱}$为水稻田旱作期潜水蒸发量，万 m^3；C 为潜水蒸发系数，%，参考《中国水资源评价》；$F_{田旱}$为水稻田旱作期的面积，km^2；$E_{0田旱}$为灌区 1966—2005 年水稻田旱作期水面蒸发量，mm，采用 E601 型蒸发皿的观测值（或换算成 E601 型蒸发皿的蒸发量），计算时段为当年 10 月上旬至次年 3 月下旬。

根据公式（6-8）计算，灌区多年平均水稻田旱作期潜水年蒸发量 $E_{田旱}$为 5860 万 m^3。

2. 旱地潜水蒸发量 $E_{旱地}$ 计算

旱地潜水蒸发量 $E_{旱地}$的计算公式为：

$$E_{旱地}=CE_{0旱地}F_{旱地} \qquad (6-9)$$

式中：$E_{旱地}$为旱地潜水蒸发量，万 m^3；C 为潜水蒸发系数，%；$F_{旱地}$为埋深（分为 0～2m、2～3m、3～5m 埋深）内旱地面积，km^2；$E_{0旱地}$为灌区旱地 1966—2005 年水面年蒸发量，mm，采用 E601 型蒸发皿的观测值（或换算成 E601 型蒸发皿的蒸发量）。

根据公式（6-9）计算，灌区旱地多年平均潜水年蒸发量 $E_{旱地}$为 49285 万 m^3。

综上所述，灌区多年平均潜水年蒸发量为 55145 万 m^3，其中，水稻田旱作期潜水年蒸发量 $E_{田旱}$为 5860 万 m^3，旱地潜水年蒸发量 $E_{旱地}$为 49285 万 m^3。

6.5.5 灌区多年平均地下水资源量的计算

将灌区内各项补给量、渠系渗漏量和水库对地下水的补给量之和，近似作为灌区的多年平均地下水资源量，可以得出灌区的多年平均地下水资源量为 7.72 亿 m^3。

第7章 水资源总量

一定区域的水资源总量是指当地降水形成的地表和地下产水量，也就是地表径流量与地下水资源量（即总补给量或总排泄量）之和[16]。本次要求计算下垫面条件下各计算分区1960—2005年的水资源总量系列。

7.1 地表水资源量

地表水资源量是指河流、湖泊、冰川等地表水体可以更新的动态水量，用天然河川径流量表示。本次水资源评价计算了1960—2005年天然年径流量系列作为研究区地表水资源量，经计算可知研究区多年平均地表水资源量为24.94亿 m^3，最多为1980年的45.21亿 m^3，最少为1981年的10.2亿 m^3，1960—2005年系列的地表水资源量详见表7-1。

表7-1　　研究区1960—2005年地表水资源量

序号	年份	地表水资源总量（亿 m^3）	序号	年份	地表水资源总量（亿 m^3）	序号	年份	地表水资源总量（亿 m^3）
1	1960	21.79	17	1976	11.19	33	1992	20.77
2	1961	20.31	18	1977	19.26	34	1993	27.89
3	1962	26.90	19	1978	13.97	35	1994	23.65
4	1963	34.96	20	1979	26.79	36	1995	17.69
5	1964	39.73	21	1980	45.21	37	1996	42.92
6	1965	24.68	22	1981	10.20	38	1997	19.73
7	1966	12.63	23	1982	28.48	39	1998	30.48
8	1967	32.33	24	1983	40.63	40	1999	18.29
9	1968	29.24	25	1984	20.02	41	2000	31.51
10	1969	29.02	26	1985	21.14	42	2001	15.35
11	1970	23.92	27	1986	12.82	43	2002	33.44
12	1971	26.39	28	1987	28.68	44	2003	22.50
13	1972	11.19	29	1988	12.73	45	2004	22.07
14	1973	44.93	30	1989	37.88	46	2005	18.30
15	1974	16.10	31	1990	26.73	平均	1960—2005	24.93
16	1975	28.29	32	1991	24.11			

7.2 地下水资源量

地下水资源量是指赋存于饱和带岩土空隙的重力水中参与现代水循环且可以更新的动态水量。本次地下水资源评价采用补给量法和排泄量法，山丘区采用排泄量法计算，主要计算河川基流量。平原区主要采用补给量法计算，经计算得研究区多年平均地下水资源量为9.92亿m^3，最多为1980年12.64亿m^3，最少的是1999年8.02亿m^3，研究区历年地下水资源量详见表7-2。

表7-2　　研究区历年地下水资源量

序号	年份	地下水资源量（亿m^3）	序号	年份	地下水资源量（亿m^3）	序号	年份	地下水资源量（亿m^3）	序号	年份	地下水资源量（亿m^3）
1	1960	9.71	13	1972	8.55	25	1984	9.79	37	1996	11.79
2	1961	9.47	14	1973	12.42	26	1985	9.81	38	1997	8.34
3	1962	10.24	15	1974	9.56	27	1986	8.53	39	1998	9.65
4	1963	11.15	16	1975	11.01	28	1987	10.29	40	1999	8.02
5	1964	10.51	17	1976	9.07	29	1988	8.42	41	2000	10.63
6	1965	9.72	18	1977	9.78	30	1989	11.40	42	2001	8.19
7	1966	8.11	19	1978	9.01	31	1990	10.36	43	2002	10.74
8	1967	10.73	20	1979	10.22	32	1991	9.79	44	2003	8.99
9	1968	11.33	21	1980	12.64	33	1992	8.95	45	2004	8.49
10	1969	11.36	22	1981	9.52	34	1993	9.90	46	2005	8.74
11	1970	10.11	23	1982	10.18	35	1994	9.24	平均	1960—2005	9.92
12	1971	11.18	24	1983	12.37	36	1995	8.13			

7.3 水资源总量

根据目前我国水资源评价工作的实际情况，地表水资源和地下水资源是分别进行评价的；因此，在计算水资源总量时，不能简单地将地表水资源量和地下水资源量相加作为水资源总量，而应扣除它们互相转化的重复水量。本次计算水资源总量采用下列公式：

$$W=R+P_r-R_g \quad 或 \quad W=R+Q_{不重复} \tag{7-1}$$

式中：W为水资源总量；P_r为地下水资源量（即总补给量或总排泄量）；R为地表水资源量（即河川径流量）；R_g为地表水和地下水互相转化的重复计算量；$Q_{不重复}$为地下水与河川径流不重复量。

从式（7-1）可知，在已知地表水资源量和地下水资源量的基础上，计算水资源总量的关键在于正确合理地确定重复计算量R_g（或不重复计算量$Q_{不重复}$）[17]。重复计算量R_g（或不重复计算量$Q_{不重复}$）的确定方法与各计算单元内地下水评价类型区的组成有直接关系。整个研究区分为单一山丘区、平原区，其重复计算量R_g（或不重复计算量$Q_{不重复}$）及水资源总量的计算方法分述如下。

7.3.1 山丘区

计算单元内地下水评价类型区为山丘区时，地表水资源量为该计算单元的河川径流量

R，地下水资源量为河川基流量 R_g，因河川基流量已全部包括在河川径流量中，所以全部属于重复量，即

$$P_r = R_g \text{，即 } Q_{不重复} = 0$$

故有

$$W = R$$

即，单一山丘区的计算单元以河川径流量作为水资源总量。

7.3.2 平原区

计算单元内地下水评价类型区为平原区时，地下水资源量主要由降水入渗补给量和地表水体入渗补给量组成，降水入渗补给量中的一部分排入河道，成为平原区的河川基流量，这部分为平原区河川径流的重复量[18]；地表水体入渗补给量中一部分来自上游山区的河川基流，是与山丘区地下水资源的重复计算量，另一部分来自平原区的河川径流，它是平原区河川径流的重复量。可见，平原区的地表水、地下水的转化关系比较复杂，不容易准确计算出地表水资源和地下水资源间的重复计算量，因此这次对平原区水资源总量进行简化计算，将河川径流量与不重复量之和作为水资源总量。地下水与河川径流不重复计算量 $Q_{不重复}$ 采用下式估算：

$$Q_{不重复} = (E_{旱} + Q_{采耗})(U_{p旱}/Q_{旱总补}) \tag{7-2}$$

式中：$Q_{不重复}$ 为地下水与河川径流不重复量；$E_{旱}$ 为旱地和水田旱作期的潜水蒸发量；$Q_{采耗}$ 为浅层地下水开采净消耗量（若很小，可忽略）；$U_{p旱}$ 为旱地和水田旱作期的降水入渗补给量；$Q_{旱总补}$ 为旱地和水田旱作期的总补给量。

7.3.3 多年平均水资源总量

按山丘区类型地区水资源总量的计算方法计算出漳河水库流域 1960—2005 年的水资源总量系列，其中多年平均重复量为 2.2 亿 m^3、不重复量为 0，水资源总量为 9.69 亿 m^3。详见图 7-1 和表 7-3。

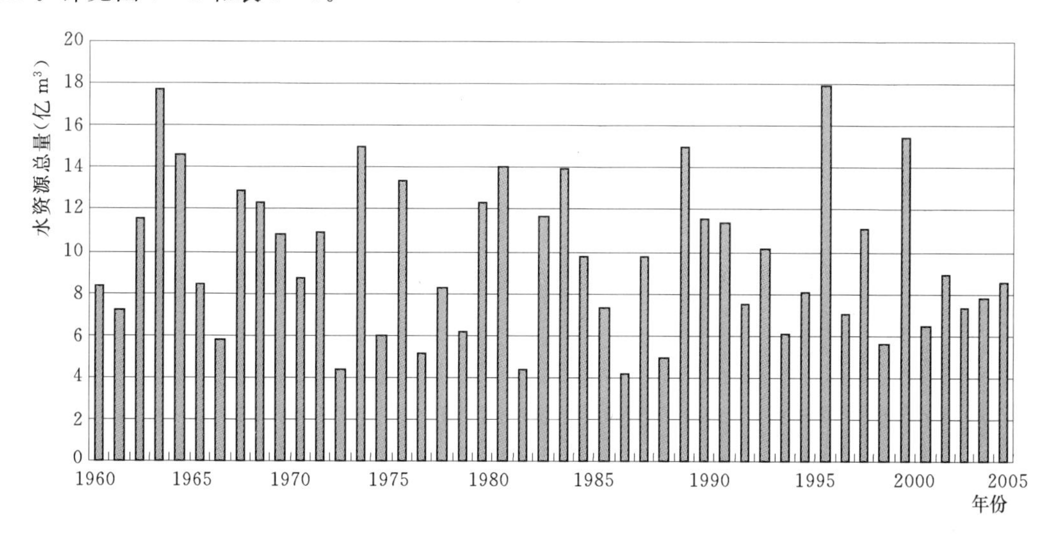

图 7-1　山丘区历年水资源总量

表 7-3　　山丘区历年水资源总量

序号	年份	水资源总量（亿 m³）	序号	年份	水资源总量（亿 m³）	序号	年份	水资源总量（亿 m³）
1	1960	8.35	17	1976	5.11	33	1992	7.47
2	1961	7.21	18	1977	8.22	34	1993	10.11
3	1962	11.59	19	1978	6.19	35	1994	6.07
4	1963	17.73	20	1979	12.30	36	1995	8.02
5	1964	14.60	21	1980	14.04	37	1996	17.93
6	1965	8.41	22	1981	4.40	38	1997	7.04
7	1966	5.79	23	1982	11.62	39	1998	11.08
8	1967	12.89	24	1983	13.97	40	1999	5.57
9	1968	12.36	25	1984	9.80	41	2000	15.44
10	1969	10.80	26	1985	7.32	42	2001	6.47
11	1970	8.70	27	1986	4.13	43	2002	8.89
12	1971	10.91	28	1987	9.80	44	2003	7.28
13	1972	4.35	29	1988	4.92	45	2004	7.79
14	1973	14.97	30	1989	15.01	46	2005	8.51
15	1974	5.95	31	1990	11.58	平均	1960—2005	9.68
16	1975	13.32	32	1991	11.33			

根据公式（7-2）计算出灌区地下水与河川径流不重复量为 5.37 亿 m³，根据公式（7-1）计算出灌区多年平均水资源总量为 20.62 亿 m³，其历年地下水资源量见详见图 7-2和表 7-4。

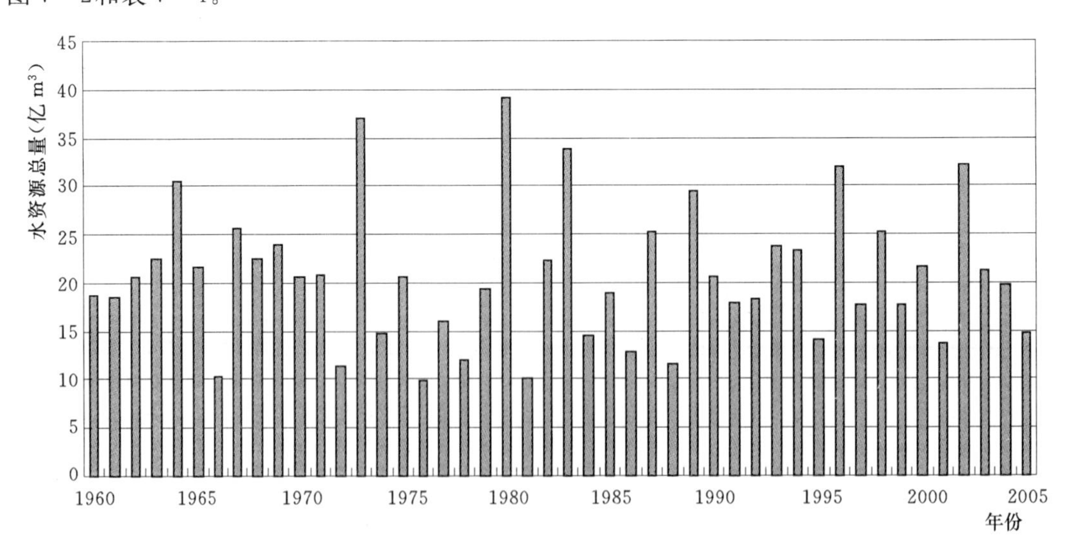

图 7-2　平原区历年水资源总量

表 7-4　　平原区历年水资源总量

序号	年份	水资源总量（亿 m³）	序号	年份	水资源总量（亿 m³）	序号	年份	水资源总量（亿 m³）
1	1960	18.81	17	1976	9.97	33	1992	18.29
2	1961	18.47	18	1977	15.90	34	1993	23.71
3	1962	20.68	19	1978	11.90	35	1994	23.34
4	1963	22.60	20	1979	19.33	36	1995	14.00
5	1964	30.49	21	1980	39.06	37	1996	31.90
6	1965	21.64	22	1981	10.08	38	1997	17.61
7	1966	10.40	23	1982	22.23	39	1998	25.31
8	1967	25.70	24	1983	33.84	40	1999	17.66
9	1968	22.52	25	1984	14.57	41	2000	21.75
10	1969	23.96	26	1985	18.82	42	2001	13.72
11	1970	20.58	27	1986	12.88	43	2002	32.09
12	1971	20.91	28	1987	25.20	44	2003	21.29
13	1972	11.28	29	1988	11.49	45	2004	19.71
14	1973	36.96	30	1989	29.47	46	2005	14.73
15	1974	14.63	31	1990	20.59	平均	1960—2005	20.62
16	1975	20.54	32	1991	17.86			

根据漳河水库流域和灌区水资源总量的计算结果可知研究区水资源总量为 30.31 亿 m³。

7.4 行政区水资源总量

可以计算出各行政区的水资源总量，行政分区中沙洋县的为最大，达到的 7.32 亿 m³，其次为荆门市东宝区 6.5 亿 m³，最小为保康县 0.51 亿 m³。各行政分区多年平均水资源总量计算结果见图 7-3 和表 7-5。

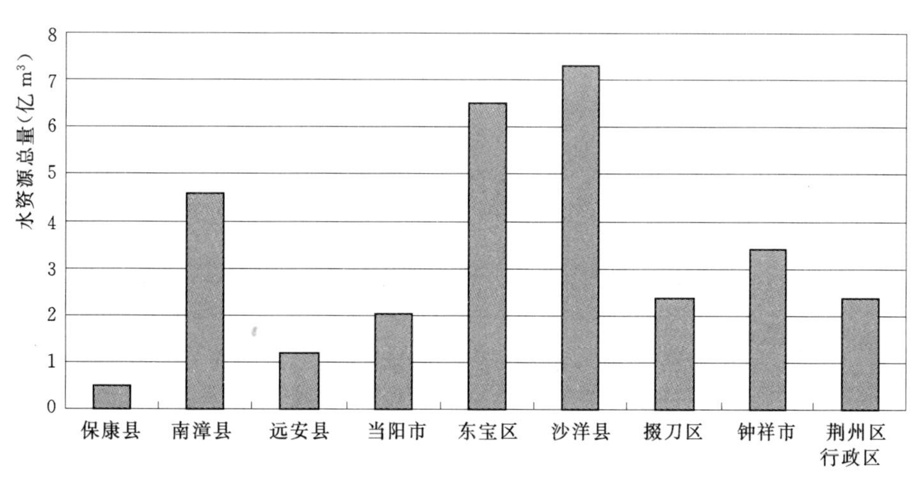

图 7-3　研究区各行政区多年平均水资源总量

表 7-5　　研究区各行政分区多年平均水资源总量成果表

行政区	面积 (km^2)	年降雨量 P（亿 m^3）	地表水资源量 R（亿 m^3）	地下水资源量 P_r（亿 m^3）	水资源总量 W（亿 m^3）	产水系数 W/P（%）	产水模数 M［万 m^3/($a \cdot km^2$)］
保康县	108	1.20	0.51	0.12	0.51	42.5	47.2
南漳县	1080	10.85	4.58	1.09	4.58	42.2	42.4
远安县	282.9	2.83	1.20	0.28	1.20	42.4	42.4
当阳市	528.3	5.21	1.60	0.85	2.04	39.2	38.6
东宝区	1579.31	15.02	5.51	1.88	6.5	43.3	41.2
沙洋县	2044	19.66	5.56	2.56	7.32	37.2	35.8
掇刀区	639	6.15	1.74	0.84	2.39	38.9	37.4
钟祥市	901	8.68	2.44	1.49	3.39	39.1	37.6
荆州区	593.42	6.40	1.80	0.81	2.38	37.2	40.1

7.5 水资源计算成果合理性评价

7.5.1 水资源分区和行政分区水量平衡计算

进行水量平衡计算，用以探讨降水、地表水、地下水等各水文要素之间的数量关系及它们在各计算分区的对比状况，以便利用水文、气象及其他地理因素的地带性规律，检查分析水资源计算成果的合理性。

地区的陆地蒸发包括地区内水面蒸发、陆地蒸发和植物散发。在现有的技术条件下，要精确的计算出各项蒸发量是困难的；因此，本次采用地区平衡方程和实测的降雨量、径流量资料推算陆地蒸发量，具体见表 7-6。

表 7-6　　研究区水资源分区水量平衡对照表

水资源分区	多年平均（亿 m^3）					R/P（%）	W/P（%）	P_r/P（%）	P_r/R（%）	E/P（%）
	降雨量 P	地表水资源量 R	地下水资源量 P_r	陆地蒸发量 E	水资源总量 W					
漳河水库流域	21.96	9.69	2.2	12.27	9.69	44.1	44.1	10.0	22.7	55.9
漳河水库灌区	54.04	15.25	7.72	33.42	20.62	28.2	38.2	14.3	50.6	61.8

根据水资源分区陆地蒸发量的计算方法，可以计算出各行政区的陆地蒸发量，见表 7-7，通过表 7-7 可知，研究区各行政分区多年平均河川径流量与年降雨量的比值在 0.28～0.43 之间，地下水资源量与年降雨量的比值约为 13%，这基本符合研究区的自然地理特点和降水、地表水、地下水三水转化规律。计算成果表明：研究区多年平均年降雨量 986mm 中约 35%形成河川径流，其余约 65%消耗于地表水体、植被、土壤的蒸散发；年降雨量中约有 13%入渗地下，成为地下水资源的补给，但其中绝大部分最终又排入河道，成为河川径流的一部分——河川基流。

表 7-7 研究区各行政分区水量平衡对照表

行政区	多 年 平 均（亿 m^3）					R/P（%）	W/P（%）	P_r/P（%）	P_r/R（%）	E/P（%）
	降雨量 P	地表水资源量 R	地下水资源量 P_r	陆地蒸发量 E	水资源总量 W					
保康县	1.2	0.51	0.12	0.69	0.51	42.5	42.5	10.0	23.5	57.5
南漳县	10.85	4.58	1.09	6.27	4.58	38.4	42.2	10.0	23.8	57.8
远安县	2.83	1.2	0.28	1.63	1.2	42.4	42.4	9.9	23.3	57.6
当阳市	5.21	1.6	0.85	3.17	2.04	30.7	39.2	16.3	53.1	60.8
东宝区	15.02	5.51	1.88	8.52	6.5	36.7	43.3	12.5	34.1	56.7
沙洋县	19.66	5.56	2.56	12.34	7.32	28.3	37.2	13.0	46.0	62.8
掇刀区	6.15	1.74	0.84	3.76	2.39	28.3	38.9	13.7	48.3	61.1
钟祥市	8.68	2.44	1.49	5.29	3.39	28.1	39.1	17.2	61.1	60.9
荆州区	6.4	1.8	0.81	4.02	2.38	28.1	37.2	12.7	45.0	62.8

7.5.2 水资源量合理性检查

通过对《湖北省水资源综合规划报告》和《荆门市水资源评价》进行比较分析可知，研究区的降雨量、年径流深及其 C_v、C_v/C_s 值与水文图集中的数据基本一致 ，且与其相邻地区的的相关值也无较大变化；因此本次的计算结果基本合理，符合研究区水汽来源、气候、地形、地质、植被、土壤等自然地理特点，能够反映研究区水资源的客观规律和地区分布特点。

第8章 水资源可利用量

水资源可利用量是指可预见的时期内，在统筹考虑生活、生产和生态环境用水的基础上，通过经济合理、技术可行的措施在当地水资源中可供一次性利用的最大水量[19]。水资源可利用量（水资源可利用总量）分为地表水可利用量和地下水可利用量（浅层地下水可开采量）。水资源可利用总量为扣除重复水量的地表水资源可利用量与地下水资源可开采量。

8.1 漳河水库流域地表水资源可利用量

本书中评价估算的地表水资源可利用量，是指在可预见的时期内，统筹考虑生活、生产和生态环境用水，协调河道内与河道外用水的基础上，通过经济合理、技术可行的措施可供河道外一次性利用的最大水量（不包括回归水重复利用量）。

根据《地表水资源可利用量计算补充技术细则（试行）》有关地表水资源可利用量计算方法说明，结合漳河水库流域、灌区河流特点，地表水资源可利用量采用倒算法进行计算。

8.1.1 倒算法

漳河水库流域地表水资源可利用量按流域水系进行计算。漳河（打鼓台站上游段）、茅坪河（苍坪站上游段）为漳河水库流域内的主要河流，其中茅坪河为漳河的一个支流，由于漳河水库流域内的降雨最终汇入漳河，在用倒算法计算漳河水库流域内地表水资源量时，采用漳河（打鼓台上游段）、茅坪河（苍坪站上游段）进行分析计算。所谓倒算法是用多年平均水资源量减去不可以被利用和不可能被利用的水量。

由于漳河水库流域内河流的年径流最终汇入漳河水库，因此主要计算漳河、茅坪河的河道内生态环境需水量和漳河水库难以控制的汛期水量。

8.1.2 漳河生态环境需水量的计算

1. 基本情况

漳河是漳河水库流域内第一大河流，发源于湖北省南漳县境荆山南麓的三景庄，水库流域面积 2212km^2，打鼓台控制站以上流域多年平均年降雨量 1003.6mm，多年平均地表水资源量 3.27 亿 m^3。漳河的控制站为打鼓台水文站，控制水库流域面积的 32.9%。

2. 计算方法

漳河流域地表水资源可利用量计算采用倒算法。漳河河道内需水主要是河道内生态环境需水量，主要考虑维持河道基本功能的生态需水量，其他河道内需水都较小，在维持河道基本功能的需水和水生生物需水得到满足的情况下，其他河道内用水也能满足。汛期难以控制利用的洪水量采用打鼓台站汛期天然径流量系列，逐年计算汛期下泄洪水量。最后用多年平均地表水资源量减去生态环境需水量和汛期难以控制利用的洪水量，得出多年平均情况下的地表水资源可利用量。

3. 河道内生态环境需水量计算

漳河河道内生态环境需水主要考虑维持河道基本功能的生态环境需水量，包括防止河道断流、保持水体一定稀释能力与自净能力的最小河道基流量，计算方法[20]如下：

（1）多年平均年径流量百分数：以多年平均年径流量的百分数作为河流最小生态环境需水量。打鼓台站1960—2005年系列天然年径流的多年平均值为3.27亿m^3，取10%为0.327亿m^3，折算成平均流量为1.03m^3/s。

（2）最小月径流量系列：在打鼓台站1963—2005年天然实测月径流系列中，挑选每年最小的月径流量，组成43年最小月径流量系列，对此系列进行统计分析，取其$P=90\%$保证率情况下的月径流量为0.026亿m^3。据此计算多年平均最小生态需水量为0.312亿m^3，折算成平均流量为1.0m^3/s。

（3）近10年最小月径流量：对打鼓台站1996—2005年天然月径流系列进行统计分析，选择最小月径流量作为年河道最小生态年需水量的月平均值，计算多年平均河道最小生态的年需水量。打鼓台站1996—2005年天然实测月径流系列中，最小月径流量出现在1999年3月，为0.022亿m^3。据此计算多年平均最小生态年需水量为0.264亿m^3，折算成平均流量为0.84m^3/s。

（4）典型年最小月径流量：在打鼓台站1960—2005年天然月径流系列中，选择能满足河道基本功能、不断流，又不出现较大生态环境问题的最枯月平均流量，以典型年中最小月径流量作为年河道最小生态需水量的月平均值，计算多年平均河道最小生态的年需水量。在系列中选择典型年径流量与多年平均年径流量比较接近的1970年为典型年，其年径流量为3.08亿m^3，该年3月径流量为0.03亿m^3。据此计算多年平均最小生态年需水量为0.36亿m^3，折算成平均流量为1.14m^3/s。

根据以上四种方法计算河道最小生态年需水量，计算结果分别为0.327亿m^3、0.312亿m^3、0.264亿m^3和0.36亿m^3。结合漳河径流丰枯悬殊的特点，取近10年最小月径流量方法计算结果0.264亿m^3作为维持河道基本功能的河流最小生态年需水量。

8.1.3　茅坪河生态环境需水量的计算

1. 基本情况

茅坪河是漳河最大的一条支流，发源于湖北省南漳县境的阎家垭，流域面积422.8km^2，多年平均年降雨量964.4mm，多年平均地表水资源量1.43亿m^3。茅坪河的控制站为苍坪水文站，控制水库流域面积的18.2%。

2. 计算方法

茅坪河流域地表水资源可利用量计算采用倒算法。茅坪河河道内需水主要是河道内生态环境需水量，主要考虑维持河道基本功能的生态需水量，其他河道内需水都较小，在维持河道基本功能的需水和水生生物需水得到满足的情况下，其他河道内用水也能满足。汛期难以控制利用的洪水量采用苍坪站汛期天然径流量系列，逐年计算汛期下泄洪水量。最后用多年平均地表水资源量减去生态环境需水量和汛期难以控制利用的洪水量，得出多年平均情况下的地表水资源可利用量。

3. 河道内生态环境需水量计算

茅坪河河道内生态环境需水主要考虑维持河道基本功能的生态环境需水量，包括防止河道断流、保持水体一定稀释能力与自净能力的最小河道基流量，计算方法如下：

（1）多年平均年径流量百分数：以多年平均年径流量的百分数作为河流最小生态环境需水量。苍坪站1960—2005年系列天然年径流的多年平均值为1.43亿m^3，取10%为0.143亿m^3，折算成平均流量为0.45m^3/s。

（2）最小月径流量系列：在苍坪站1972—2005年天然实测月径流系列中，挑选每年最小的月径流量，组成34年最小月径流量系列，对此系列进行统计分析，取其$P=90\%$保证率情况下的月径流量为0.013亿m^3。据此计算多年平均最小生态年需水量为0.156亿m^3，折算成平均流量为0.5m^3/s。

（3）近10年最小月径流量：对苍坪站1996—2005年天然月径流系列进行统计分析，选择最小月径流量作为年河道最小生态需水量的月平均值，计算多年平均河道最小生态的年需水量。苍坪站1996—2005年天然实测月径流系列中，最小月径流量出现在1996年2月，为0.012亿m^3。据此计算多年平均最小生态年需水量为0.144亿m^3，折算成平均流量为0.46m^3/s。

（4）典型年最小月径流量：在苍坪站1960—2005年天然月径流系列中，选择能满足河道基本功能、不断流，又不出现较大生态环境问题的最枯月平均流量，以典型年中最小月径流量作为年河道最小生态需水量的月平均值，计算多年平均河道最小生态的年需水量。在系列中选择典型年径流量与多年平均年径流量比较接近的2005年为典型年，其年径流量为1.32亿m^3，该年2月径流量为0.018亿m^3。据此计算多年平均最小生态年需水量为0.216亿m^3，折算成平均流量为0.68m^3/s。

根据以上四种方法计算河道最小生态年需水量，计算结果分别为0.143亿m^3、0.156亿m^3、0.144亿m^3和0.216亿m^3。结合茅坪河径流丰枯悬殊的特点，采用即满足河道不断流、生态又没有发生恶化且值又相对较小的一种结果，故取近10年最小月径流量系列方法计算结果0.144亿m^3作为维持河道基本功能的河流最小生态需水量。

8.1.4 漳河水库流域汛期难以控制利用的洪水量计算

由于漳河水库的弃水不能被漳河水库流域所使用，因此在计算漳河水库流域汛期最大的调蓄和耗用水量时，主要计算漳河水库近建库以来至2005年间难以控制利用的径流量。根据1963—2005年漳河水库水量平衡表可计算出1963—2005年漳河水库多年平均年溢洪量为1.14亿m^3。

8.1.5 漳河水库流域不可能被利用的水量

漳河水库的蒸发和渗漏损失是漳河水库流域不能被漳河水库流域所利用的水量。根据1963—2005年漳河水库水量平衡表可计算其多年平均的蒸发和渗漏损失量为1.22亿m^3，流域地表水资源可利用量计算结果见表8-1。

表 8-1 漳河水库流域地表水资源可利用量计算结果表

项　　目	数　　量
多年平均年径流量（亿 m^3）	9.69
河道内生态环境年需水量（亿 m^3）	0.41
多年平均汛期难以控制利用的洪水量（亿 m^3）	1.14
不可能被利用的水量（亿 m^3）	1.22
多年平均地表水资源可利用量（亿 m^3）	6.92
地表水资源可利用率（%）	71.4

8.2 漳河水库流域地下水资源可开采量

地下水资源可开采量是指在可预见期内，通过经济合理、技术可行的措施，在不致引起生态环境恶化条件下允许从含水层中获取的最大水量。由于漳河水库流域均为山丘区，因此采用山丘地下水可开采量的计算方法。

根据此次漳河水库流域山丘区的计算结果，山丘区的地下水资源量为 2.2 亿 m^3，由于其主要形成了河川基流量，因此地下水可开采量为 2.2 亿 m^3。

8.3 漳河水库流域水资源可利用总量

水资源可利用总量是指在可预见的时期内，在统筹考虑生活、生产和生态环境用水的基础上，通过经济合理、技术可行的措施在当地水资源中可供一次性利用的最大水量。

水资源可利用总量的计算，采取地表水资源可利用量与浅层地下水资源可开采量相加再扣除地表水资源可利用量与地下水资源可开采量两者之间重复计算量的方法估算。两者之间的重复计算量主要是平原区浅层地下水的渠系渗漏和渠灌田间入渗补给量的开采利用部分，采用下式估算[21]：

$$Q_{总}=Q_{地表}+Q_{地下}-Q_{重} \tag{8-1}$$

其中

$$Q_{重}=f(Q_{渠}+Q_{田})$$

式中：$Q_{总}$ 为水资源可利用量；$Q_{地表}$ 为地表水资源可利用量；$Q_{地下}$ 为浅层地下水资源可开采量；$Q_{重}$ 为重复计算量；$Q_{渠}$ 为渠系渗漏补给量；$Q_{田}$ 为田间地表水灌溉入渗补给量；f 为可开采系数，是地下水资源可开采量与地下水资源量的比值，结果见表 8-2。

表 8-2 漳河水库流域水资源可利用总量 单位：亿 m^3

水资源分区	多年平均水资源总量	多年平均地表水可利用量	多年平均地下水可开采量			地表水可利用量与地下水可开采量间重复计算量	多年平均水资源可利用总量	可利用率（%）
			平原区	山丘区	合计			
漳河水库流域	9.69	6.92	—	2.2	2.2	2.2	6.92	71.4

8.4 漳河水库灌区地表水资源可利用量

本次评价估算的地表水资源可利用量，是指在可预见的时期内，统筹考虑生活、生产和生态环境用水，协调河道内与河道外用水的基础上，通过经济合理、技术可行的措施可供河道外一次性利用的最大水量（不包括回归水重复利用量）。

根据《地表水资源可利用量计算补充技术细则（试行）》有关地表水资源可利用量计算方法说明，结合漳河水库灌区河流特点，地表水资源可利用量采用倒算法进行计算。

8.4.1 新埠河生态环境需水量的计算

1. 基本情况

新埠河是漳河水库灌区内第一大河流，发源于湖北省荆门市车桥，止于拾桥李家台，全长100.8km，韩家场控制站以上灌区多年平均年降雨量1009.6mm，多年平均地表水资源量3.23亿m^3。新埠河的控制站为韩家场站，控制水库灌区面积的19.6%。

2. 计算方法

漳河水库灌区地表水资源可利用量计算采用倒算法。漳河水库灌区河道内需水主要是河道内生态环境需水量，主要考虑维持河道基本功能的生态需水量，其他河道内需水都较小，在维持河道基本功能的需水和水生生物需水得到满足的情况下，其他河道内用水也能满足。汛期难以控制利用的洪水量采用韩家场站汛期天然径流量系列，逐年计算汛期下泄洪水量。最后用多年平均地表水资源量减去生态环境需水量和汛期难以控制利用的洪水量，得出多年平均情况下的地表水资源可利用量。

3. 河道内生态环境需水量计算

漳河水库灌区河道内生态环境需水主要包括防止河道断流、保持水体一定稀释能力与自净能力的最小河道基流量，采用下列方法计算：

（1）多年平均年径流量百分数。以多年平均年径流量的百分数作为河流最小生态环境需水量。韩家场站1960—2005年系列天然年径流的多年平均值为3.23亿m^3，取10%为0.323亿m^3，折算成平均流量为1.02m^3/s。

（2）最小月径流量系列。在韩家场站1960—2005年天然实测月径流系列中，挑选每年最小的月径流量，组成46年最小月径流量系列，对此系列进行统计分析，取其$P=90\%$保证率情况下的月径流量为0.013亿m^3。据此计算多年平均最小生态的年需水量为0.156亿m^3，折算成平均流量为0.5m^3/s。

（3）近10年最小月径流量：对韩家场站1996—2005年天然月径流系列进行统计分析，选择最小月径流量作为年河道最小生态需水量的月平均值，计算多年平均河道最小生态的年需水量。韩家场站1996—2005年天然实测月径流系列中，最小月径流量出现在1997年10月，为0.00011亿m^3。据此计算多年平均最小生态年需水量为0.0013亿m^3，折算成平均流量为0.042m^3/s。

（4）典型年最小月径流量：在韩家场站1960—2005年天然月径流系列中，选择能满足河道基本功能、不断流，又不出现较大生态环境问题的最枯月平均流量，以典型年中最小月径流量作为年河道最小生态需水量的月平均值，计算多年平均河道最小生态的年需水量。在系列中选择典型年径流量与多年平均年径流量比较接近的1979年为典型年，其年径流量为3.33亿m^3，该年10月径流量为0.0015亿m^3。据此计算多年平均最小生态年需水量为0.018亿m^3，折算成平均流量为0.057m^3/s。

根据以上四种方法计算河道最小生态年需水量，计算结果分别为0.323亿m^3、0.156亿m^3、0.0013亿m^3和0.018亿m^3。结合新埠河径流丰枯悬殊的特点，取典型年最小月径流量方法计算结果0.018亿m^3作为维持河道基本功能的河流最小生态年需水量。

8.4.2 竹皮河生态环境需水量的计算

1. 基本情况

竹皮河是漳河水库灌区第三大河流，发源于湖北省荆门市北郊，止于荆门市马良镇入汉江，流域面积755.6km^2，多年平均年降雨量961.7mm，多年平均地表水资源量0.546亿m^3。竹皮河的控制站为皮家集水文站，控制全灌区面积的3.8%。

2. 计算方法

竹皮河（皮家集站以上）流域地表水资源可利用量计算采用倒算法。竹皮河河道内需水主要是河道内生态环境需水量，主要考虑维持河道基本功能的生态需水量，其他河道内需水都较小，在维持河道基本功能的需水和水生生物需水得到满足的情况下，其他河道内用水也能满足。汛期难以控制利用的洪水量采用皮家集站汛期天然径流量系列，逐年计算汛期下泄洪水量。最后用多年平均地表水资源量减去生态环境需水量和汛期难以控制利用的洪水量，得出多年平均情况下的地表水资源可利用量。

3. 河道内生态环境需水量计算

竹皮河河道内生态环境需水主要包括防止河道断流、保持水体一定稀释能力与自净能力的最小河道基流量，采用下列方法计算：

（1）多年平均年径流量百分数：以多年平均年径流量的百分数作为河流最小生态环境需水量。竹皮河1960—2005年系列天然年径流的多年平均值为0.546亿m^3，取10%为0.0546亿m^3，折算成平均流量为0.174m^3/s。

（2）最小月径流量系列：在皮家集站1960—2005年天然实测月径流系列中，挑选每年最小的月径流量，组成46年最小月流量系列，对此系列进行统计分析，取其$P=90\%$保证率情况下的月径流量为0.001亿m^3。据此计算多年平均最小生态年需水量为0.012亿m^3，折算成平均流量为0.04m^3/s。

（3）近10年最小月径流量：对皮家集站1996—2005年天然月径流系列进行统计分析，选择最小月径流量作为年河道最小生态需水量的月平均值，计算多年平均河道最小生态的年需水量。以1996—2005年天然实测月径流系列中，最小月径流量出现在1997年10月，为0.0015亿m^3。据此计算多年平均最小生态年需水量为0.0175亿m^3，折算成平均流量为0.55m^3/s。

（4）典型年最小月径流量：在皮家集站1960—2005年天然月径流系列中，选择能满足河道基本功能、不断流，又不出现较大生态环境问题的最枯月平均流量，以典型年中最小月径流量作为年河道最小生态需水量的月平均值，计算多年平均河道最小生态的年需水量。在系列中选择典型年径流量与多年平均年径流量比较接近的1970年为典型年，其年径流量为0.032亿m^3，该年1月径流量为0.0027亿m^3。据此计算多年平均最小生态年需水量为0.032亿m^3，折算成平均流量为0.1m^3/s。

根据以上四种方法计算河道最小生态需水量，计算结果分别为0.055亿m^3、0.012亿m^3、0.0175亿m^3和0.032亿m^3。结合竹皮河径流丰枯悬殊的特点，取最小月径流量系列量系列方法计算成果0.012亿m^3作为维持河道基本功能的河流最小生态需水量。

8.4.3 新埠河流域汛期难以控制利用的洪水量计算

将流域控制站汛期的天然径流量减去流域调蓄和耗用的最大水量，剩余的水量即为汛期难以控制利用下泄洪水量。汛期难以控制利用下泄洪水量的计算方法与步骤如下：

1. 确定汛期时段

各地进入汛期的时间不同，工程的调蓄能力和用户在不同时段的需水量要求也不同，因而在进行汛期难以控制利用下泄洪水量计算时所选择的汛期时段不一样。一般应根据地区河流汛期的特点来决定，漳河水库灌区河流的汛期一般为5—10月。

2. 计算方法

韩家场站有较完整可靠的天然径流量和实测径流量系列资料，且其水资源开发利用程度相对较高，采用近期资料系列中近10年中汛期最大的用水消耗量，作为控制汛期洪水下泄的水量W_m。用水消耗量可采用韩家场站汛期的天然径流量减去同期的实测径流量得出。具体计算如下：

(1) 计算各年汛期的用水消耗量。

根据韩家场站1996—2005年5—10月天然径流和实测径流量，计算各年汛期的用水消耗量。

$$W_{用}=W_{天}-W_{实} \tag{8-2}$$

式中：$W_{用}$为新埠河用水消耗量；$W_{天}$为韩家场站天然径流量；$W_{实}$为韩家场站实测径流量。

(2) 确定汛期控制利用洪水的最大水量。

从计算的$W_{用}$中选择最大的。在计算的各年汛期用水消耗量中，1997年最大，为1.62亿m^3，经分析该年汛期洪水量较小，实际供用水量正常合理，可以将该年汛期用水消耗量作为汛期控制利用洪水的最大水量W_m，计算结果详见表8-3。

表8-3　新埠河W_m计算　单位：m^3

年份	5—10月天然径流量	5—10月实测径流量	5—10月用水消耗量
1996	408879146	298668648.8	110210497
1997	213236478	51016803.24	162219675
1998	366152921	265106182.7	101046739
1999	231064582	107625996.9	123438585
2000	269519642	153007663.7	116511978

续表

年　份	5—10月天然径流量	5—10月实测径流量	5—10月用水消耗量
2001	184096347	46865757.89	137230589
2002	530774980	465462212.3	65312768
2003	318120540	204349650.2	113770890
2004	242187103	108749360.3	133437743
2005	203455073	58190134.84	145264939

（3）计算多年平均汛期难以控制利用的洪水量。

根据以上确定的汛期控制利用洪水的最大水量 W_m，采用韩家场站1960—2005年46年汛期洪水量（天然）系列，逐年计算汛期下泄洪水量。汛期洪水量中大于 W_m 的部分作为难以控制利用的洪水量，汛期洪水量小于或等于 W_m，则下泄洪水量为0。根据算出的下泄洪水量系列，计算多年平均汛期难于控制利用的洪水量。

$$W_{泄}=\frac{1}{n}\sum(W_i-W_m) \tag{8-3}$$

式中：$W_{泄}$ 为多年平均汛期难于控制利用的洪水量；W_i 天为韩家场站 i 年汛期（5—10月）天然径流量。

（4）可利用量计算结果。

多年平均汛期难于控制利用的洪水量计算结果为1.67亿 m^3。用多年平均地表水资源量3.23亿 m^3 减去最小生态需水量和汛期难以控制利用的洪水量，计算出其多年平均情况下地表水资源可利用量，具体见表8-4。

表8-4　　漳河水库灌区新埠河（韩家场站）地表水资源可利用量计算成果表

项　目	数　量
多年平均年径流量（亿 m^3）	3.23
河道内生态环境年需水量（亿 m^3）	0.018
多年平均汛期难于控制利用的洪水量（亿 m^3）	1.67
多年平均地表水资源可利用量（亿 m^3）	1.542
地表水资源可利用率（%）	47.7

8.4.4　竹皮河流域汛期难以控制利用的水量

皮家集站有较完整可靠的天然径流量和实测径流量系列资料，且其水资源开发利用程度相对较高，采用近10年资料系列中汛期最大的用水消耗量，作为控制汛期洪水下泄的水量 W_m。用水消耗量可采用皮家集站汛期的天然径流量减去同期的实测径流量得出。竹皮河汛期一般出现在5—10月，具体计算如下：

（1）计算各年汛期的用水消耗量。

根据皮家集站1996—2005年5—10月天然径流和实测径流量，通过公式（8-2）计算各年汛期的用水消耗量。

（2）确定汛期控制利用洪水的最大水量。

从计算的 W_m 中选择最大的。在计算的各年汛期用水消耗量中，2004 年最大，为 0.32 亿 m³，经分析该年汛期洪水量较小，实际供用水量正常合理，可以将该年汛期用水消耗量，作为汛期控制利用洪水的最大水量 W_m，计算详见表 8-5。

表 8-5　　竹皮河 W_m 计算　　单位：m³

年　　份	5—10 月天然径流量	5—10 月实测径流量	5—10 月用水消耗量
1996	70065261	48099474.59	21965786
1997	40118196	8221940.778	31896256
1998	51951806	31735718.53	20216087
1999	40125921	15634404.69	24491516
2000	45888239	22719268.16	23168971
2001	27790233	665314.6982	27124918
2002	70181125	56787970.53	13393155
2003	43794957	21149360.91	22645597
2004	45865067	19464342.88	26400724
2005	29806272	1147300.438	28658971

（3）计算多年平均汛期难于控制利用的洪水量。

根据以上确定的汛期控制利用洪水的最大水量 W_m，采用皮家集站 1960—2005 年 46 年汛期洪水量（天然）系列，逐年计算汛期下泄洪水量。汛期洪水量中大于 W_m 的部分作为难以控制利用的洪水量，汛期洪水量小于或等于 W_m，则下泄洪水量为 0。根据算出的下泄洪水量系列，通过公式（8-3）计算出竹皮河汛期难以控制利用洪水的最大水量为 0.23 亿 m³。

（4）可利用量计算结果。

多年平均汛期难以控制利用的洪水量计算结果为 0.23 亿 m³。用多年平均地表水资源量 0.546 亿 m³ 减去最小生态需水量和汛期难以控制利用的洪水量，计算出其多年平均情况下地表水资源可利用量，具体见表 8-6。

表 8-6　　漳河水库灌区竹皮河（皮家集站）地表水资源可利用量计算成果表

项　　目	数　　量
多年平均年径流量（亿 m³）	0.546
河道内生态环境年需水量（亿 m³）	0.012
多年平均汛期难于控制利用的洪水量（亿 m³）	0.23
多年平均地表水资源可利用量（亿 m³）	0.304
地表水资源可利用率（%）	55.7

8.4.5　漳河水库灌区地表水资源量的计算

漳河水库灌区总面积为 5543.93km²，有水文站控制的流域面积占整个漳河水库灌区面积的23.4%，而没有水文站控制流域的多年平均地表水资源可利用率可以参照新埠河（韩家场站）和竹皮河（皮家集站）流域的地表水资源利用率。

根据新埠河（韩家场站）和竹皮河（皮家集站）流域的地表水资源利用率，用加权平均法得出漳河流域灌区的水资可利用率为49%，多年平均地表水资源可利用量为7.47亿m^3。

8.5　漳河水库灌区地下水资源可开采量

地下水资源可开采量是指在可预见期内，通过经济合理、技术可行的措施，在不致引起生态环境恶化条件下允许从含水层中获取的最大水量。

平原区浅层地下水可开采量采用可开采系数法计算，根据《地下水资源量及可开采量补充细则（试行)》确定研究区的可开采系数，计算漳河水库灌区平原区浅层地下水可开采量。

8.5.1　可开采系数法

可开采系数法适用于含水层水文地质条件研究程度较高的地区。这些地区，浅层地下水含水层的岩性组成、厚度、渗透性能及单井涌水量、单井影响半径等开采条件掌握得比较清楚。

所谓可开采系数（f，无因次）是指某地区的地下水可开采量（$Q_{可开}$）与同一地区的地下水总补给量（$Q_{总补}$）的比值，即$f=Q_{可开}/Q_{总补}$，f应不大于1。确定了可开采系数f，就可以根据地下水总补给量（$Q_{总补}$），确定出相应的可开采量$Q_{可开}$，即：$Q_{可开}=fQ_{总补}$。可开采系数f是以含水层的开采条件为定量依据：f值越接近1，说明含水层的开采条件越好；f值越小，说明含水层的开采条件越差[22]。

确定可开采系数f时，应遵循以下基本原则：

（1）对于开采条件良好，特别是地下水埋藏较深、已造成水位持续下降的超采区，应选用较大的可开采系数，参考取值范围为0.6。

（2）对于开采条件一般的地区，宜选用中等的可开采系数，参考取值范围为0.4。

（3）对于开采条件较差的地区，宜选用较小的可开采系数，参考取值范围不大于0.3。

8.5.2　平原区浅层地下水可开采量

根据漳河水库灌区水文地质图的说明，灌区的地下水均为弱含水层，开采利用价值有限，因此选用较小的可开采系数0.3，计算出平原区地下可开采量为2.32亿m^3。

8.6　漳河水库灌区水资源可利用总量

根据公式（8-1），计算出平原区浅层地下水的渠系渗漏和渠灌田间入渗补给量为0.46亿m^3。根据以上分析可知，灌区水资源的可利用总量为9.33亿m^3，具体见表8-7。

表 8-7 漳河水库灌区水资源可利用总量 单位：亿 m^3

水资源分区（或行政区）	多年平均水资源总量	多年平均地表水可利用量	多年平均地下水可开采量	平原区地表水可利用量与地下水可开采量间重复计算量	多年平均水资源可利用总量	可利用率（%）
漳河水库灌区	20.62	7.47	2.32	0.46	9.33	45.2

8.7 研究区水资源可利用总量

根据漳河水库流域、灌区的水资源利用总量可以计算出研究区多年平均水资源可利用总量为 16.35 亿 m^3，具体见表 8-8。

表 8-8 研究区多年平均水资源可利用总量 单位：亿 m^3

水资源分区（或行政区）	多年平均水资源总量（倒算法）	多年平均地表水可利用量	多年平均地下水可开采量	平原区地表水可利用量与地下水可开采量间重复计算量	多年平均水资源可利用总量	可利用率（%）
研究区	30.31	14.39	4.62	2.66	16.35	53.9

第9章　水资源演变情势分析

水资源演变情势是指由于人类活动改变了地表与地下产水的下垫面条件，造成水资源量、可利用量以及水质发生时空变化的态势。

水资源量是指由当地降水形成的、可逐年更新的动态水量。根据1960—2005年46年资料系列，对研究区的水资源演变情势进行分析计算。

9.1　人类活动情况分析

9.1.1　生产、生活耗水量变化情势

据此次收集研究区的资料，研究区的总人口由2001年的193.13万人减少到2005年的187.99万人，耕地由2001年的262.96万亩减少到2005年的255.82亩，农村经济总收入由2001年的73.65亿元增加到2005年的100.5亿元，详见图9-1。

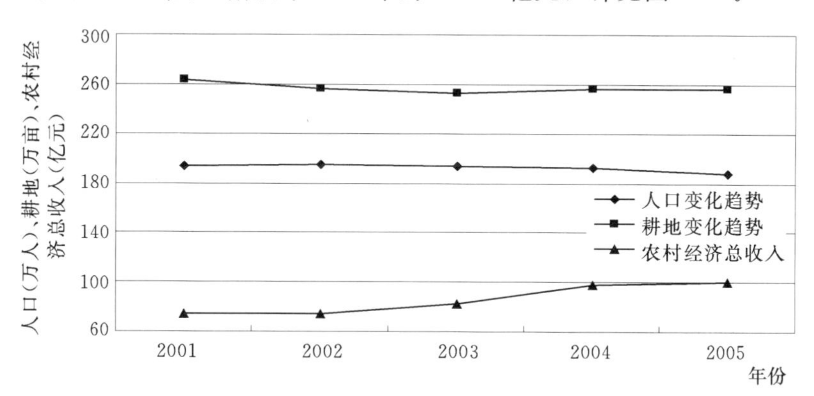

图9-1　研究区社会经济指标变化趋势图

通过图9-1可以看出，近五年来研究区内人口数量和耕地面积的变化不大，农村经济有了很大的增长。

9.1.2　工业用水及耗水量

由于近些年来研究区的经济增长很快，且近年城镇化的发展，因此工业用水量的变化量较大，增长较快。

9.1.3　农业灌溉用水及耗水量

根据2001—2005年研究区内农作物种植面积的情况分析，农村的耕地面积在减少，且多年来由于灌溉水利设施老化和农业用水体制存在的问题，使得灌溉的面积在逐年减少。

9.2　降雨量演变情势

降水是径流形成的基础，是地表水资源形成的最直接最重要的影响因素。根据1960—2005年系列降水资料，研究区多年平均年降雨量为986mm，年最大降雨量为1398.5mm（1980年），年最小降雨量为677.6mm（1966年）。

降雨量的年内分配不均，在研究区内明显地分为多雨期与少雨期，多雨期雨量占年总量的68%～79.6%。降雨量的年际变化大，丰枯悬殊，最大年降雨量为最小年降雨量的2.4倍，最大年降雨量为多年均值的1.5倍，最小年降雨量仅为多年均值的61.3%。

从各年段降雨量看，20世纪60年代、80年代、90年代偏丰时期，20世纪70年代和21世纪初的几年处于偏枯时期，降雨量经历了偏丰—偏枯—偏丰—偏丰—偏枯五个阶段，见图9-2。根据历年降雨量绘制研究区5年滑动平均值图，见图9-3，通过图9-3可以看出研究区经历了1960—1974年的相对减少期，1974—1979年的相对增长期，1979—1984年的相对减少期，2000年以后整体呈现加剧减少的态势，其过程见图9-3。

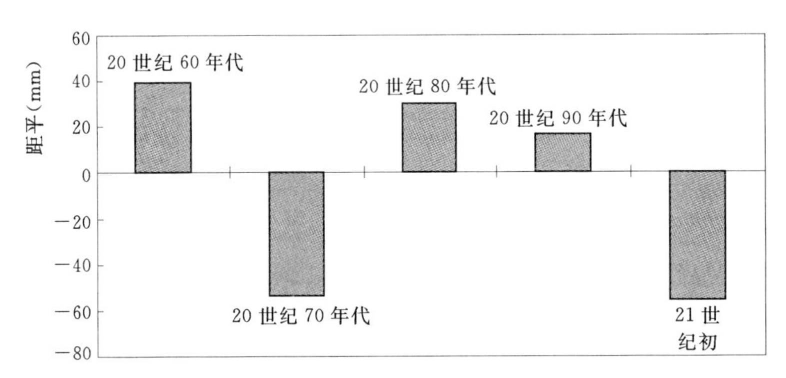

图9-2　研究区各年段降雨量距平图

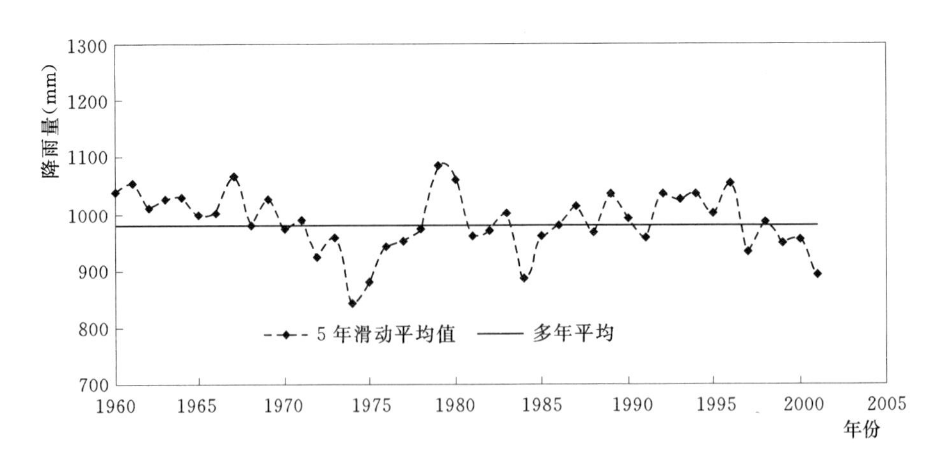

图9-3　研究区降雨量5年滑动平均值图

9.3 蒸发量演变情势

蒸发是水资源主要耗损项，根据研究区 1980—2005 年蒸发代表站资料绘制年蒸发量 5 年滑动平均值图见图 9-4。

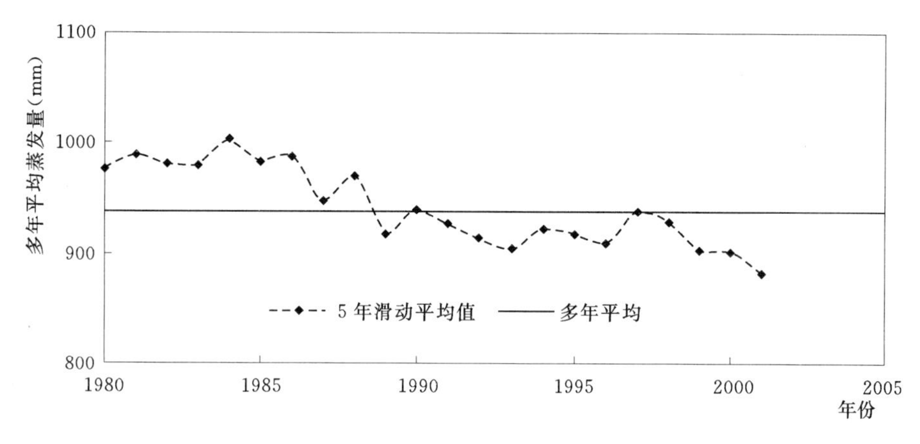

图 9-4 研究区 1980—2005 年蒸发量 5 年滑动平均值图

通过图 9-4 可知，1980—2005 年多年平均年水面蒸发量较变化较大，其整体的年蒸发量是逐年减少，其主要原因见 3.4.2 节。

9.4 水量演变情势

9.4.1 地表水资源量

研究区多年平均年径流深 321.5mm，多年平均地表水资源量为 24.94m³，最大 45.21 亿 m³（1980 年），最小 10.2 亿 m³（1981 年），最大值是最小值 4.43 倍。

从各年段地表水资源统计数据看，20 世纪 60 年代、80 年代、90 年代研究区处于偏丰时期，20 世纪 70 年代和 21 世纪初的几年处于偏枯水期，变化过程见图 9-5。

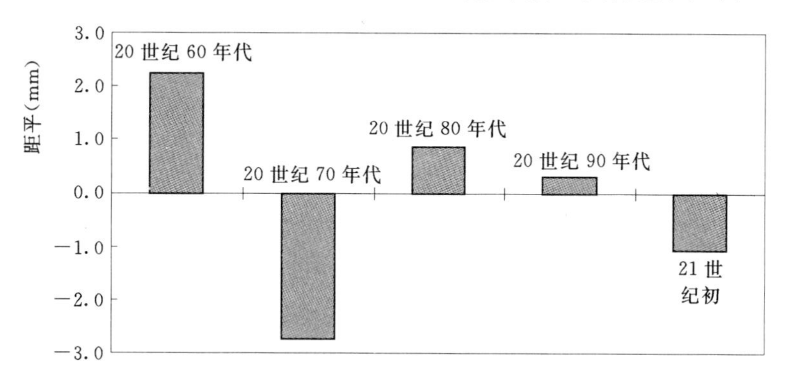

图 9-5 研究区各年段地表水资源量距平图

根据年径流量5年滑动平均值过程线看，与降雨量变化趋势基本一致，经历了1960—1974年的相对减少期，1974—1979年的相对增长期，1979—1984年的相对减少期，2000年以后整体呈现缓慢减少的态势，其过程见图9-6。

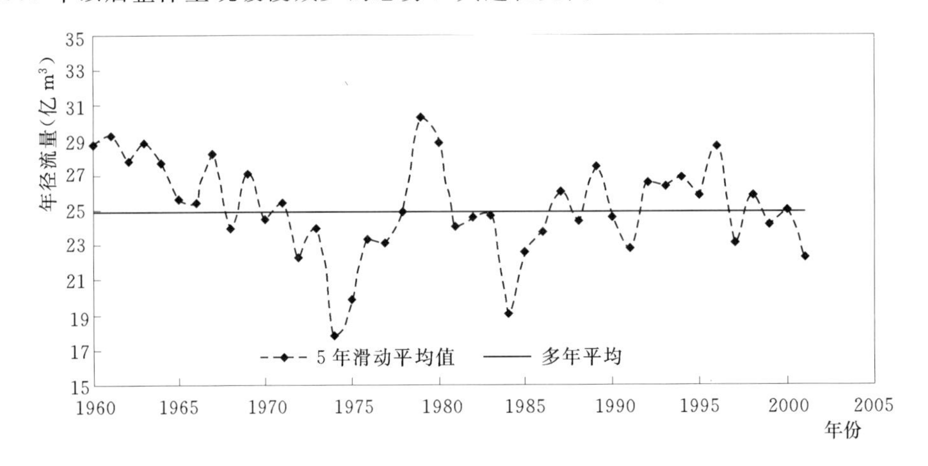

图9-6　研究区1960—2005年地表水资源量5年滑动平均值图

各年段天然径流量与降水过程基本对应，降雨量偏大年份，径流量也相应偏大，各年段天然径流深与降雨量对照见图9-7。

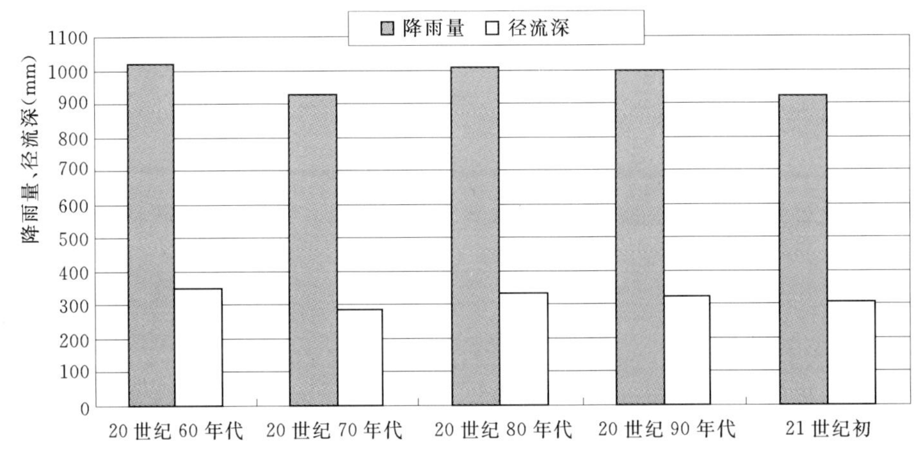

图9-7　研究区各年段天然径流深、降雨量对照图

根据研究区1960—1982年与1983—2005年的年降雨量和年径流深，绘制年降雨量与年径流深相关图见图9-8。通过图9-8可知研究区两个时段的年降雨量和年径流深没有明显的系统偏离，关系曲线重合较好，年径流衰减率为−0.4%，可见研究区下垫面的变化对径流变化影响不大，没有造成年径流量明显的衰减和增加。

9.4.2　地下水资源量

研究区1960—2005年多年平均浅层地下水资源量为9.92亿m^3，地下水资源量模数为12.8万m^3/km^2，最大12.64亿m^3（1980年），最小8.02亿m^3（1999年），最大值是最小值1.58倍。各年段地下水资源量见图9-9。

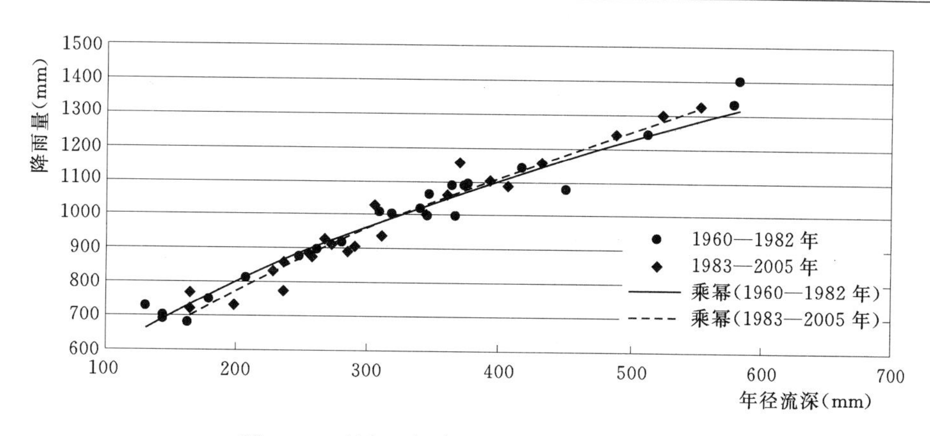

图 9-8 研究区年降雨量与年径流深相关图

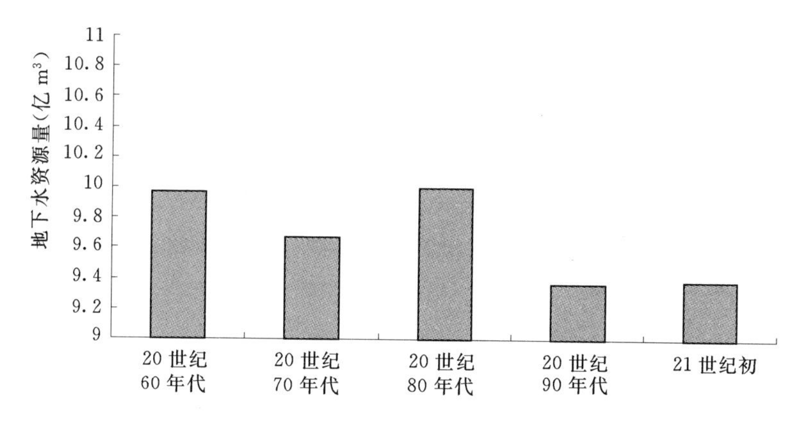

图 9-9 研究区各年段地下水资源量

9.4.3 水资源总量

经计算，研究区多年平均水资源总量为30.31亿m^3，最大为53.09亿m^3（1980年），最小为14.49亿m^3（1981年），最大值是最小值3.67倍，各年段的水资源总量见图9-10，各年段水资源总量距平图见图9-11。

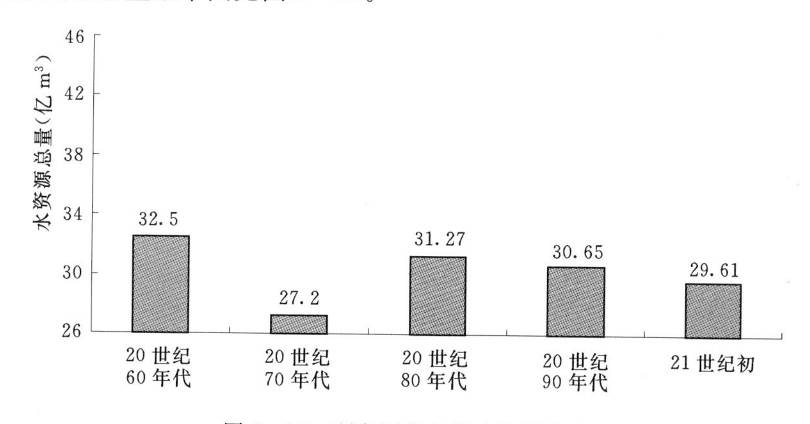

图 9-10 研究区各年段水资源总量

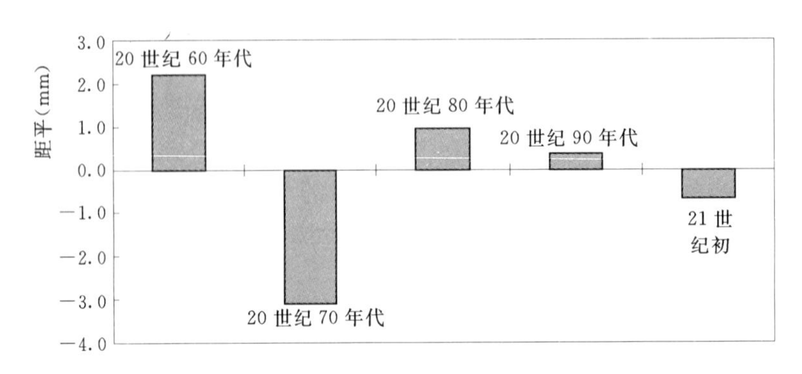

图 9-11　研究区各年段水资源总量距平图

通过图 9-11 可知，从研究区各年段水资源总量上看，20 世纪 60 年代、80 年代、90 年代处于偏丰时期，20 世纪 70 年代和 21 世纪初的几年处于偏枯时期。同研究区降雨量、地表水资源量、地下水资源量的演变情势一致，研究区的水资源总量也经历了偏丰—偏枯—偏丰—偏丰—偏枯五个阶段，这就是同步期内研究区水资源的演变情势。

第10章　经济社会资料调查分析

10.1　漳河水库流域调查

10.1.1　社会经济状况

漳河水库流域水资源区，包括上游保康县的龙坪镇，南漳县的肖堰镇、薛坪镇、板桥镇、东巩镇、巡检镇，荆门市东宝区的漳河镇、栗溪镇、马河镇，远安县的茅坪镇、河口镇，此外还有当阳市的一小部分，调查分析的内容为现状年漳河水库流域的社会经济、土地利用、工农业生产等方面的资料。资料主要来源于荆门市统计年鉴、其他县市水资办调查统计的社会经济和土地利用资料以及各地的农业统计年报等。

2005年漳河水库流域统计人口为16.50万人，人口密度为74.6p/km^2，其中城镇人口3.04万人，城镇化率为18.42%，比现状年全国平均43%的城镇化率低出25个百分点；农村人口13.46万人，占总人口的81.58%，具体统计详见表10-1。改革开放以来，水库流域经济和社会各项事业迅速发展，综合实力也在不断的增强。

表10-1　漳河水库流域人口状况

序号	所属县	分区	总人口（万人）	城镇人口（万人）	农村人口（万人）	城镇人口比重（%）	农村人口比重（%）
一	小计		9.83	1.65	8.18	16.79	83.21
1	南漳县	板桥	1.99	0.24	1.75	12.06	87.94
2		巡检	1.50	0.65	0.85	43.33	56.67
3		东巩	3.14	0.32	2.82	10.19	89.81
4		肖堰	1.68	0.26	1.42	15.48	84.52
5		薛坪	1.52	0.18	1.34	11.84	88.16
二	保康县	龙坪	0.14	0.00	0.14	0.00	100.00
三	小计		3.40	0.92	2.48	27.06	72.94
1	东宝区	栗溪	1.93	0.92	1.01	47.67	52.33
2		马河	0.54	0.00	0.54	0.00	100.00
3		漳河	0.93	0.00	0.93	0.00	100.00
四	小计		2.58	0.47	2.11	18.22	81.78
1	远安县	河口	1.67	0.07	1.60	4.19	95.81
2		茅坪	0.91	0.40	0.51	43.96	56.04
五	当阳市	淯溪	0.55	0.00	0.55	0.00	100.00
合计			16.50	3.04	13.46	18.42	81.58

现状年漳河水库流域实现国民生产总值15.04亿元，人均国民生产总值为9115.15元，低于全国13925.89万元的人均国民生产总值。

2005年统计耕地面积为21.26万亩，其中水田11.74万亩，占总面积的55.22%，旱田9.52万亩，占总面积的44.78%。有效灌溉面积13.39万亩，占耕地总面积的63.0%，旱涝保收面积10.18万亩，具体详见表10－2。

表10－2　　漳河水库流域土地资源状况

序号	所属县	分区	耕地面积（万亩）			有效灌溉面积（万亩）	旱涝保收面积（万亩）	水田比例（%）	旱田比例（%）
			总面积	水田	旱田				
一	小计		12.99	4.56	8.43	6.09	5.35	35.10	64.90
1	南漳县	板桥	3.37	0.15	3.22	0.93	0.93	4.45	95.55
2		巡检	1.93	1.50	0.43	1.10	0.78	77.72	22.28
3		东巩	3.88	2.47	1.41	2.33	1.97	63.66	36.34
4		肖堰	1.82	0.40	1.42	0.93	0.93	21.98	78.02
5		薛坪	1.99	0.04	1.95	0.80	0.75	2.01	97.99
二	保康县	龙坪	0.17	0.00	0.17	0.00	0.00	0.00	100.00
三	小计		3.90	3.47	0.43	2.91	1.77	64.82	35.18
1	东宝区	栗溪	1.85	1.68	0.17	1.60	0.99	90.81	9.19
2		马河	0.99	0.77	0.22	0.61	0.46	77.78	22.22
3		漳河	1.06	1.02	0.04	0.69	0.32	96.23	3.77
四	小计		3.41	3.03	0.38	4.14	2.87	88.86	11.14
1	远安	河口	2.14	1.82	0.32	1.50	0.93	85.05	14.95
2		茅坪	1.27	1.21	0.06	2.64	1.94	95.28	4.72
五	当阳市	淯溪	0.79	0.68	0.11	0.25	0.19	86.08	13.92
合计			21.26	11.74	9.52	13.39	10.18	55.22	44.78

从水库流域所处的行政区来看，南漳县的人口以及耕地面积所占总数值的比例最大，总人口9.83万人，耕地面积12.99万亩，分别占水库流域总数值的59.6%和61.1%；比例最小的是保康县，总人口0.14万人，耕地面积0.17万亩，分别占水库流域总数值的0.85%和0.80%，漳河水库流域人口及耕地面积比例详见图10－1。

10.1.2　工农业状况

漳河水库流域森林密布，覆盖良好，森林及宜林面积约占总面积的40%，主要林木有松、杉、杨、柏，而以松树为最多，是湖北省重要林区之一。流域内煤、铁、铜、硫磺、石膏等矿藏资源丰富，其中煤炭最多，是湖北省江汉平原工业生产与居民生活用煤的

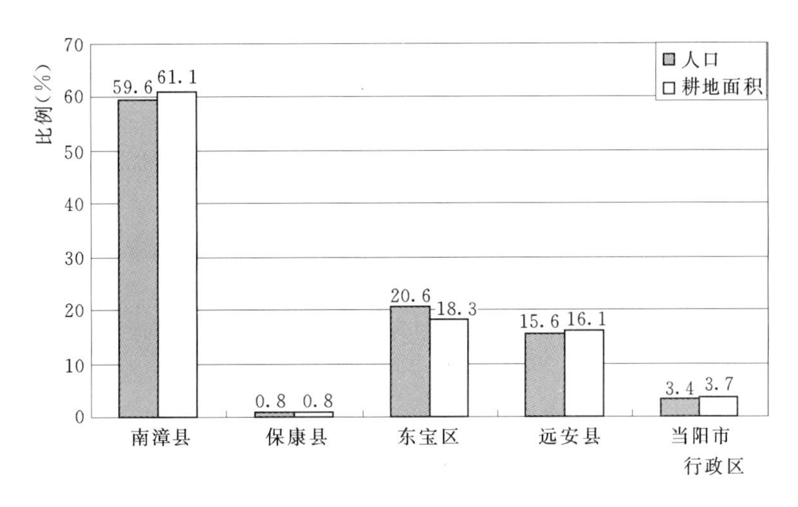

图 10-1 漳河水库流域人口及耕地面积比例图

主要来源地。银杏、红豆杉、白皮松等珍贵物种蕴藏其间，鹿、獐、獾、鲵等稀有动物得以保护繁衍。土特产品十分丰富，蚕茧、银杏、核桃、香菌、木耳、柑橘以及天麻、灵芝、杜仲、枣皮等名贵中药材十分丰富，尤其是蚕丝、木耳、银杏在明清时期就享誉海内外。可开采的矿藏有近 30 个品种，煤炭、磷矿石、累托石、伊利石、瓷土、铝土、重晶石、方解石等具有广阔的开发前景。

流域现有耕地面积 21.26 万亩，其中水田 11.74 万亩，旱田 9.52 万亩，农业生产主要集中在占流域面积比重最大的南漳县。现状年水库流域实现国民生产总值 15.04 亿元，工业总产值 6.16 亿元，工业增加值 2.35 亿元。从行政区域来看，工业生产总值最多的是东宝区 3.3 亿元，占整个水库流域工业生产总值的 53.54%；农业总产值最多的是南漳县 2.75 亿元，占整个水库流域农业总产值的 70.62%，各行政区具体总产值详见表 10-3 和图 10-2。

表 10-3　　漳河水库流域工农业生产状况　　单位：亿元

序号	所属县	分区	国民生产总值	工业生产总值	工业增加值	农业总产值	林业总产值	牧业总产值
一	小计		6.67	1.56	0.26	2.75	0.71	1.02
1	南漳县	板桥	0.87	0.24	0.04	0.58	0.04	0.27
27	南漳县	巡检	1.54	0.43	0.07	0.45	0.14	0.30
3	南漳县	东巩	1.65	0.30	0.06	0.84	0.33	0.18
4	南漳县	肖堰	1.42	0.40	0.06	0.18	0.12	0.10
5	南漳县	薛坪	1.20	0.19	0.03	0.70	0.07	0.17
二	保康县	龙坪	0.21	0.06	0.01	0.04	0.07	0.00
三	小计		5.09	3.30	1.41	0.40	0.37	0.20

续表

序号	所属县	分区	国民生产总值	工业生产总值	工业增加值	农业总产值	林业总产值	牧业总产值
1	东宝区	栗溪	3.80	2.56	1.10	0.14	0.30	0.04
2		马河	0.82	0.58	0.24	0.08	0.05	0.02
3		漳河	0.47	0.16	0.07	0.19	0.01	0.14
四	小计		2.64	1.24	0.67	0.53	0.36	0.48
1	远安	河口	1.71	0.81	0.38	0.23	0.17	0.17
2		茅坪	0.93	0.44	0.29	0.30	0.19	0.31
五	当阳市	淯溪	0.43	—	—	0.17	0.01	0.13
合计			15.04	6.16	2.35	3.89	1.52	1.83

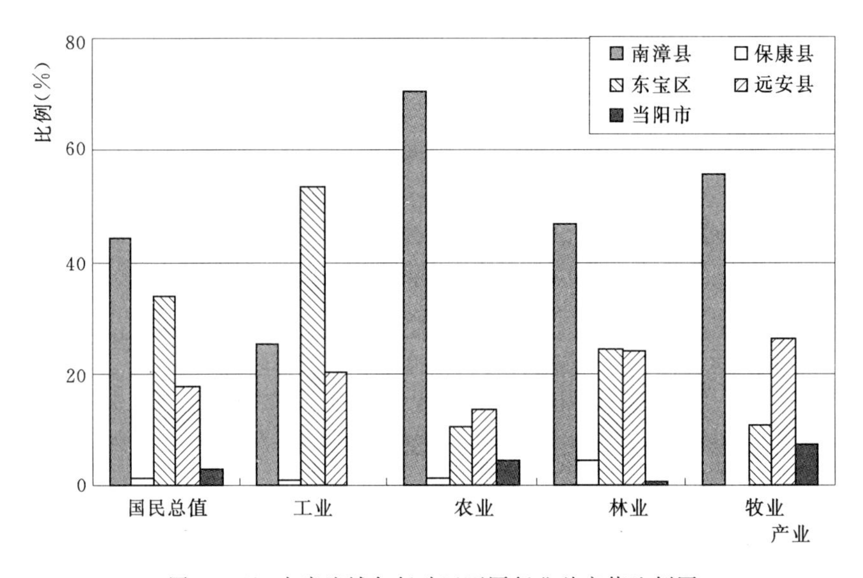

图10-2　水库流域各行政区不同行业总产值比例图

水库流域的农作物主要包括小麦、棉花和油料作物等。2005年，水库流域主要作物有：小麦面积11.51万亩，亩均产量为162.3kg/亩，棉花面积7.57万亩，亩均产量为228.4kg/亩，油料作物18.76万亩，亩均产量为114.7kg/亩。流域共实现农业总产值3.89亿元，林业总产值1.52亿元。流域作物面积及产量的主要经济指标详见表10-4。

由统计资料可以看出，水库流域各种作物的种植面积中油料作物和小麦所占比例较大，分别为18.76万亩和11.51万亩，分别占水库流域农作物播种面积的36.82%和22.59%；除此之外，水库流域还有种植面积较少的蔬菜、药材、食用菌等其他作物。

表 10-4　漳河水库流域作物种植状况

序号	所属县	分区	农作物播种面积（万亩）	粮食总产量（万 t）	小麦面积（万亩）	小麦产量（万 t）	棉花面积（万亩）	棉花产量（万 t）	油料面积（万亩）	油料产量（万 t）	农业总产值（亿元）	林业总产值（亿元）
一	小计		28.50	8.02	9.39	1.52	4.29	0.84	11.76	1.31	2.75	0.71
1	南漳县	板桥	5.90	1.13	2.54	0.41	0.23	0.11	0.64	0.07	0.58	0.04
2		巡检	5.02	2.19	1.88	0.30	0.61	0.20	1.66	0.19	0.45	0.14
3		东巩	5.76	3.00	1.43	0.23	0.81	0.27	2.23	0.25	0.84	0.33
4		肖堰	5.83	0.34	0.73	0.12	2.47	0.14	6.76	0.75	0.18	0.12
5		薛坪	5.99	1.35	2.81	0.46	0.17	0.12	0.47	0.05	0.70	0.07
二	保康县	龙坪	5.52	0.40	0.39	0.05	0.02	0.01	0.00	0.00	0.04	0.07
三	小计		10.78	2.14	0.64	0.12	2.74	0.75	4.33	0.53	0.40	0.37
1	东宝区	栗溪	5.02	1.04	0.45	0.08	0.59	0.16	1.45	0.16	0.14	0.30
2		马河	2.52	0.67	0.09	0.02	2.13	0.58	1.88	0.21	0.08	0.05
3		漳河镇	3.24	0.43	0.10	0.02	0.02	0.002	1.00	0.16	0.19	0.01
四	小计		4.40	2.53	1.08	0.17	0.52	0.14	2.66	0.31	0.53	0.36
1	远安	河口	2.87	1.00	0.89	0.14	0.00	0.00	1.57	0.18	0.23	0.17
2		茅坪	1.54	1.53	0.19	0.03	0.52	0.14	1.09	0.13	0.30	0.19
五	当阳市	育溪镇	1.75	0.38	0.01	0.003	0.00	0.00	0.00	0.00	0.17	0.01
合计			50.95	13.47	11.51	1.87	7.57	1.73	18.76	2.15	3.89	1.52

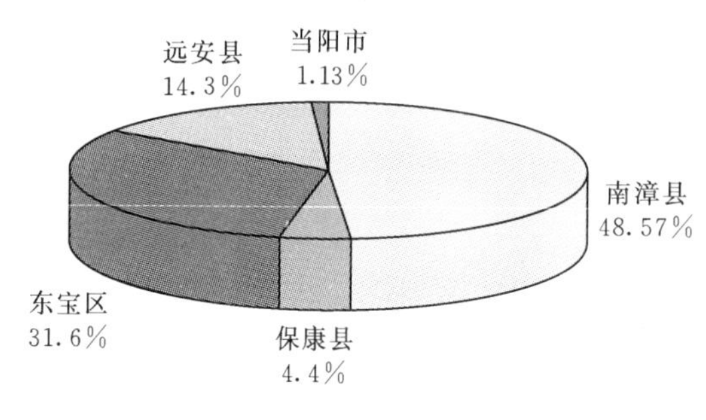

图10-3　水库流域各行政单元牲畜养殖比例

现状年水库流域共有牲畜36.32万头，其中大牲畜主要为耕牛，共计4.26万头，小牲畜主要为猪和羊，共计32.06万头，实现牧业总产值1.83亿元。流域中南漳县牲畜总数最多，为17.64万头，占整个流域的48.57%；当阳市最少，仅为0.41万头，占整个流域的1.13%，流域各行政单元牲畜养殖比例详见图10-3。2005年流域农药使用总量为113.4万kg，化肥使用总量10.0万t，流域牲畜以及化肥农药使用量统计数据详见表10-5。

表10-5　　水库流域畜牧业及农用情况

行政区	乡镇	猪存栏（头）	山羊存栏（只）	耕牛存栏（头）	农药施用量（kg）	农用化肥总量（t）	牧业总产值（万元）
南漳县	板桥	21318	7115	6616	3582	1248	2700
	巡检	25951	4007	4396	140900	5340	3000
	东巩	26080	3900	5751	137900	8059	1800
	肖堰	26080	5751	3900	17500	56310	1000
	薛坪	20158	7117	8263	9166	5665	1700
保康县	龙坪	6694	4919	4501	453300	7872	80
东宝区	栗溪	18042	43642	3328	83000	4631	400
	马河	6522	22622	985	17000	1398	200
	漳河	12396	7035	254	179600	5648	1400
远安县	河口	19125	1315	2098	20000	1225	1700
	茅坪	21681	5248	2257	64000	2451	3100
当阳市	淯溪	3325	539	229	8000	412	1300
合计		207372	113210	42578	1133948	100259	18380

10.2　漳河水库灌区调查

10.2.1　社会经济状况

漳河水库灌区地处长江中下游，雨量充沛，气候适宜，农业生产较为发达，是粮、棉、油料作物的主要产区。根据漳河水库灌区的实际情况，灌区内辖有东宝区、掇刀区、钟祥市、当阳市、沙洋县、荆州区共计6个县市的40个乡镇。调查分析的内容为现状年漳河水库流域的社会经济、土地利用、工农业生产等方面的资料。资料主要来源于荆门市统计年鉴、其他县市的统计年鉴、其他县市水资办调查统计的社会经济和土地利用资料以及各地的农业统计年报等。

根据统计资料可知，2005 年底漳河水库灌区合计总人口 171.57 万人，人口密度 309.5p/km^2，其中城镇人口 68.2 万人，城镇化率 39.75%，比现状年全国 43%的城镇化率低出 3.25 个百分点；农村人口 103.37 万人，占总人口的 60.25%。

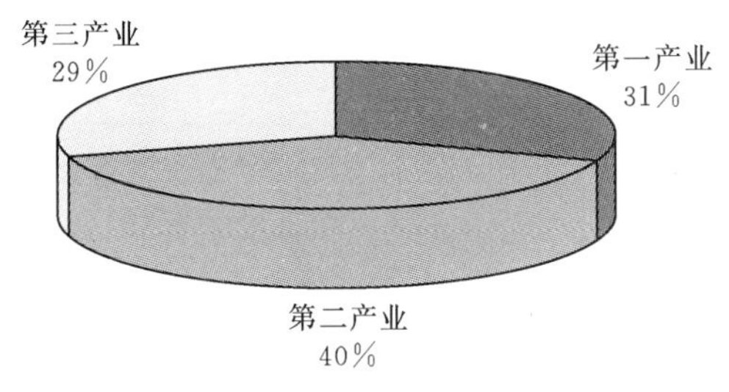

图 10-4 灌区第一、第二、第三产业的比例图

2005 年灌区 6 个县市共实现国内生产总值 262.45 亿元，人均国内生产总值达 15296.96 元，与现状年全国人均国民生产总值的 13925.89 元相比要大。按可比价格计算荆门市国内生产总值，比 2004 年增长 11.11%，2005 年第一、第二、第三产业的产值分别为 91.25 亿元、119.29 亿元、87.77 亿元，第一、第二、第三产业的比例约为 31 : 40 : 29，具体统计详见图 10-4。

2005 年灌区耕地面积为 235.08 万亩，其中水田面积 174.20 万亩，占总面积的 74.1%；旱田面积 60.88 万亩，占总面积的 25.9%。有效灌溉面积 182.60 万亩，旱涝保收面积 140.03 万亩，机电排灌面积 118.53 万亩，播种总面积 535.07 万亩。2005 年灌区粮食、棉花、油料作物总产量分别为 138.16 万 t、2.73 万 t、27.03 万 t，2005 年漳河水库灌区的人口和耕地面积状况见附表 10-1。

从漳河灌区内的各行政区来看，人口、耕地面积、灌溉面积最多的是沙洋县，总人口为 53.83 万人、耕地面积 93.12 万亩、有效灌溉面积 80.36 万亩，分别占灌区总值的 31.37%、39.61%、44.01%。具体统计详见图 10-5、图 10-6 以及表 10-6。

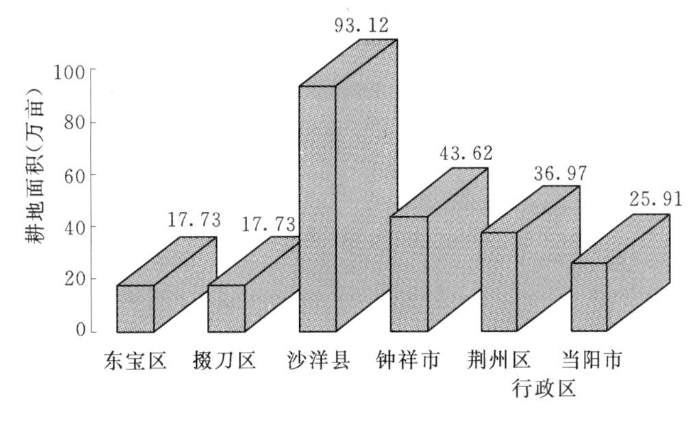

图 10-5 漳河水库灌区各行政单元耕地面积示意

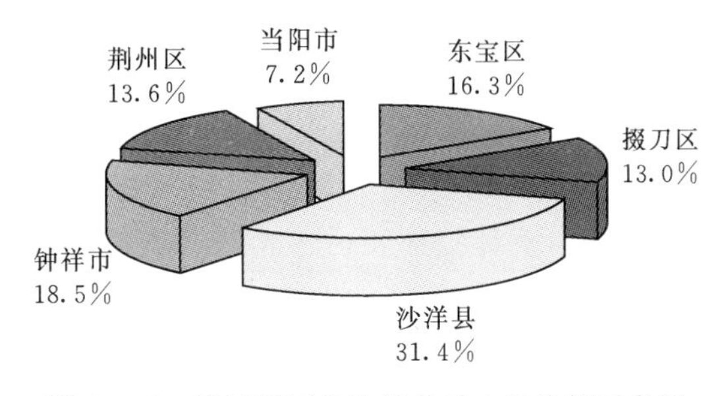

图 10-6 漳河灌区各计算单元人口比例示意图

表 10-6 灌区各行政单元社会经济统计表

序号	行政区	人口（万人）	耕地面积（万亩）	有效灌溉面积（万亩）	农业总产值（亿元）
合计	6	171.57	235.08	182.6	91.25
一	东宝区	28.03	17.73	13.91	11.82
二	掇刀区	22.29	17.73	14.09	7.43
三	沙洋县	53.83	93.12	80.36	32.2
四	钟祥市	31.7	43.62	28.17	15.44
五	荆州区	23.31	36.97	31.37	15.74
六	当阳市	12.41	25.91	14.7	8.62

10.2.2 工农业状况

漳河水库灌区现有耕地面积 235.08 万亩，其中水田 174.20 万亩，旱田 60.88 万亩，是湖北省重要的商品粮基地之一。自漳河水库开灌以来，灌区农业生产稳步增长，已建成稳产高产、旱涝保收面积 140.03 万亩。2005 年，灌区农业生产总值达 91.25 亿元，从行政区域来看，农业总产值最多的是沙洋县 32.2 亿元，占整个灌区总产值的 35.29%，各行政区具体总产值详见图 10-7。

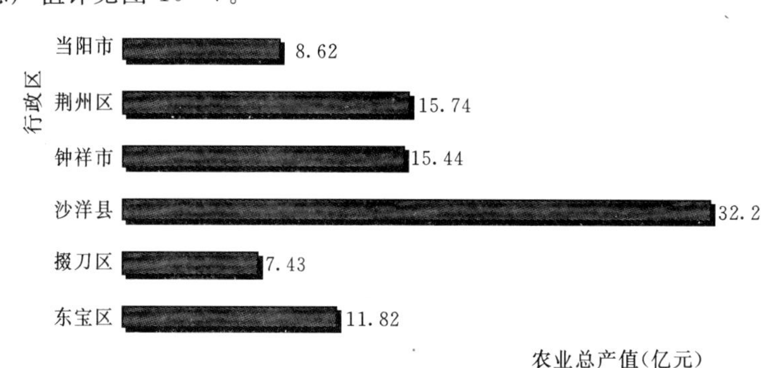

图 10-7 漳河灌区各计算单元农业总产值

灌区的农作物主要有：水稻、小麦、棉花和油菜等，2005 年，各种作物亩均产量为 258.21kg/亩，棉花为 91.66kg/亩，油料作物为 158.44kg/亩。灌区作物面积及产量的主要社会经济指标详见表 10-7。

由统计资料可以看出，灌区各种作物的种植面积中水稻和油料作物占主要部分，分别为 187.74 万亩和 170.59 万亩，占农作物播种面积的 34.0%和 32.0%，小麦与棉花面积较小，占农作物播种面积的 8.0%和 6.0%。除此之外，灌区蔬菜面积 52.63 万亩，占作物播种面积的 10%。水稻面积 187.74 万亩，早稻面积 5.55 万亩，中稻面积 176.38 万亩，晚稻面积 5.81 万亩，灌区中稻种植面积占水稻播种面积的 93.95%，早稻和晚稻种植面积所占比重较小，分别占水稻播种面积的 2.96%和 3.09%。灌区各农作物播种面积所占比例详见图 10-8。

表 10－7　灌区主要社会经济指标调查统计表

序号	行政区	农作物播种总面积（万亩）	粮食总产量（万 t）	小麦面积（万亩）	棉花面积（万亩）	棉花产量（万 t）	油料作物面积（万亩）	油料产量（万 t）	蔬菜面积（万亩）	其他（万亩）	水稻面积（万亩）		
											早稻	中稻	晚稻
合计	6	535.07	138.16	43.27	29.80	2.73	170.59	27.03	52.63	51.04	5.55	176.38	5.81
一	东宝区	51.47	10.44	3.82	0.81	0.08	18.77	2.71	6.26	2.49	—	19.32	—
二	掇刀区	51.48	9.94	1.43	0.66	0.06	16.71	2.88	5.57	9.36	—	17.75	—
三	沙洋县	203.78	58.38	18.78	10.67	1.00	67.77	10.55	16.15	12.67	0.89	76.58	0.27
四	钟祥市	87.41	26.37	11.06	3.99	0.30	28.49	4.76	7.31	9.92	—	26.64	—
五	荆州区	83.78	23.03	7.19	6.59	0.56	23.08	3.70	11.76	3.81	4.66	21.15	5.54
六	当阳市	57.15	10.00	0.99	7.08	0.73	15.77	2.43	5.58	12.79	—	14.94	—

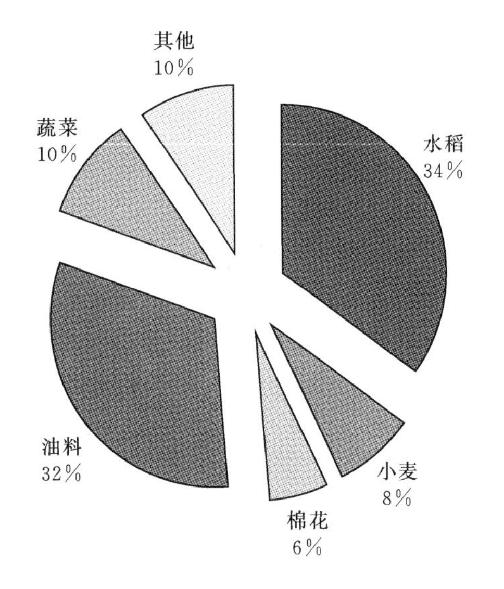

图 10-8　灌区各农作物播种面积比例

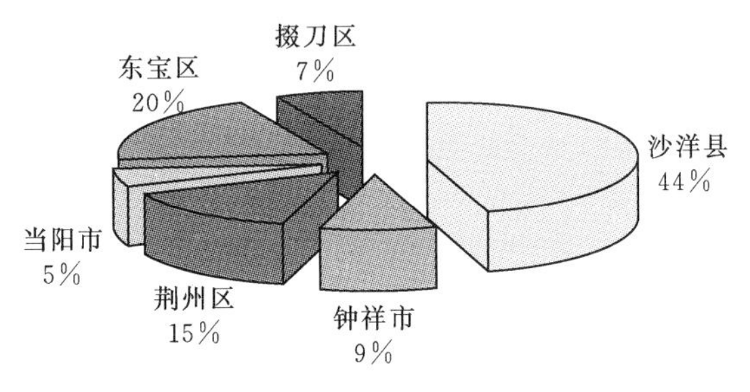

图 10-9　灌区各行政单元淡水养殖面积比例图

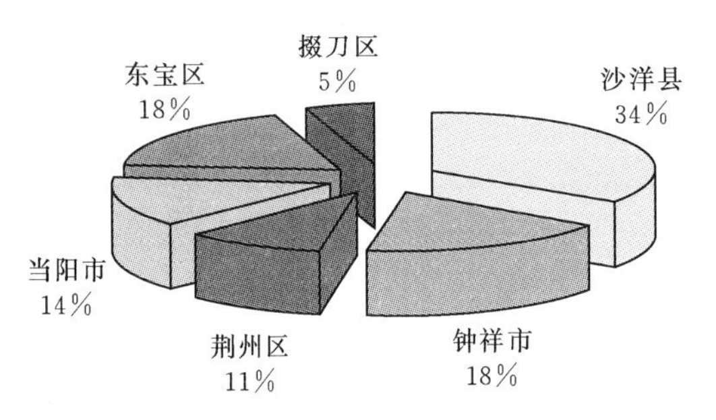

图 10-10　灌区各行政单元牲畜养殖比例

2005 年灌区 40 个乡镇共有养殖面积 63.61 万亩，人均养殖面积为 0.37 亩/人。沙洋县面积最大为 28.82 万亩，所占比例为全灌区养殖面积的 45.31%，人均养殖面积为 0.49 亩/人。养殖面积最小的是当阳市 3.16 万亩，占全灌区养殖面积的 4.96%，人均养殖面积为 0.25 亩/人，灌区各行政单元养殖面积比例详见图 10-9。2005 年灌区共有牲畜 148.66 万头，其中大牲畜主要为牛和马，共计 12.86 万头，小牲畜主要为猪和羊，共计 135.8 万头，灌区中沙洋县牲畜总数最多为 51.08 万头，占整个灌区的 34.36%，掇刀区最少仅为 7.47 万头，占整个灌区的 5.02%，灌区各行政单元牲畜养殖比例详见图 10-10。2005 年灌区农药使用总量为 5581.8t，化肥使用总量 456653t，其中氮肥、磷肥、钾肥、复合肥分别为 213095.2t、147762.9t、23995.5t、71799.4t，使用比例分别为 46.66%、32.36%、5.25%、15.72%，详见图 10-11，灌区养殖面积、牲畜以及化肥农药使用量统计数据详见附表 10-2。

党的十一届三中全会以来，灌区的工业有了很大发展。1980 年灌区工业总产值为 12.8 亿元，1984 年增长到 18.38 亿元，增长率为 43.6%。灌区的工业产值年增长率约为 10.0%，2005 年灌区工业总产值 114.89 亿元，工业增加值 24.22 亿元。灌区内有众多大、中、小型企业，就荆门市而言，工业行业门类齐全，化工、机械、建材、食品、纺织、医药、轻工、电子、冶金、煤炭等 10 大行业集中了全市 97%的规模企业和 98%以上的生产能力。

按照“兴工富市”战略目标要求，灌区着力培育的企业中，荆门石化、荆门热电厂、葛洲坝水泥厂、六〇五研究所、宏图飞机制造厂等企业已成为荆门市工业的重要支柱。随着中小企业不断发展壮大，将推动荆门工业经济的持续稳步发展。乡镇企业、城镇建设也随着国民经济的发展稳步进行。

就行政区域而言，东宝区的国内生产总值和工业总产值最大，为61.09亿元和32.72亿元，分别占整个区域总产值的23.28%和28.49%，国内生产总值最小的是当阳市为23.37亿元，占整个区域国内生产总值的8.91%，工业总产值最小的是钟祥市为8.38亿元，占整个区域工业总产值的7.30%。具体统计详见图10-12及表10-8。

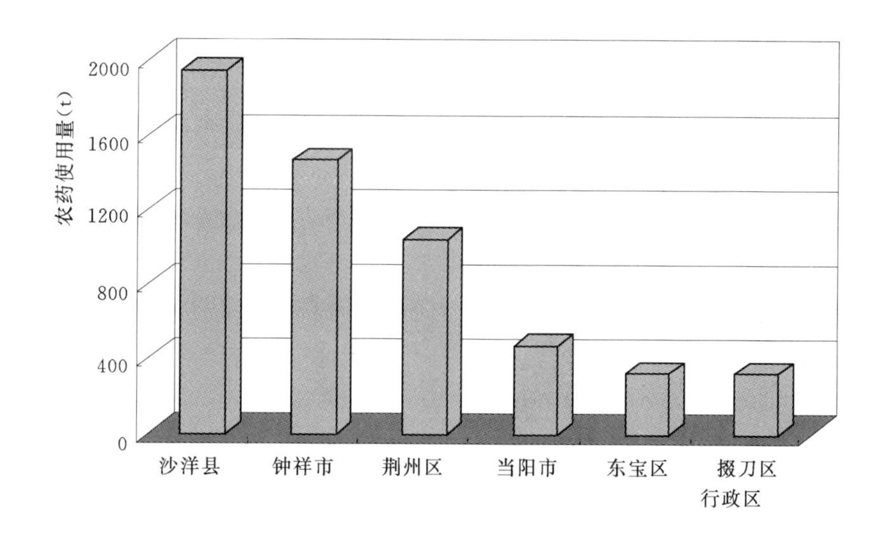

图10-11 灌区各行政单元农药使用量

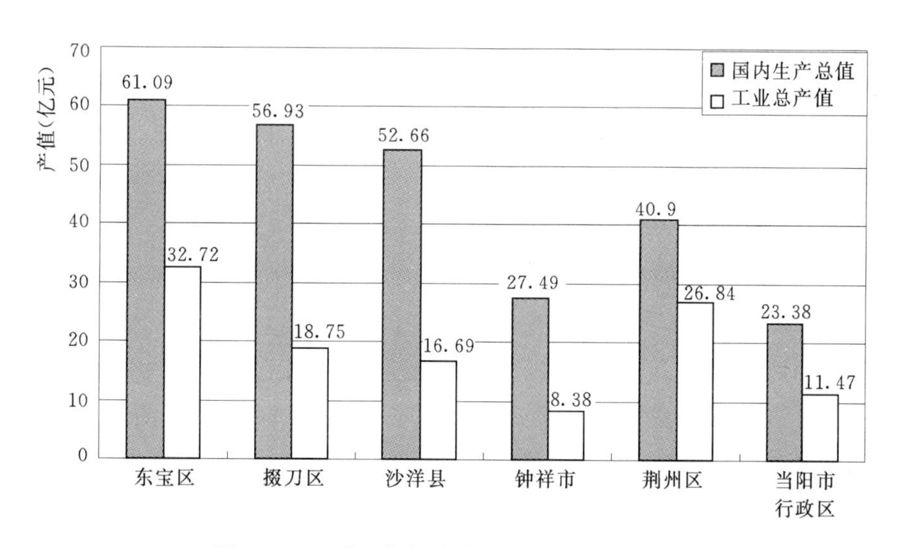

图10-12 灌区各行政单元国内和工业总产值

表 10-8　　灌区主要社会经济指标调查统计表

序号	行政区	国内生产总值（亿元）	工业总产值（亿元）		第一产业（亿元）	第二产业（亿元）	第三产业（亿元）
			总产值	增加值			
合计	6	262.45	114.89	24.22	91.25	119.29	87.77
一	东宝区	61.09	32.72	8.25	11.82	25.24	29.66
二	掇刀区	56.93	18.79	5.85	7.43	38.33	13.98
三	沙洋县	52.66	16.69	4.70	32.20	19.65	13.90
四	钟祥市	27.49	8.38	1.64	15.44	9.52	9.48
五	荆州区	40.90	26.84	2.80	15.74	14.40	14.40
六	当阳市	23.38	11.47	0.98	8.62	12.15	6.35

10.3　漳河水库泄洪影响区调查

漳河水库泄洪影响区调查分析的内容为现状年漳河水库泄洪影响区的社会经济、土地利用、工农业生产等方面的资料，资料主要来源于各地的农业统计年报等。

2005年漳河水库泄洪影响区统计人口为28.56万人，其中当阳市人口13.89万人，占总人口的48.6%；枝江市人口8.95万人，占总人口的31.3%；荆州区人口5.72万人，占总人口的20.0%。2005年泄洪区耕地面积为57.53万亩，其中水田面积38.70万亩，占总面积的67.3%；旱田面积18.83万亩，占总面积的32.7%。有效灌溉面积35.71万亩，旱涝保收面积28.04万亩，机电排灌面积25.50万亩，2005年漳河水库泄洪区人口和耕地面积的主要社会经济指标详见表10-9。

表 10-9　　泄洪区主要社会经济指标调查统计表

序号	行政区	乡镇	人口（万人）	耕地面积（万亩）			灌溉面积（万亩）		
				合计	水田	旱田	有效灌溉	旱涝保收	机电排灌
合计	3	8	28.56	57.53	38.70	18.83	35.71	28.04	25.50
一	当阳市	4	13.89	27.32	14.26	13.07	13.13	12.26	8.87
1		庙前镇	3.50	6.27	4.88	1.39	4.20	2.84	1.41
2		两河镇	3.61	5.40	1.86	3.54	2.30	—	—
3		淯溪镇	4.29	8.75	6.72	2.03	1.22	4.08	2.25
4		草埠湖	2.49	6.90	0.80	6.11	5.42	5.34	5.21
二	枝江市	2	8.95	18.79	16.73	2.06	13.88	10.38	10.78
1		问安镇	4.61	10.17	8.13	2.04	7.45	5.38	5.89
2		七星台	4.34	8.62	8.60	0.02	6.43	5.00	4.89
三	荆州区	2	5.72	11.42	7.71	3.71	8.70	5.40	5.85
1		川店镇	2.46	7.43	6.91	0.52	5.19	3.23	3.49
2		李埠镇	3.26	3.99	0.80	3.19	3.51	2.17	2.36

水库泄洪区的农作物主要包括小麦、水稻和油料作物等。现状年水库泄洪区农作物播种总面积130.54万亩，粮食总产量26.80万t。小麦面积6.63万亩，油料作物面积21.07万亩，油料总产量3.25万t，泄洪区主要作物面积及产量的主要社会经济指标详见表10-10。

表10-10　　泄洪区主要社会经济指标调查统计表

序号	行政区	乡镇	农作物播种总面积（万亩）	粮食总产量（万t）	小麦面积（万亩）	油料面积（万亩）	油料产量（万t）
合计	3	8	130.54	26.80	6.63	21.07	3.25
一	当阳市	4	62.25	10.57	1.68	12.37	1.70
1		庙前镇	15.97	3.4	0.08	0.64	0.12
2		两河镇	11.14	2.38	0.75	3.03	0.57
3		淯溪镇	17.74	3.63	0.41	5.73	0.89
4		草埠湖	17.40	1.19	0.44	2.97	0.12
二	枝江市	2	37.98	7.83	4.95	8.70	1.55
1		问安镇	20.56	6.75	0.61	6.68	1.19
2		七星台镇	17.42	1.08	4.34	2.02	0.36
三	荆州区	2	30.31	8.40	—	—	1.32
1		川店镇	19.40	6.88	—	—	0.92
2		李埠镇	10.91	1.52	—	—	0.40

现状年水库泄洪影响区共有牲畜29.00万头，其中大牲畜主要为耕牛，共计2.12万头，小牲畜主要为猪和羊，共计26.89万头。泄洪区中当阳市牲畜总数较多为19.75万头，占泄洪区的68.1%。2005年水库泄洪影响区农药使用总量为1094.6t，化肥使用总量73518.0t，水库泄洪影响区牲畜以及化肥农药使用量统计数据详见表10-11。

表10-11　　泄洪区主要社会经济指标调查统计表

序号	行政区	乡镇	养殖面积（万亩）	牲畜（头）			农药使用量（t）	化肥使用量（t）				
				合计	大牲畜	小牲畜		合计	氮肥	磷肥	钾肥	复合肥
合计	3	8	7.33	290057.0	21172.0	268885.0	1094.6	73518.0	33036.0	20705.9	4232.0	15540.1
一	当阳市	4	1.70	197466.0	6876.0	190590.0	366.0	26194.0	11485.0	7892.0	1607.0	5206.0
1		庙前镇	—	57486.0	2177.0	55309.0	103.0	14755.0	7487.0	5650.0	860.0	754.0
2		两河镇	0.37	33780.0	2499.0	31281.0	—	—	—	—	—	—
3		淯溪镇	0.68	85300.0	1600.0	83700.0	72.0	3700.0	1882.0	1250.0	220.0	348.0
4		草埠湖	0.64	20900.0	600.0	20300.0	191.0	7739.0	2116.0	992.0	527.0	4104.0
二	枝江市	2	3.26	49391.0	7296.0	42095.0	409.0	19540.0	8451.0	3850.0	1269.0	5970.0
1		问安镇	2.89	24301.0	4158.0	20143.0	205.0	13002.0	6276.0	2951.0	554.0	3221.0
2		七星台镇	0.37	25090.0	3138.0	21952.0	204.00	6538.0	2175.0	899.0	715.0	2749.0
三	荆州区	2	2.37	43200.0	7000.0	36200.0	319.64	27784.0	13100.0	8963.9	1356.0	4364.1
1		川店镇	1.39	32300.0	5200.0	27100.0	208.3	17164.0	8092.7	5537.6	837.7	2696.0
2		李埠镇	0.98	10900.0	1800.0	9100.0	111.4	10620.0	5007.3	3426.3	518.3	1668.1

附表

附表 10-1 灌区主要社会经济指标调查统计表

序号	行政区	乡镇	人口（万人）			耕地面积（万亩）			灌溉面积（万亩）			农业总产值（亿元）
			总人口	城镇	农村	合计	水田	旱田	有效灌溉	旱涝保收	机电排灌	
合计		40	171.57	68.20	103.37	235.08	174.20	60.88	182.60	140.03	118.53	91.25
一	东宝区	6	28.03	16.27	11.76	17.73	16.11	1.62	13.91	11.54	8.21	11.82
1		龙泉街办	8.49	7.17	1.32	0.00	0.00	0.00	0.03	0.02	0.01	3.28
2		泉口街办	7.88	7.28	0.60	0.06	0.01	0.05	0.00	0.00	0.00	2.99
3		石桥驿镇	3.31	0.00	3.31	4.41	3.97	0.44	4.05	2.81	1.24	1.31
4		子陵铺镇	4.43	0.34	4.09	5.54	4.75	0.79	4.93	3.42	1.51	1.76
5		牌楼镇	1.99	0.00	1.99	2.95	2.35	0.60	2.50	1.74	0.77	0.76
6		漳河镇	1.93	1.48	0.45	4.17	4.00	0.17	2.39	1.37	1.51	1.72
二	掇刀区	4	22.29	13.76	8.53	17.73	16.41	1.32	14.09	11.19	4.85	7.43
1		白庙街办	9.01	8.50	0.51	0.06	0.00	0.06	0.04	0.04	0.02	2.99
2		掇刀街办	6.15	4.02	2.13	2.99	2.81	0.18	2.38	1.89	0.82	2.01
3		团林铺镇	4.58	0.59	3.99	9.79	9.50	0.29	7.78	6.18	2.68	1.57
4		麻城镇	2.55	0.65	1.90	4.89	4.10	0.79	3.89	3.09	1.34	0.85
三	沙洋县	13	53.83	20.62	33.21	93.12	77.09	16.03	80.36	60.91	56.83	32.2
1		五里铺镇	3.82	1.46	2.36	9.69	8.68	1.01	8.85	5.65	5.30	2.60
2		十里铺镇	3.96	1.52	2.44	6.58	6.05	0.53	5.62	4.94	5.49	2.04
3		纪山镇	2.70	1.03	1.67	4.18	3.89	0.29	3.47	0.94	1.30	1.51
4		拾桥镇	4.19	1.61	2.58	8.12	7.38	0.74	7.72	5.80	4.47	2.55
5		后港镇	7.30	2.80	4.50	12.73	12.44	0.29	12.73	11.58	10.26	4.16
6		毛李镇	3.86	1.48	2.38	5.37	5.37	0.00	5.37	5.37	5.37	2.30
7		官垱镇	3.80	1.46	2.34	7.39	6.64	0.75	6.63	5.21	6.63	2.15
8		李市镇	3.75	1.44	2.31	5.55	1.37	4.18	2.38	4.87	1.51	2.30
9		马良镇	4.07	1.56	2.51	4.52	0.45	4.07	2.45	1.81	1.98	2.23

续表

序号	行政区	乡镇	人口（万人）			耕地面积（万亩）			灌溉面积（万亩）			农业总产值（亿元）
			总人口	城镇	农村	合计	水田	旱田	有效灌溉	旱涝保收	机电排灌	
10		沈集镇	2.05	0.79	1.26	8.44	7.46	0.98	7.08	4.96	4.35	2.11
11		曾集镇	4.49	1.72	2.77	10.63	9.86	0.77	9.47	4.94	3.98	2.64
12		高阳镇	4.15	1.59	2.56	8.68	7.13	1.55	7.39	3.68	5.05	2.50
13		沙洋镇	5.69	2.18	3.51	1.23	0.37	0.86	1.20	1.17	1.14	3.13
四	钟祥市	6	31.70	8.78	22.92	43.62	27.10	16.52	28.17	21.02	17.74	15.44
1		文集镇	4.37	0.21	4.16	4.19	1.70	2.49	1.92	1.50	0.95	1.00
2		冷水镇	3.95	1.10	2.85	6.73	5.52	1.21	5.14	3.54	3.41	2.15
3		石牌镇	8.55	1.60	6.95	11.60	7.22	4.38	7.58	5.71	5.58	2.95
4		胡集镇	7.30	4.31	2.99	10.85	6.99	3.86	8.08	6.09	5.38	5.19
5		磷矿镇	3.27	0.86	2.41	4.71	1.58	3.13	1.58	1.41	0.58	1.51
6		双河镇	4.26	0.70	3.56	5.54	4.09	1.45	3.88	2.76	1.83	2.65
五	荆州区	8	23.31	6.03	17.28	36.97	22.52	14.45	31.37	19.46	21.14	15.74
1		纪南	5.61	1.10	4.51	6.61	6.45	0.16	6.41	3.98	4.35	2.77
2		川店	2.46	0.20	2.26	7.43	6.91	0.52	5.19	3.23	3.49	2.71
3		马山	3.31	0.70	2.61	5.43	5.27	0.16	5.29	3.28	3.56	2.15
4		八岭山	3.20	0.50	2.70	5.31	0.43	4.88	5.14	3.19	3.46	2.59
5		李埠	3.26	0.35	2.91	3.99	0.80	3.19	3.51	2.17	2.36	2.97
6		郢城	2.03	1.23	0.80	1.09	0.98	0.11	0.99	0.61	0.66	1.2
7		菱湖农场	2.50	1.95	0.55	3.14	0.03	3.11	3.11	1.93	2.09	0.83
8		太湖农场	0.94	0.00	0.94	3.98	1.65	2.33	1.73	1.07	1.16	0.52
六	当阳市	3	12.41	2.74	9.67	25.91	14.98	10.94	14.70	15.92	9.77	8.62
1		河溶镇	5.63	0.81	4.82	10.26	7.46	2.80	8.07	6.50	2.31	4.14
2		淯溪镇	4.29	1.53	2.76	8.75	6.72	2.03	1.22	4.08	2.25	2.62
3		草埠湖	2.49	0.40	2.09	6.90	0.80	6.11	5.42	5.34	5.21	1.86

附表 10-2　　灌区主要社会经济指标调查统计表

序号	行政区	乡镇	养殖面积（万亩）	牲畜（万头）			农药使用量（t）	化肥使用量（t）				
				合计	大牲畜	小牲畜		合计	氮肥	磷肥	钾肥	复合肥
合计		40	63.61	148.66	12.86	135.80	5581.8	456653.0	213095.2	147762.9	23995.5	71799.4
一	沙洋县	13	28.82	51.08	6.88	44.2	1946.0	274550.0	129449.0	88578.0	13399.0	43124.0
1		五里铺镇	1.00	5.02	0.57	4.45	187.0	31249.0	14461.0	13620.0	1205.0	1963.0
2		十里铺镇	1.25	4.05	0.30	3.75	201.0	18287.0	8278.0	6241.0	546.0	3222.0
3		纪山镇	0.90	3.07	0.44	2.64	23.0	7076.0	2018.0	2004.0	39.0	3015.0
4		拾桥镇	1.58	3.81	0.41	3.40	26.0	12976.0	5122.0	2048.0	684.0	5122.0
5		后港镇	9.41	7.28	0.72	6.56	358.0	80687.0	42995.0	19232.0	3043.0	15417.0
6		毛李镇	6.01	3.32	0.48	2.84	267.0	17054.0	8745.0	6473.0	923.0	913.0
7		官垱镇	1.35	3.32	0.68	2.63	74.0	18921.0	8694.0	7094.0	968.0	2165.0
8		李市镇	0.26	3.64	0.45	3.19	210.0	10097.0	4002.0	3167.0	995.0	1933.0
9		马良镇	0.20	3.52	0.79	2.73	210.0	10182.0	3363.0	2515.0	1130.0	3174.0
10		沈集镇	2.27	4.55	0.50	4.05	85.0	20849.0	9859.0	6590.0	1929.0	2471.0
11		曾集镇	2.56	3.51	0.66	2.85	191.0	20898.0	9459.0	9863.0	948.0	628.0
12		高阳镇	2.00	4.60	0.78	3.82	85.0	22255.0	10708.0	8047.0	824.0	2676.0
13		沙洋镇	0.05	1.39	0.09	1.30	29.0	4019.0	1745.0	1684.0	165.0	425.0
二	钟祥市	6	5.65	27.24	0.61	26.63	1465.0	33038.0	13846.0	11516.0	2396.0	5280.0
1		文集镇	0.38	3.23	0.19	3.04	90.0	5360.0	1756.0	1442.0	767.0	1395.0
2		冷水镇	0.86	4.22	0.07	4.15	111.0	4928.0	2467.0	1898.0	293.0	270.0

续表

序号	行政区	乡镇	养殖面积（万亩）	牲畜（万头）			农药使用量（t）	化肥使用量（t）				
				合计	大牲畜	小牲畜		合计	氮肥	磷肥	钾肥	复合肥
3		石牌镇	2.25	3.54	0.01	3.53	376.0	3423.0	920.0	765.0	135.0	1603.0
4		胡集镇	1.64	7.82	0.26	7.56	581.0	9012.0	3904.0	3314.0	609.0	1185.0
5		磷矿镇	0.49	3.28	0.05	3.23	152.0	7209.0	3406.0	2852.0	422.0	529.0
6		双河镇	0.03	5.15	0.03	5.12	155.0	3106.0	1393.0	1245.0	170.0	298.0
三	荆州区	8	9.26	15.88	2.57	13.31	1045.0	92750.0	43731.2	29923.9	4526.5	14568.4
1		纪南	1.48	1.65	0.27	1.38	184.7	12940.0	6101.1	4174.8	631.5	2032.5
2		川店	1.39	3.23	0.52	2.71	208.3	17164.0	8092.7	5537.6	837.7	2696.0
3		马山	1.96	2.22	0.36	1.86	151.6	16794.0	7918.3	5418.2	819.6	2637.9
4		八岭山	1.32	3.16	0.51	2.65	148.4	12800.0	6035.1	4129.7	624.7	2010.5
5		李埠	0.98	1.09	0.18	0.91	111.4	10620.0	5007.3	3426.3	518.3	1668.1
6		郢城	0.61	4.53	0.73	3.80	41.7	2036.0	960.0	656.9	99.4	319.8
7		菱湖农场	0.70	0.00	0.00	0.00	87.8	10500.0	4950.7	3387.6	512.4	1649.3
8		太湖农场	0.82	0.00	0.00	0.00	111.2	9896.0	4665.9	3192.7	483.0	1554.4
四	当阳市	3	3.16	20.80	0.25	20.55	475.0	20062.0	8634.0	5084.0	1343.0	5001.0
1		河溶镇	1.83	10.18	0.03	10.15	212.0	8623.0	4636.0	2842.0	596.0	549.0
2		淯溪镇	0.68	8.53	0.16	8.37	72.0	3700.0	1882.0	1250.0	220.0	348.0
3		草埠湖	0.64	2.09	0.06	2.03	191.0	7739.0	2116.0	992.0	527.0	4104.0
五	东宝区	6	12.51	26.19	1.20	24.99	326.0	12394.0	6298.0	3467.0	1055.0	1574.0
六	掇刀区	4	4.21	7.47	1.35	6.12	324.8	23859.0	11137.0	9194.0	1276.0	2252.0

第11章　漳河水库灌区供用水调查分析

11.1　供水设施状况

11.1.1　漳河水库流域供水设施

供水基础设施是指为社会和国民经济各部门提供用水量，对自然界的地表水和地下水进行控制和调配，以达到除害兴利目的而修建的全部水利工程（不包括无供水任务的水力发电工程）。按工程特点可分为蓄水工程、引水工程、提水工程和地下水井工程等，按工程所在地统计，其中蓄水工程主要是水库和塘堰。流域水利设施汇总表详见表11－1。截止到2005年底漳河水库流域的水库情况：小（一）型水库12座，总库容0.27亿m^3，兴利库容0.19亿m^3，设计灌溉面积3.56万亩，实际灌溉面积1.90万亩，详见表11－2；小（二）型水库60座，总库容0.15亿m^3，兴利库容0.1亿m^3，设计灌溉面积2.72万亩，实际灌溉面积1.67万亩，详见表11－3。除此之外，流域蓄水工程塘堰的数量为9488处，蓄水量0.40亿m^3，详见表11－4。

表11－1　　水库流域水利设施汇总表

水利设施	座数（处）	流域面积（km^2）	库容（万m^3）		灌溉面积（万亩）	
			总库容	兴利库容	设计	实际
小（一）型水库	12	96.35	2700.4	1879.6	3.56	1.90
小（二）型水库	60	115.84	1462.2	1014.1	2.72	1.67
水库合计	72	212.89	4158.6	2892.7	6.29	3.58
塘堰	9488	—	3978.1		—	—
引水工程	1197	—	—	—	0.69	
提水工程	147	—	—	—	0.86	

表11－2　　漳河水库流域小（一）型水库明细表

行政区	水库名称	乡镇	流域面积（km^2）	库容（万m^3）			灌溉面积（万亩）	
				总库容	兴利库容	死库容	设计	实际
合计	12		96.35	2700.40	1879.60	212.50	3.56	1.90
南漳县	倒座庙	巡检镇	24.10	222.0	138.0	6.5	0.300	0.015
	观沟	东巩镇	5.80	127.4	67.6	23.5	0.120	0.038

续表

行政区	水库名称	乡镇	流域面积 (km²)	库容（万 m³）			灌溉面积（万亩）	
				总库容	兴利库容	死库容	设计	实际
远安县	晓坪	茅坪场	20.60	625.0	466.0	66.0	0.561	0.400
	泥龙	茅坪场	14.50	451.0	353.0	45.0	0.215	0.153
	老观寺	茅坪场	1.40	134.0	114.0	5.0	0.197	0.141
	太平	河口镇	2.30	114.0	104.0	10.0	0.300	0.100
东宝区	亥河	栗溪镇	10.75	173.0	132.0	7.0	0.42	0.2
	铁坪	栗溪镇	5.4	272.0	225.0	10.5	0.31	0.2
	朝阳	漳河镇	2.0	117.0	85.0	16.0	0.13	0.08
	周沟	漳河镇	2.4	116.0	78.0	5.0	0.4	0.2
	高山	漳河镇	4.10	179.0	117.0	18.0	0.49	0.25
	老垱沟	漳河镇	3.0	170.0	—	—	0.12	0.12

表 11-3　　漳河水库流域小（二）型水库明细表

行政区	水库名称	乡镇	流域面积 (km²)	库容（万 m³）			灌溉面积（万亩）	
				总库容	兴利库容	死库容	设计	实际
合计	60		115.84	1462.2	1014.1	134.78	2.72	1.67
南漳县	30		75.20	625.80	370.30	73.70	1.35	0.94
	马家沟	巡检镇	1.50	57.6	41.8	9.0	0.166	0.047
	郜在垭	巡检镇	4.50	14.8	10.2	2.0	0.080	0.030
	柳树滩	巡检镇	4.00	26.3	13.0	4.0	0.100	0.033
	田家冲	巡检镇	2.60	21.8	12.2	4.8	0.040	0.038
	北溪沟	巡检镇	1.50	15.1	10.0	2.0	0.030	0.030
	紫山坪	巡检镇	13.30	15.1	8.2	2.8	0.050	0.039
	祠堂沟	巡检镇	0.60	11.7	8.8	1.0	0.020	0.020
	螺丝沟	巡检镇	8.00	11.1	7.5	1.0	0.020	0.020
	刘家垸子	巡检镇	1.80	45.8	38.0	4.0	0.100	0.091
	老湾	东巩镇	3.50	20.0	5.8	0.5	0.120	0.120
	石炭沟	东巩镇	0.30	12.0	18.0	5.9	0.009	0.005
	胡家沟	东巩镇	1.70	10.0	6.2	0.8	0.030	0.030
	但家沟	东巩镇	5.50	34.6	20.4	3.0	0.015	0.020
	搂子沟	东巩镇	6.50	13.6	6.4	2.6	0.020	0.020
	张家湾	东巩镇	0.80	12.7	7.3	2.8	0.010	0.004
	庙沟	东巩镇	0.50	40.0	27.7	3.1	0.018	0.016
	杨店	东巩镇	0.60	13.1	6.7	1.5	0.030	0.030

续表

行政区	水库名称	乡镇	流域面积（km²）	库容（万 m³）			灌溉面积（万亩）	
				总库容	兴利库容	死库容	设计	实际
南漳县	垭芩山	东巩镇	2.60	10.0	6.7	1.3	0.018	0.015
	土家沟	东巩镇	0.50	11.2	7.7	1.2	0.020	0.020
	郭家棚	东巩镇	2.90	20.1	14.2	1.8	0.020	0.020
	李家湾	东巩镇	1.40	30.0	14.6	1.8	0.030	0.015
	杨儿沟	东巩镇	1.60	17.8	9.8	1.2	0.063	0.014
	庵沟	东巩镇	0.50	25.3	14.0	1.7	0.030	0.020
	彭洼	东巩镇	0.10	14.7	6.0	2.6	0.015	0.015
	黄家庄	东巩镇	2.30	14.0	3.1	1.0	0.015	0.013
	白龙滩	板桥镇	0.60	11.9	0.7	10.3	饮用水	饮用水
	西流坪	肖堰镇	0.10	10.7	3.2	—	0.020	0.040
	黑沟	肖堰镇	0.30	16.0	9.6	—	0.040	0.025
	北泉庙	肖堰镇	2.10	30.6	12.9	—	0.120	0.080
	龙王河	肖堰镇	3.00	38.2	19.6	—	0.100	0.067
远安县	3		1.85	68.60	60.00	4.70	0.0683	0.05
	南湾	河口乡	0.40	16.1	15.6	1.4	—	0.03
	易家湾	茅坪场	0.80	40.0	33.0	1.7	0.060	0.01
	古竹园	茅坪场	0.65	12.5	11.4	1.6	0.008	0.01
东宝区	26		38.29	745.10	567.30	56.38	1.29	0.68
	塘坪	栗溪镇	0.60	70.0	60.0	4.0	0.035	0.0251
	庙沟	栗溪镇	4.00	45.0	35.4	4.5	0.075	0.012
	肖冲	栗溪镇	0.70	25.0	21.0	4.0	0.041	0.008
	赵湾	栗溪镇	0.96	43.5	40.5	3.0	0.070	0.02
	荣冲	栗溪镇	0.30	10.0	8.0	2.0	0.016	0.008
	周咀	栗溪镇	2.30	43.0	37.5	2.5	0.066	0.015
	幸福	栗溪镇	0.30	10.0	8.0	2.0	0.020	0.012
	长龙沟	栗溪镇	3.10	36.4	27.4	8.1	0.061	0.015
	老当河	栗溪镇	1.20	86.9	41.6	4.1	0.144	0.03
	和平	栗溪镇	1.20	70.0	54.0	6.0	0.117	0.1
	老林沟	栗溪镇	2.50	50.0	40.0	10.0	0.100	0.08
	向阳	栗溪镇	2.00	21.0	16.0	—	0.010	0.01
	夏沟	栗溪镇	2.25	27.0	10.0	—	0.250	0.25
	关庙	栗溪镇	3.00	23.5	22.5	—	0.040	0.04
	乱石沟	马河镇	2.25	21.0	18.0	3.2	0.023	0.010
	季沟	马河镇	1.20	21.5	18.0	2.0	0.030	0.002

续表

行政区	水库名称	乡镇	流域面积（km^2）	库容（万 m^3）			灌溉面积（万亩）	
				总库容	兴利库容	死库容	设计	实际
东宝区	苏坡	马河镇	1.00	13.5	10.0	1.0	0.022	0.002
	红山	漳河镇	0.80	19.1	17.1	—	0.030	0.007
	朱当	漳河镇	1.25	18.5	16.4	—	0.007	0.005
	跃进	漳河镇	1.50	17.0	12.0	—	0.021	0.006
	前进	漳河镇	4.00	11.0	9.2	—	0.010	0.006
	东风	漳河镇	0.68	22.0	19.0	—	0.050	0.013
	窑沟	漳河镇	0.80	24.2	14.7	—	0.039	0.005
	垱沟	漳河镇	0.40	16.0	11.0	—	0.018	—
	双岭	漳河镇	0.50	23.0	13.3	—	0.106	0.050
	袁咀	漳河镇	1.47	44.6	21.6	—	0.107	0.050
当阳市	1		0.50	22.7	16.5	—	0.010	—
	大林堡	淯溪镇	0.50	22.7	16.5	—	0.010	—

表 11-4　　水库流域各行政单元塘堰统计表

单　　元	数　　量（处）	蓄水量（万 m^3）	所占比例
合计	9488	3978.1	100.0
远安县	1965	1792.8	20.7
南漳县	2160	641.3	22.8
东宝区	4496	1426.0	47.4
当阳市	867	118.0	9.1

地表水供水工程中，截至 2005 年，引水工程共有 1197 处，有效灌溉面积 0.69 万亩；提水工程 147 处，灌溉面积 0.86 万亩，详见表 11-5。

表 11-5　　水库流域垱坝、泵站统计表

行政区	垱　　坝		提　水　泵　站	
	处数	有效灌溉面积（万亩）	个数	灌溉面积（万亩）
远安县	215	0.02	8	0.05
南漳县	352	—	82	0.57
东宝区	630	0.67	52	0.16
当阳市	—	—	5	0.08
合计	1197	0.69	147	0.86

就行政区域而言，水库流域东宝区塘堰数量最多为 4496 处，占流域塘堰总数量的 47.4%，蓄水量 1426.0 万 m^3，远安县和南漳县塘堰数量相差不大，其比例分别为 20.7%和 22.8%；水库流域的垱坝引水工程主要集中在远安县、东宝区和南漳县，数量

分别为215处、630处和352处，其比例分别为18.0%、52.6%和29.4%。流域提水泵站主要集中在南漳县和东宝区，分别有82处和52处，灌溉面积0.57万亩和0.16万亩。

11.1.2　漳河灌区供水设施

2005年灌区供水工程中有蓄水工程80181座，总库容9.85亿 m^3，兴利库容4.59亿 m^3。按工程规模划分，大（二）型水库1座（太湖港水库），总库容1.22亿 m^3，兴利库容0.28亿 m^3，由丁家咀、金家湖、联合、后港4座水库和万城引水闸、沮漳河橡胶坝组成，构成四库连江、独具一格的水利枢纽。多年平均年径流量9375万 m^3，设计灌溉农田35.84万亩，是具有蓄、引、提、灌等功能和防洪、发电、养殖、旅游等效益的大型水库；中型水库22座，总库容和兴利库容分别为3.84亿 m^3 和2.36亿 m^3，设计灌溉面积为82.58万亩；小（一）型水库94座，总库容2.62亿 m^3，兴利库容1.53亿 m^3，设计灌溉面积62.36万亩；小（二）型水库173座，总库容0.72亿 m^3，兴利库容0.42亿 m^3，设计灌溉面积19.94万亩。塘堰79891处，总蓄水量1.47亿 m^3。单机容量155kW或总装机容量200kW以上电灌站84处，总装机容量80555kW，设计提水能力328.91m^3/s，受益面积149.32万亩；规模较大的引水工程55处，设计引水流量达63.93m^3/s，灌溉面积12.19万亩。统计数据见表11-6～表11-8以及附表11-1；有取水许可的地下水开采井111处，年实际取水量692.9万 m^3。

表11-6　　2005年灌区各行政区供水设施基本情况

行政区	工程规模	蓄水工程			引水工程		提水工程	
		数量（座）	总库容（亿 m^3）	兴利库容（亿 m^3）	数量（处）	引水规模（m^3/s）	数量（处）	提水规模（m^3/s）
灌区合计	大型	1	1.22	0.28				
	中型	22	3.84	2.36				
	其他	80158	4.79	1.95	55	63.93	84	328.84
	合计	80181	9.85	4.59	55	63.93	84	328.84
东宝区	中型	3	0.38	0.29				
	其他	6662	0.9	0.37	14	12.49	4	1.75
	合计	6665	1.28	0.66	14	12.49	4	1.75
掇刀区	中型	4	0.6	0.36				
	其他	8632	0.51	0.19	10	9.9	3	3.13
	合计	8636	1.11	0.55	10	9.9	3	3.13
沙洋县	中型	7	1.15	0.65				
	其他	29571	1.15	0.55	27	41.4	41	149.12
	合计	29578	2.3	1.2	27	41.4	41	149.12
钟祥市	中型	5	1.32	0.77				
	其他	12539	1.43	0.55	3		16	85.89
	合计	12544	2.75	1.32	3		16	85.89

续表

行政区	工程规模	蓄水工程			引水工程		提水工程	
		数量（座）	总库容（亿 m^3）	兴利库容（亿 m^3）	数量（处）	引水规模（m^3/s）	数量（处）	提水规模（m^3/s）
荆州区	大型	1	1.22	0.28				
	中型	1	0.14	0.1				
	其他	14335	0.31	0.1	1	0.14	11	32.25
	合计	14337	1.67	0.48	1	0.14	11	32.25
当阳市	中型	2	0.25	0.19				
	其他	8419	0.49	0.19			9	56.7
	合计	8421	0.74	0.38			9	56.7

表 11-7　　　　灌区水利设施汇总表

水利设施	座数	承雨面积（km^2）	库容（亿 m^3）		灌溉面积（万亩）	
			总库容	兴利库容	设计	实际
大（二）型水库	1	189.56	1.22	0.28	35.84	28.00
中型水库	22	582.70	3.84	2.36	82.58	48.73
小（一）型水库	94	585.46	2.62	1.53	62.36	42.38
小（二）型水库	173	221.93	0.72	0.42	19.94	15.22
水库合计	290	1579.65	8.40	4.59	200.72	134.33
塘堰	79891	—	1.47	—	—	—
引水工程	55	4182.6	5106.4	—	—	12.2

表 11-8　　灌区排灌站（单机容量 155kW 及总装机容量 200kW 以上）统计表

行政区	处数	受益面积（万亩）	水泵装机		水泵流量（m^3/s）
			台	容量（kW）	
合计	84	149.32	268	80555	328.91
东宝区	4	1.25	5	825	1.75
掇刀区	3	2.03	5	1230	3.13
沙洋县	41	75.57	131	36410	149.19
钟祥市	16	31.18	62	24215	85.89
当阳市	9	19.9	28	6265	56.7
荆州区	11	19.39	37	11610	32.25

一个区域内蓄水工程兴利库容与其多年平均年径流量的比值，反映了蓄水工程对区域内地表水资源的调蓄能力。2005 年漳河灌区兴利库容占多年平均年径流量的 29.6%，表明现有蓄水供水工程对地表水的控制利用能力较强。根据中国水科院资料，全国平均蓄水工程兴利库容占多年平均年径流量的 9.9%，长江流域为 10%，与此比较可以看出，漳河灌区蓄水工程对河川径流的控制能力比全国平均和长江流域高。

漳河灌区供水设施主要包括太湖港水库、长湖、汉江、灌区内的中小型水库、湖泊、塘堰以及漳河水库。灌区城镇、农村生活供水主要是由附近的水库塘堰、湖泊提供，荆门市生活、工业及其他用水主要由漳河水库提供。灌区渠道分为总干、干、支干、分干、支、分、斗、农、毛渠等9级，其中总干及干渠6条。渠系上建有渡槽、隧洞、各类节制闸、分水闸及跌水等大小建筑物。上述水利工程的建设初步形成了以漳河水库为骨干，大、中、小型水利设施为基础，电灌站作补充的大、中、小相结合，蓄、引、提相配合的灌区水利灌溉网。

塘堰是南方山丘区重要的小型蓄水工程，星罗棋布地分散在灌区中。在灌溉供水的过程中，塘堰对削减骨干渠道的供水高峰、灌区内部水量再分配起着重要的作用；在有水库的灌区，塘堰还能与水库配合调节而减少水库的调节库容，具有散装水库之称；除此之外，塘堰还有另外一个重要功能，即塘堰能拦蓄地表径流，蓄积降雨用于灌溉，在一些水利死角地带，塘堰的这一作用显得尤为重要，因为当地灌溉全部依靠塘堰蓄积的降雨与径流。仔细分析起来，一些大中型灌区在特大干旱年景捉襟见肘的原因，主要是人们对水源骨干控制工程的过分依赖，致使原有的小型蓄水工程年久失修，蓄水抗旱功能减退甚至消失，导致小塘无水大库干的现象。这足以说明，只有水源骨干控制工程与长藤结瓜的小型蓄水工程联合运用，相互依存，相互补充，才能形成一个完整的抗旱保障系统。否则，没有足够的小型水利工程作补充，在特大干旱年景，骨干工程也会出现体力不支。2005年统计灌区共有塘堰79891处，蓄水库容1.47亿m^3，主要分布在沙洋县和荆州区，分别有29510和14314处，具体数据详见表11－9。

表11－9　灌区各行政单元塘堰统计表

单　　元	数　　量（处）	蓄水库容（万m^3）
合计	79891	14749.8
东宝区	6599	3770.0
掇刀区	8600	2098.2
沙洋县	29510	2535.4
钟祥市	12468	3460.0
荆州区	14314	1286.2
当阳市	8400	1600.0

根据2005年资料统计，灌区共有涵闸工程104处，过闸流量达1910.7m^3/s，其中沙洋县共有涵闸60处，占整个灌区的57.7%，过闸流量318m^3/s，灌区涵闸主要分布在汉江、西荆河、桥河和沮漳河上，具体统计见附表11－2。2005年灌区有小水电工程17处，发电机组共46台，实际装机容量6720kW，发电能力1917.8万kWh，具体统计详见附表11－3。

灌区中小型水库的兴建，在防洪、灌溉、城镇生活及工业用水等方面发挥了重要的作用，促进了灌区经济的发展。就不同的行政区而言，中型水库座数最多的是沙洋县，共计7座，承雨面积为197.7km^2，总库容1.15亿m^3，兴利库容0.77亿m^3，设计灌溉面积26.06万亩，实际灌溉面积14万亩。荆州区座数最少，仅有1座，总库容0.14亿m^3，兴利库容0.1亿m^3，设计灌溉面积5.08万亩。小（一）型水库的分布同中型水库相似，同样是沙洋县最多29座，荆州区最少6座。小（二）型水库最多的是钟祥市52座，最少的是当阳市10座。具体数据统计详见附表11－4～附表11－9。

11.2 灌区现状年供水量

供水量指各种水源工程为用户提供的包括输水损失在内的毛供水量，包括地表水供水量、地下水供水量和其他水源的供水量。地表水供水量分地表水、过境水和外流域调水，按蓄、引、提三类工程分别统计。地下水供水量分浅层淡水（矿化度＜1g/L）、深层水和微咸水（矿化度1～3g/L）。浅层淡水指与当地降水和地表水体有直接补排关系的地下水；深层水指承压地下水；其他水源主要包括污水处理回用。一个区域内的实际供水量与当年的来水量及现状供水能力有关，特别是农业供水量的多少与降水的丰枯、作物组成及可供水量的大小等因素密切相关。在南方地区一般丰水年、平水年农业需水量少，实际供水量少；枯水年需水量多，实际供水量大。

灌区的水源主要有漳河水库、汉江、本地河川径流和地下水等，灌区的地下水主要分布在东南平原区、中部丘陵区和南部地区三个地区。东南平原区即沙洋县高阳镇、后港镇、十里铺镇以南和荆州区的部分地区，孔隙分布广泛，水量丰富；中部丘陵区即荆门市中部和钟祥市漳河灌区范围，已有部分开采，用于生活和灌溉；南部地区即当阳市漳河灌区范围，地下水丰富（尤其是河溶一带），含水层较稳定，易于开采，且水质能满足工业、农业和生活用水的要求。由于缺少泵站与塘堰供水资料，可以通过泵站和塘堰的受益面积以及现状年综合灌溉定额得到。

根据统计资料，2005年灌区各种水利工程实际供水总量为8.97亿m^3，地表水供水总量8.90亿m^3，占供水总量的99.2%，地下水供水总量0.07亿m^3，占供水总量的0.8%。在地表水供水工程中，蓄水工程占80.0%，引水工程占2.6%，提水工程占17.4%。由于缺少塘堰和引提水资料，其供水量可以根据现状年灌溉定额估算。漳河水库和泵站提水对灌区的供水贡献最大，供水总量分别为3.28亿m^3和1.55亿m^3，分别占灌区总供水量的36.6%和17.3%，小（二）型水库供水量最小仅为0.19亿m^3，占灌区供水总量的2.1%，现状年灌区各水利工程供水量统计数据详见表11－10，附表11－10及图11－1。

表11－10　　现状年灌区分区供水量　　单位：万m^3

<table>
<tr><th rowspan="2">行政区</th><th colspan="4">地表水工程</th><th rowspan="2">地下水</th></tr>
<tr><th>蓄水工程</th><th>引水工程</th><th>提水工程</th><th>合计</th></tr>
<tr><td>东宝区</td><td rowspan="4">54701.2</td><td>935.7</td><td>236.2</td><td rowspan="4">67069.4</td><td>18.0</td></tr>
<tr><td>掇刀区</td><td>310.9</td><td>383.6</td><td>360.0</td></tr>
<tr><td>沙洋县</td><td>979.0</td><td>5949.2</td><td>306.4</td></tr>
<tr><td>钟祥市</td><td>79.4</td><td>3494.2</td><td>8.5</td></tr>
<tr><td>荆州区</td><td>11937.7</td><td>—</td><td>1700.9</td><td>13638.6</td><td>—</td></tr>
<tr><td>当阳市</td><td>4577.7</td><td>—</td><td>3760.9</td><td>8338.6</td><td>—</td></tr>
<tr><td>合计</td><td>71216.6</td><td>2304.9</td><td>15525.1</td><td>89046.5</td><td>692.9</td></tr>
</table>

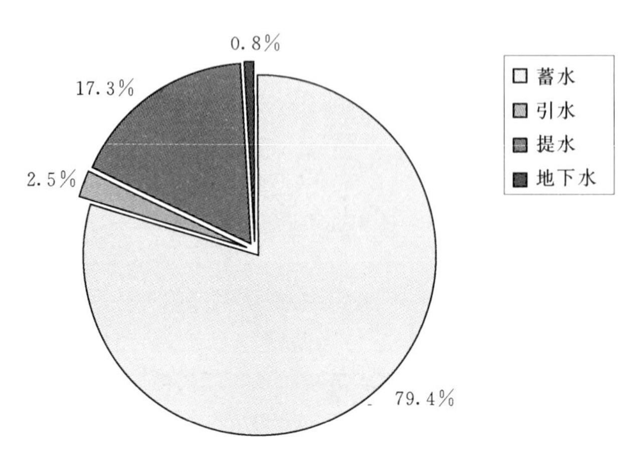

图 11-1　灌区各水利工程供水量比例

11.3　灌区供水量变化情况

根据收集的近几年资料显示，漳河灌区的供水量在2002年最小，为6.04亿 m^3，现状年供水量8.97亿 m^3。从供水组成来看，灌区主要是地表水供水，在最近几年，地下水的供水量则开始上升，具体详见表11-11和图11-2。

表11-11　　灌区历年供水量变化　　单位：亿 m^3

年份	地表水	地下水	合计
2002	6.04	—	6.04
2003	7.21	—	7.21
2004	7.85	—	7.85
2005	8.90	0.07	8.97

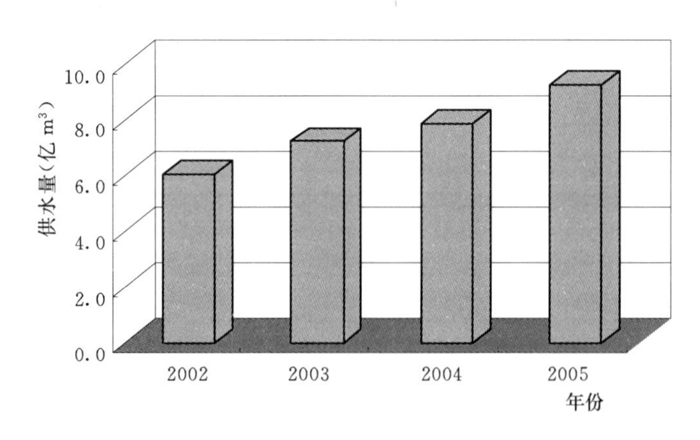

图 11-2　灌区供水量变化柱状图

11.3.1 漳河水库供水量变化

漳河水库位于襄樊、荆门、宜昌三地市交汇处，是拦截漳河干流形成观音寺水库和支流清溪河形成鸡公尖水库，又通过三段明槽串通水面形成的水库群，是跨流域引水的大型水利骨干工程。枢纽布置以死水位高、工程分散、跨流域引水、分散泄洪、水库群联合运用为特点。水库总库容20.35亿m^3，其中兴利库容9.24亿m^3，防洪库容3.43亿m^3，死库容8.62亿m^3，设计多年平均年径流量8.91亿m^3，设计年平均输沙量12.6万m^3，是一座以防洪、农业灌溉为主，兼有城镇供水、发电、旅游、养殖、航运等综合功能的大型水利枢纽工程。漳河水库在发挥巨大社会效益的同时，自身效益也有了很大的提高。多种经营全面发展，大力发展供水、发电支柱产业，带动水库渔业、旅游和其他综合经营生产，水利经济得到长足发展。

漳河水库灌区渠系的引水枢纽布置方式为多渠首引水型式，其主要布置原则是：从符合规划设计的要求出发，最大限度地做到灌溉田地多，节省投资、节省劳力、节省材料、减少水资源浪费，并在经济、安全、可靠的前提下，考虑与灌区内其他中小水利设施相衔接，把大、中、小型工程联合起来，构成一个完整、运用灵活的大、中、小与蓄、引、提相配合的灌溉系统，提高已有水利设施的灌溉保证率。

根据1966—2005年统计资料，截至2005年，漳河水库为灌区累计供水168.48亿m^3，多年平均年供水量为4.21亿m^3，其中供水最多的年份发生在1971年为8.59亿m^3，最少年份发生在2002年为1.31亿m^3。根据供水量趋势线可以看出，漳河水库建库初期给灌区的供水量较大，之后呈逐年减少的趋势。具体详见图11-3和表11-12。

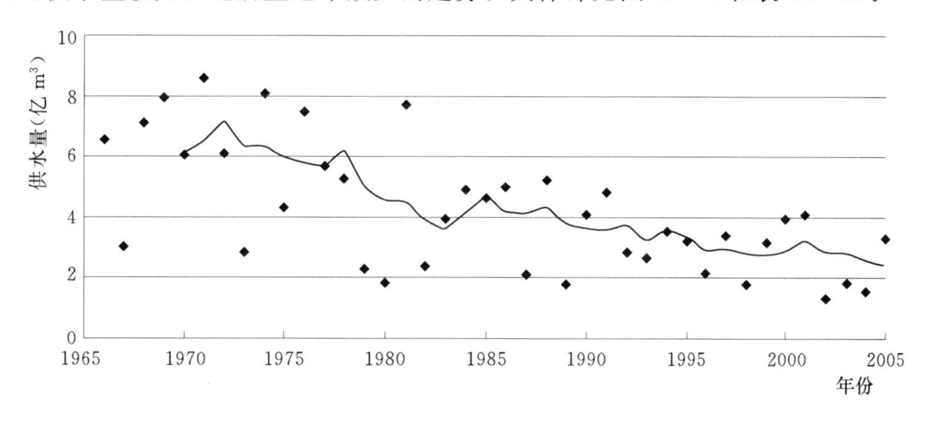

图11-3 漳河水库历年供水量曲线

表11-12 漳河水库历年供水量

年份	供水量（亿m^3）	年份	供水量（亿m^3）
1966	6.54	1972	6.12
1967	3.02	1973	2.87
1968	7.09	1974	8.09
1969	7.93	1975	4.32
1970	6.05	1976	7.49
1971	8.59	1977	5.69

续表

年　　份	供水量（亿 m^3）	年　　份	供水量（亿 m^3）
1978	5.29	1992	2.84
1979	2.30	1993	2.65
1980	1.82	1994	3.51
1981	7.69	1995	3.20
1982	2.39	1996	2.17
1983	3.95	1997	3.37
1984	4.89	1998	1.81
1985	4.61	1999	3.15
1986	5.02	2000	3.96
1987	2.11	2001	4.07
1988	5.21	2002	1.31
1989	1.77	2003	1.84
1990	4.08	2004	1.58
1991	4.80	2005	3.28

11.3.2　太湖港水库供水量变化

太湖港水库是由丁家咀、金家湖、联合、后港 4 座水库和万城引水闸、沮漳河橡胶坝组成，构成四库连江、独具一格的水利枢纽。水库承雨面积 189.56km^2，多年平均年径流量 9375 万 m^3，总库容 1.22 亿 m^3，设计灌溉农田 35.84 万亩，是具有蓄、引、提、灌等功能和防洪、发电、养殖、旅游等效益的大（二）型水库。太湖港水库的地理位置十分重要，它保护着下游荆州古城，交通干线 318 国道、207 国道及宜黄高速公路、荆沙铁路等，防洪保护耕地面积 16.4 万亩，人口 68 万余人。

根据 1959—2005 年统计资料，截至 2005 年，太湖港水库累计供水 44.9 亿 m^3，年平均供水量为 1.0 亿 m^3，其中供水最多的 1978 年为 4.17 亿 m^3，最少年份发生在 1961 年为 0.07 亿 m^3。可以看出，太湖港水库在 1959 年刚刚起步阶段的供水量较小，然后供水量逐年增长，在经历了 20 世纪七八十年代的供水高峰之后，90 年代以后水库的供水量逐渐趋于平缓，具体详见图 11－4、图 11－5 和表 11－13。

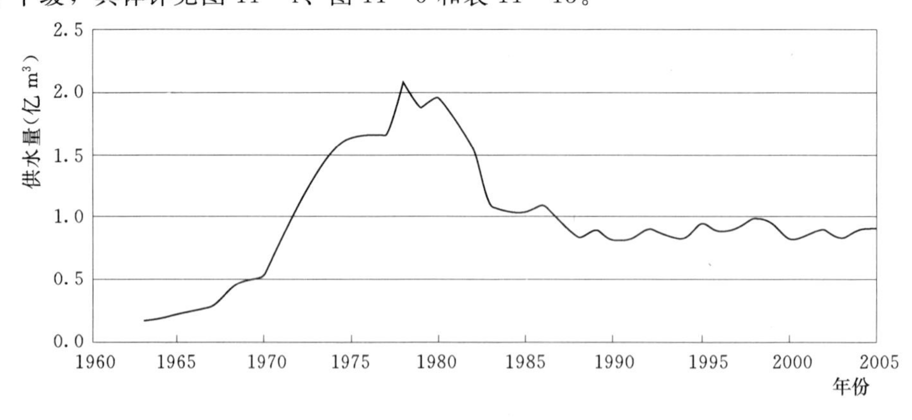

图 11－4　太湖港水库供水量变化趋势图

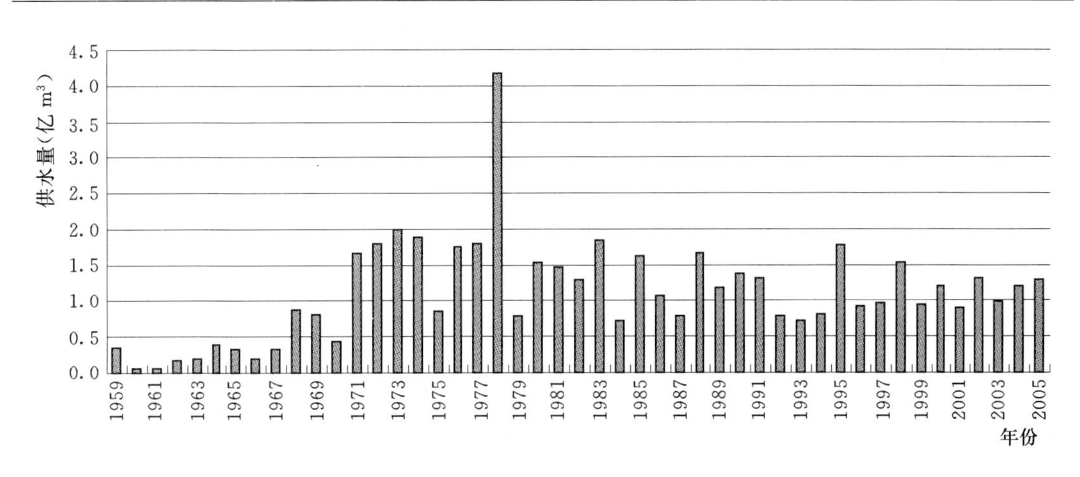

图 11-5　太湖港水库供水量变化柱状图

表 11-13　　　太湖港水库历年供水量调查表

年份	供水量（亿 m³）	年份	供水量（亿 m³）	年份	供水量（亿 m³）
1959	0.35	1975	0.87	1991	1.05
1960	0.07	1976	1.75	1992	0.69
1961	0.07	1977	1.79	1993	0.73
1962	0.18	1978	4.17	1994	0.74
1963	0.19	1979	0.79	1995	1.55
1964	0.38	1980	1.32	1996	0.70
1965	0.32	1981	0.68	1997	0.76
1966	0.20	1982	0.86	1998	1.18
1967	0.32	1983	1.75	1999	0.61
1968	0.88	1984	0.56	2000	0.81
1969	0.81	1985	1.37	2001	0.84
1970	0.43	1986	0.96	2002	1.09
1971	1.67	1987	0.22	2003	0.77
1972	1.79	1988	1.08	2004	1.00
1973	1.99	1989	0.86	2005	0.90
1974	1.88	1990	0.91		

11.3.3　中小型水库供水变化

漳河灌区中小型水库是重要的蓄水工程，它对灌区的灌溉同样起到了比较重要的作用，特别是可以与大型水库相互结合，起到了灌区水量再分配的重要作用。根据 1997—2005 年灌区中小型水库供水资料，截止到 2005 年灌区中小型水库多年供水总量 14.82 亿 m³，多年平均年供水量 1.65 亿 m³。2005 年供水量为 1.76 亿 m³，与多年平均值相比多 0.11 亿 m³；供水量最少的年份发生在 2003 年，为 1.16 亿 m³，与多年平均值相比要少 0.49 亿 m³。可以看出，灌区中小型水库在 1997—2001 年间的年平均供水量较大，为

1.80亿 m^3；最近4年的年均供水量为1.45亿 m^3，年际变化较大。灌区中小型水库供水量变化情况详见图11－6和表11－14。

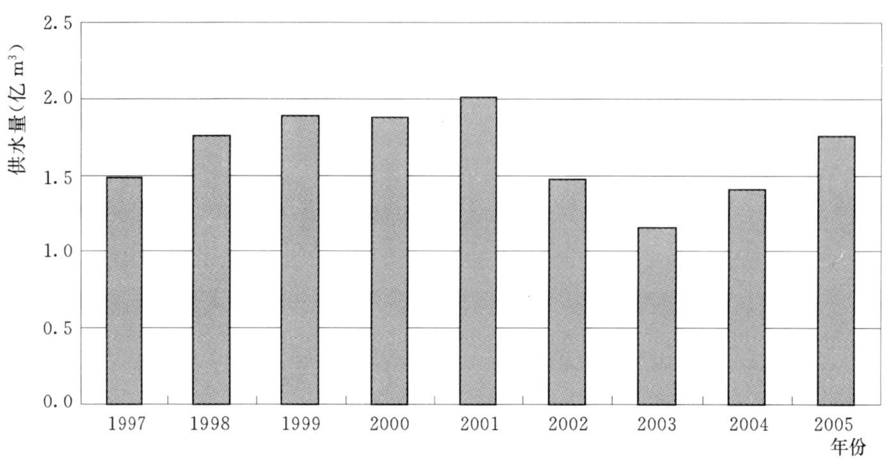

图11－6　灌区中小型水库供水量变化

表11－14　　**灌区中小型水库供水量变化**

年　份	供水量（亿 m^3）	年　份	供水量（亿 m^3）
1997	1.48	2002	1.48
1998	1.76	2003	1.16
1999	1.89	2004	1.40
2000	1.88	2005	1.76
2001	2.01		

11.3.4　水库工程供水变化趋势

根据1997—2005年灌区大中小型水库供水资料可以看出，2000年供水量最大，为7.04亿 m^3，2003年供水量最少，为3.99亿 m^3。根据全国的水资源开发利用情况，1959—2005年全国年平均供水量增长率为7.8%，灌区水库工程在2002—2004年间呈现出低供水现象，而降雨量偏少的2002年、2003年以及2003年，供水量偏大，详见图11－7。

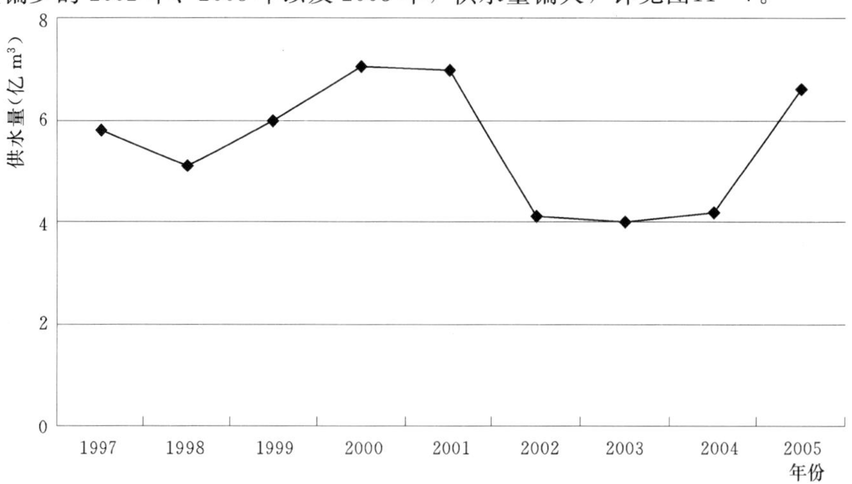

图11－7　灌区水库工程供水量变化图

附表

附表 11－1　　灌区河坝引水工程统计表

序号	名称	所在地	控制河流	承雨面积（km^2）	年来水量（万 m^3）	总库容（万 m^3）	大坝			设计引水流量（m^3/s）	灌溉面积（亩）	兴建年份
							坝型结构	长度	高度			
合计		55		4182.6	115269	5106.4		5550.4	1960.6	2663.79	121966	
一	沙洋县	27		1733.6	34869	2812		1684	220.9	41.4	51800	
1	高家当	拾桥镇丁新村	老山河	82	2945	68	均质坝	60	8	2	2200	1978
2	万芒当	拾桥镇丁岗村	王桥河	62	2610	58	均质坝	100	14	2	3000	1980
3	付黄	毛李镇付黄村	大路港	27	450	175	均质坝	32	6	1.5	600	1982
4	下公议港	官垱镇公议村	大路港	70	231	180	均质坝	36	8	3	6000	1972
5	雷场港	官垱镇雷场村	大路港	139	459	145	浆砌石	20	6	1.5	3500	1972
6	太坪港	官垱镇太平村	大路港	33	110	46	浆砌石	23	5	1	1500	1978
7	王坪港	官垱镇王平村	大路港	45	149	95	浆砌石	16	5	1	2000	1975
8	张庙港	官垱镇张庙村	大路港	58	192	90	浆砌石	20	4	1	2000	1974
9	官当港	官垱镇五星村	西荆河	43	142	90	浆砌石	24	6	1	1000	1986
10	两河口	后港镇双河村	广坪河	25	860	75	均质坝	48	6	3	1000	1972
11	龙头拐	后港镇双河村	广坪河	18	780	40	土质	30	8	1	800	1973
12	公议港	后港镇安坪村	公议港	78	253	150	土质	80	10	1	1200	1973
13	石头咀	五里铺宜桥村	鲍 河	4.4	143	42	均质坝	50	8.2	0.5	400	1973
14	刘当	五里铺十岭村	潘当河	21.7	705	84	均质坝	80	15	0.5	400	1974
15	赵集	五里铺赵集村	赵集河	20	650	110	均质坝	65	14.5	2	2100	1975

续表

序号	名称	所在地	控制河流	承雨面积（km^2）	年来水量（万 m^3）	总库容（万 m^3）	大坝			设计引水流量（m^3/s）	灌溉面积（亩）	兴建年份
							坝型结构	长度	高度			
16	两港口	五里铺显灵村	鲍 河	115	3738	180	均质坝	60	11	1.5	3000	1976
17	山河坝	五里铺许场村	车桥河	129	4200	150	均质坝	320	13	3.8	1800	1977
18	胡湾	五里铺镇	鲍 河	107	3461	60	均质坝	75	9.7	2.5	800	1977
19	北河	五里铺赵院村	赵集河	7	227	12	均质坝	60	7.5	1	1500	1979
20	代港	五里铺代店村	却集河	62	204	50	均质坝	160	14	1.5	2500	1967
21	联合坝	五里铺陶场村	却集河	186	603	250	均质坝	230	15	3.1	5000	1978
22	双河坝	五里铺草场村	新埠河	350	11305	412	均质坝	—	12.5	—	—	1977
23	长堰	十里铺白庙村	新埠河	1	60	20	土坝	30	2.5	1.5	2000	1956
24	吴港	十里铺建阳村	潘当河	1.5	70	20	土坝	25	4	1.5	2000	1996
25	吴河港	十里铺九堰村	吴当河	8	120	40	土坝	20	4	2	4000	1973
26	肖家当	十里铺李河村	新埠河	1	70	20	土坝	20	4	1	1500	1958
27	曾巷港坝	曾集镇曾巷村	公议港	40	132	150	均质坝	—	—	—	—	—
二	东宝区	14		1831.8	67693	739.4		790.4	77.5	12.49	49516	
1	赵家坝	石桥驿镇向桥村	仙居河	—	5775	30	土心石	90	7	0.79	2500	1974
2	胡岩坝	石桥驿村	永盛河	157	3846	133	浆砌石坝	225	6.9	—	2400	1958
3	新集坝	石桥驿镇新集村	仙居河	237	8259	120	重力式	117	9	0.9	2000	1963
4	黄豹坝	石桥驿镇廖坪村	仙居河	228	7980	90	灰土	77	5.8	1	2500	1959
5	鲁家坝	石桥驿镇雷坪村	象河	85	2082	12	灰土	30	5	—	500	1978
6	龙王坝	子陵铺镇何垸村	南桥河	85.3	2986	20	均质土坝	7.8	2.5	2.5	3500	1979
7	摇拦河坝	子陵铺镇金榜村	南桥河	130.7	4575	100	均质土坝	66	7	2	2360	1979

续表

序号	名称	所在地	控制河流	承雨面积（km^2）	年来水量（万 m^3）	总库容（万 m^3）	大坝			设计引水流量（m^3/s）	灌溉面积（亩）	兴建年份
							坝型结构	长度	高度			
8	何垸水坝	子陵铺镇何垸村	南桥河	72.8	2548	18	浆砌石	12	3.5	1.3	3000	1965
9	刘家闸	子陵铺镇何垸村	南桥河	74.3	2600	11	灰土坝	4.4	5	1.4	2500	1967
10	罗窑坝	子陵铺	南桥河	302.6	10591	21	均质土坝	28	4	—	1200	1967
11	七桥坝	子陵铺镇七桥村	南桥河	292.6	10251	61	均质土坝	60	9.3	1.1	23156	1967
12	吴闸坝	子陵铺镇红庙村	七井河	60.8	2500	17.4	均质土坝	—	—	—	1000	—
13	新 闸	子陵铺镇红庙村	子陵河	90.7	3175	100	浆砌	33.2	4.5	1	2500	1973
14	邓当坝	牌楼镇泗水桥	竹皮河	15	525	6	滚水坝	40	8	0.5	400	1958
三	掇刀区	10		417.2	12507	1155		2076	62.2	9.9	16450	—
1	上新当	麻城镇火山村	革集河	40	1360	20	土质坝	100	4.3	2	3000	1981
2	下新当	麻城镇火山村	革集河	43	1452	4	均质坝	20	3	0.8	1000	1964
3	长新当	麻城镇火山村	麻城河	19	646	5	均质坝	50	5	0.8	1000	1985
4	复兴当	麻城村	麻城河	28	952	60	均质坝	60	4.5	1	2500	1954
5	湘龙井	团林铺镇莲花村	车桥河	151	4901	813	均质坝	1070	16.4	3	5500	1976
6	台当	掇刀谭店村	车桥河	20	64	5	土质坝	120	4	0.3	400	1952
7	陈当	掇刀袁集村	车桥河	20	93	4	土质坝	78	3	0.3	400	1950
8	幸福	掇刀迎春村	竹皮河	10	32	4	土质坝	40	3	0.5	550	1978
9	江山坝	白庙街办	竹皮河	81	2835	200	均质坝	490	14	1	1000	1976
10	三叉坝	掇刀双泉村	竹皮河	5.2	172	40	土质坝	48	5	0.2	1100	1959
四	钟祥市	3			29.4	113	—	—	—	—	4700	
1	丁家闸坝	双河丁家坪村	利河	—	10	24	—	—	—	—	2600	1923
2	新桥水坝	双河村	利河	—	10	24	—	—	—	—	1500	1944
3	彭墩水坝	石牌镇墩村	竹皮河	200	9.4	65	—	—	—	—	600	1977
五	荆州区	1	沮漳河	—	—	287	橡胶坝	85.6	4	0.14	40.5	1998

附表 11－2　　灌区涵闸工程统计表

序号	项目名称	性质	所在河流	过闸流量 (m^3/s)	孔数	结构	项目竣工年份
合计		104		1910.7	131		
一	沙洋县	60		318	63		
1	赵家堤闸	灌	汉江	15.0	1	钢闸门	1979
2	童元寺闸	灌	汉江	5.0	1	钢闸门	1972
3	杨堤闸	灌	汉江	5.3	1	钢闸门	1991
4	五支渠闸	灌	西荆河	2.5	1	钢闸门	—
5	六支渠闸	灌	西荆河	2.0	1	钢闸门	—
6	七支渠闸	灌	西荆河	2.0	1	钢闸门	—
7	御堤闸	排	汉江	19.1	1	钢闸门	1965
8	农跃闸	排	汉江	27.0	1	钢闸门	1959
9	丰收闸	排	汉江	44.0	3	钢闸门	1971
10	中闸	排	汉江	20.0	1	钢闸门	1972
11	五抓湖	排	汉江	20.7	2	钢闸门	1989
12	磨当闸	排	桥河	10.0	1	钢闸门	1969
13	乱店子闸	排	桥河	1.0	1	钢闸门	1970
14	廖鲁店子闸	排	桥河	0.8	1	钢闸门	1974
15	杜岗坡闸	排	桥河	3.0	1	钢闸门	1970
16	五星闸	排	桥河	10.0	1	钢闸门	1977
17	社堰闸	排	桥河	10.0	1	钢闸门	1970
18	肖场闸	排	桥河	1.0	1	钢闸门	1972
19	宋湖闸	排	桥河	10.0	1	钢闸门	1970
20	杨港洼子闸	排	桥河	8.0	1	钢闸门	1976
21	新四闸	排	桥河	1.0	1	钢闸门	1976
22	新三闸	排	桥河	2.0	1	钢闸门	1970
23	三叉河北闸	排	桥河	20.0	1	钢混凝土	1969
24	三叉河南闸	排	桥河	20.0	1	钢混凝土	1969
25	上塌闸	排	桥河	3.0	1	钢混凝土	1974
26	下塌闸	排	桥河	1.0	1	钢混凝土	1974
27	麻湾闸	排	桥河	2.0	1	钢混凝土	1973
28	梅林闸	排	桥河	10.0	1	钢混凝土	1973
29	乔子湖闸	排	桥河	2.3	1	钢混凝土	1973
30	松林闸	排	桥河	3.0	1	圆涵	1970

续表

序号	项目名称	性质	所在河流	过闸流量 (m^3/s)	孔数	结构	项目竣工年份
31	中心闸	排	桥河	3.0	1	圆涵	1984
32	节制闸	排	桥河	5.0	1	圆涵	1987
33	抗旱闸	排	桥河	2.0	1	砖拱	—
34	五星涵闸	排	桥河	0.5	1	砖拱	—
35	梅林涵闸	排	桥河	0.4	1	砖拱	—
36	马湾桥闸	排	桥河	0.5	1	钢闸门	—
37	梅林涵闸	排	桥河	0.4	1	钢闸门	—
38	梅林涵闸	排	桥河	0.3	1	钢闸门	—
39	何垸子闸	排	桥河	0.4	1	钢闸门	—
40	千亩垸闸	排	双店渠	3.0	1	钢闸门	1998
41	南湖闸	排	双店渠	3.0	1	钢闸门	1998
42	陈字头闸	排	西荆河	1.5	1	钢闸门	—
43	联州四组闸	排	西荆河	0.7	1	钢闸门	—
44	毛家垸闸	排	西荆河	1.0	1	钢闸门	—
45	邓州棉花闸	排	西荆河	0.4	1	钢闸门	—
46	百湖垸闸	排	西荆河	2.0	1	钢闸门	—
47	潘家洲闸	排	西荆河	0.6	1	钢闸门	—
48	田家洲闸	排	西荆河	1.0	1	钢闸门	—
49	洪山岭闸	排	西荆河	0.8	1	钢闸门	—
50	应台闸	排	西荆河	1.0	1	钢闸门	—
51	联州六组	排	西荆河	0.5	1	钢闸门	—
52	中桥北闸	排	西荆河	0.8	1	钢闸门	—
53	中桥南闸	排	西荆河	0.8	1	钢闸门	—
54	红光三组闸	排	西荆河	0.8	1	钢闸门	—
55	江集二组闸	排	西荆河	0.8	1	钢闸门	—
56	何家套闸	排	西荆河	1.5	1	钢闸门	—
57	白洋湖闸	排	西荆河	0.8	1	钢闸门	—
58	洋铁湖闸	排	西荆河	1.5	1	钢闸门	—
59	白洋湖九组闸	排	西荆河	1.5	1	钢闸门	—
60	江集一组闸	排	西荆河	0.8	1	钢闸门	—

续表

序号	项目名称	性质	所在河流	过闸流量（m^3/s）	孔数	结构	项目竣工年份
二	钟祥市	16		1197.7	29		
1	沿山闸	排	汉江	25.0	2	混凝土拱	1976
2	同盟闸	排	汉江	5.0	1	混凝土拱	1981
3	尾水闸	排	汉江	74.0	1	混凝土拱	1982
4	塘港南闸	排	汉江	90.0	2	石拱	1971
5	塘港北闸	排	汉江	90.0	2	石拱	1972
6	石牌大闸	排	汉江	158.0	3	混凝土拱	1964
7	石牌新闸	排	汉江	360.0	4	混凝土箱	1964
8	老河沟闸	排	汉江	90.0	2	石拱	1972
9	关庙闸	排	汉江	6.0	1	混凝土拱	1983
10	塘滩闸	排	汉江	14.0	1	混凝土拱	1983
11	和平闸	排	汉江	80.0	2	石拱	1971
12	汉河闸	灌	汉江	25.0	1	混凝土拱	1974
13	襄水闸	排	汉江	70.0	2	石拱	1973
14	襄水电排闸	排	汉江	8.0	1	混凝土箱	1986
15	横堤闸	排	汉江	90.0	3	混凝土拱	1964
16	赵集闸	排	汉江	12.7	1	混凝土箱	1975
三	当阳市	24		293.0	31.0		
1	曹家闸	排	漳河	0.5	—	钢闸门	1979
2	卢河闸	排	沮漳河	5.0	1	钢混凝土	1956
3	老马家闸	排	漳河	40.0	2	钢闸门	1964
4	莫家闸	排	漳河	40.0	3	混凝土箱	1958
5	观基闸	排	沮漳河	10.0	1	混凝土箱	1962
6	钟港闸	排	沮漳河	30.0	2	混凝土箱	1987
7	新马家闸	排	漳河	20.0	1	混凝土箱	1991
8	河溶闸	排	漳河	60.0	3	混凝土箱	1970
9	彭家闸	排	漳河	5.0	1	混凝土箱	1997
10	杨家闸	排	漳河	5.0	1	混凝土箱	1983
11	贺家闸	排	漳河	3.0	1	混凝土箱	1954
12	齐家闸	排	沮漳河	5.0	1	混凝土箱	1981
13	新拦河闸	排	沮漳河	3.0	1	混凝土箱	1986
14	老拦河闸	排	沮漳河	1.0	1	混凝土箱	1968
15	牛家闸	排	漳河	1.0	1	混凝土箱	1964
16	赵湖泵站闸	排	沮漳河	10.0	1	混凝土箱	1974

续表

序号	项目名称	性质	所在河流	过闸流量（m^3/s）	孔数	结构	项目竣工年份
17	新生闸	排	沮漳河	2.0	1	混凝土箱	1974
18	新堤闸	排	沮漳河	4.0	1	混凝土箱	1984
19	小港口闸	排	沮漳河	0.5	—	混凝土箱	1962
20	新卢河闸	排	沮漳河	5.0	1	混凝土箱	1996
21	民和闸	排	沮漳河	1.5	2	混凝土箱	1973
22	五七尾水闸	排	漳河	0.5	1	钢闸门	1997
23	草溶路闸	排	沮漳河	1.0	1	—	1977
24	张家口闸	排	沮漳河	40.0	3	钢闸门	1954
四	荆州区	4		102.0	8.0		
1	万城闸	灌	沮漳河	40.0	3	混凝土	1962
2	吴家闸	排	沮漳河	14.0	1	混凝土	1967
3	柳港闸	排灌	沮漳河	32.0	2	混凝土	1962
4	郭家闸	排	沮漳河	16.0	2	混凝土箱	1965

附表 11－3　　灌区水电站工程统计表

序号	名称	所在地		发电机组（台）	实际装机容量（kW）	发电能力（万 kWh）	项目竣工年份
		乡镇	所在河流				
	合计	17		46	6720	1917.8	
一	东宝区	2		4	490	181.8	
1	胡杨咀	牌楼镇	竹皮河	2	220	11.8	1978
2	竹皮河		竹皮河	2	250	170	1980
二	掇刀区	5		14	1810	860	
1	袁集电站	掇刀	新埠河	2	200	100	2000
2	迎春电站	掇刀	竹皮河	2	200	120	2001
3	湘龙井	团林	新埠河	2	250	120	1997
4	江山	白庙办	竹皮河	4	760	320	1978
5	车桥	掇刀	新埠河	4	400	200	1998
三	沙洋县	6		18	2690	500	
1	赵家堤	李市镇	汉江	6	650	30	1981
2	鲍 河	十里镇	新埠河	2	400	60	1994
3	双 河	五里镇	新埠河	4	500	150	1997
4	山 河	五里镇	新埠河	2	320	100	1997
5	联 河	五里镇	新埠河	2	320	100	1997
6	柴 集	曾集镇	漳河渠	2	500	60	1971

续表

序号	名称	所在地		发电机组（台）	实际装机容量（kW）	发电能力（万kWh）	项目竣工年份
		乡镇	所在河流				
四	钟祥市	3		8	1330	240	
1	铜钱山	冷水镇	铜钱山水库	1	100	100	1980
2	响水洞	双河镇	仙居河	3	500	60	1980
3	彭家墩	石牌镇	竹皮河	4	730	80	1978
五	当阳市	1		2	400	136	1976
1	洪桥铺	洪桥铺	一干渠	2	400	136	1976

附表11-4　　漳河水库灌区各行政单元小（二）型水库统计表

行政区	水库数量（座）	流域面积（km^2）	库容（万m^3）		灌溉面积（万亩）	
			总库容	兴利库容	设计	实际
合计	173	221.93	7191.76	4178.76	19.94	15.21
东宝区	44	41.90	1537.21	1074.88	3.45	1.87
掇刀区	20	23.47	841.10	534.50	2.17	1.61
沙洋县	32	21.49	1290.20	847.37	4.83	3.70
钟祥市	52	103.81	2205.35	1017.75	4.39	3.79
荆州区	15	18.02	791.40	404.76	4.19	3.43
当阳市	10	13.24	526.50	299.50	0.91	0.81

附表11-5　　灌区各行政单元中型水库统计

序号	名称	水库数量（座）	承雨面积（km^2）	库容（亿m^3）			灌溉面积（万亩）		干渠长度（km）	水域面积（km）
				总库容	兴利库容	死库容	设计	实际		
合计		22	582.70	3.84	2.36	0.27	82.58	48.73	313.6	40.70
一	沙洋县	7	197.70	1.15	0.65	0.09	26.06	14.00	106.1	17.35
二	钟祥市	5	215.00	1.32	0.77	0.09	22.90	17.70	110.5	12.90
三	东宝区	3	66.10	0.38	0.29	0.01	7.32	4.02	59.5	3.46
四	掇刀区	4	75.22	0.60	0.36	0.05	16.62	7.01	37.5	6.99
五	当阳市	2	15.90	0.25	0.19	0.01	4.60	4.80	0.0	0.00
六	荆州区	1	12.78	0.14	0.10	0.02	5.08	1.20	0.0	0.00

附表11-6　　灌区各行政单元小（一）型水库统计

行政区	水库数量（座）	流域面积（km^2）	库容（万m^3）			灌溉面积（万亩）	
			总库容	兴利库容	死库容	设计	实际
合计	94	560.96	26198.5	15287.9	2510.8	62.36	42.38
东宝区	19	92.08	3774.0	2592.0	308.0	6.77	3.95
掇刀区	12	49.53	2191.0	1330.0	155.0	5.56	3.61
沙洋县	29	110.55	7715.0	4695.1	501.0	24.56	17.31
钟祥市	19	229.25	8681.0	4475.7	1270.9	13.29	8.16
荆州区	6	16.55	1045.5	633.1	81.9	4.12	4.32
当阳市	9	63.00	2792.0	1562.0	194.0	8.06	5.03

附表 11-7

灌区中型水库明细表

序号	名称	乡镇	河流	承雨面积（km^2）	库容（亿 m^3）			正常水位（m）	灌溉面积（万亩）		干渠长度（km）	水域面积（km）
					总库容	兴利库容	死库容		设计	实际		
合计		22		582.70	3.8357	2.3644	0.2621	1938.55	82.58	48.73	313.6	40.70
一	沙洋县	7		197.70	1.1513	0.6473	0.0852	488.80	26.06	14.00	106.1	17.35
1	金鸡	曾集	王桥河	38.00	0.1770	0.0960	0.0100	65.50	5.48	2.00	10.5	3.10
2	龙当	后港	广坪港	29.40	0.1435	0.0755	0.0115	52.40	3.20	1.50	10.5	1.76
3	潘集	曾集	大路港	20.00	0.1445	0.0908	0.0077	63.40	3.20	2.10	10.5	2.76
4	安洼	曾集	大路港	18.00	0.1330	0.0755	0.0165	78.40	3.50	1.50	20.0	1.95
5	雨林山	沈集	官桥河	24.10	0.1515	0.0860	0.0140	76.40	3.00	1.80	12.6	2.42
6	乐山坡	沈集	王田巷	24.00	0.1518	0.0885	0.0115	77.00	2.24	1.50	12.0	2.60
7	杨树当	五里	鲍河	44.20	0.2500	0.1350	0.0140	75.70	5.44	3.60	30.0	2.76
二	钟祥市	5		215.00	1.3164	0.7723	0.0852	465.85	22.90	17.70	110.5	12.90
1	铜钱山	冷水	马家港	51.00	0.3470	0.2234	0.0066	83.00	6.60	4.80	43.0	3.34
2	陈坡	冷水	梅龙港	50.00	0.1650	0.0490	0.0070	46.50	1.70	0.70	4.3	2.60
3	峡卡河	胡集	峡卡河	34.00	0.2590	0.1659	0.0185	128.00	5.00	5.20	28.5	2.06
4	龙峪湖	胡集	双河	24.00	0.1685	0.1037	0.0121	117.00	3.00	2.00	9.7	2.37
5	北山	磷矿	九度港	56.00	0.3769	0.2303	0.0410	91.35	6.60	5.00	25.0	2.53
三	东宝区	3		66.10	0.3800	0.2881	0.0071	378.20	7.32	4.02	59.5	3.46
1	象河	石桥驿	象河	39.80	0.1500	0.1104	0.0030	155.50	2.60	1.30	4.5	1.04
2	岩当	石桥驿	南桥河	23.00	0.1063	0.0712	0.0016	122.00	3.00	1.80	30.0	1.00
3	建泉	子陵	子陵河	3.30	0.1237	0.1065	0.0025	100.70	1.72	0.92	25.0	1.42
四	掇刀区	4		75.22	0.5966	0.3621	0.0559	392.20	16.62	7.01	37.5	6.99
1	龙泉	团林	车桥河	19.00	0.1660	0.0920	0.0350	93.70	2.61	2.71	1.5	1.27
2	凤凰	掇刀	车桥河	13.52	0.1035	0.0646	0.0036	104.70	2.50	1.50	12.0	1.45
3	樊桥	团林	鲍河	16.50	0.1260	0.0792	0.0112	81.30	2.93	1.30	12.0	1.52
4	车桥河	掇刀	车桥河	26.20	0.2011	0.1263	0.0061	112.50	8.58	1.50	12.0	2.75
五	当阳市	2		15.90	0.2498	0.1908	0.0054	144.00	4.60	4.80	0.0	0.00
1	三星寺	河溶镇	漳河	8.90	0.1440	0.1140	0.0010	72.00	2.30	2.40	—	—
2	刘冲	河溶镇	漳河	7.00	0.1058	0.0768	0.0044	72.00	2.30	2.40	—	—
六	荆州区	1		12.78	0.1416	0.1038	0.0233	69.50	5.08	1.20	0.0	0.00
	沙港	川店镇	菱角湖	12.78	0.1416	0.1038	0.0233	69.50	5.08	1.20	—	—

附表 11-8　　**漳河水库灌区小（一）型水库明细表**

行政区	水库名称	乡镇	流域面积（km^2）	库容（万 m^3）			设计洪水位（m）	正常洪水位（m）	灌溉面积（万亩）		竣工日期
				总库容	兴利库容	死库容			设计	实际	
合计	94		585.46	26198.5	15287.9	2510.8	7846.66	7771.79	62.36	42.38	
东宝区	19		92.08	3774.0	2592.0	308.0	2195.82	2166.35	6.77	3.95	
	刘院	漳河镇	1.98	177.0	111.0	16.0	117.35	116.40	0.65	0.40	1978.5
	烂泥冲	漳河镇	2.70	186.0	123.0	12.0	110.3	109.30	0.30	0.05	1974.12
	姚沟	漳河镇	1.34	106.0	70.0	17.0	107.7	106.90	0.30	0.05	1974.12
	上泉	石桥驿	13.50	230.0	146.0	14.0	139.1	137.50	0.60	0.50	1973.7
	泉湾	石桥驿	3.30	140.0	98.0	24.0	146.25	145.20	0.24	0.16	1975.10
	姚湾	石桥驿	3.20	109.0	60.0	13.0	140.6	139.20	0.30	0.30	0
	石磙冲	子陵铺	5.50	117.0	71.0	18.0	175.55	174.20	0.14	0.04	1972.10
	团堡	子陵铺	5.00	100.0	65.0	9.0	166.3	146.75	0.13	0.07	1971.12
	岩河	子陵铺	23.00	390.0	272.0	34.0	120.37	118.80	0.40	0.40	1974.11
	官桥	子陵铺	4.01	173.0	97.0	18.0	86.88	85.90	0.23	0.17	1963.11
	黑龙泉	子陵铺	4.06	198.0	152.0	11.0	106.9	105.90	0.33	0.14	1974.11
	卸甲口	子陵铺	5.20	292.0	188.0	10.0	100.65	99.30	0.31	0.31	1955.10
	段家冲	子陵铺	1.25	224.0	164.0	26.0	98.75	98.10	0.25	0.08	1974.11
	田家冲	子陵铺	2.94	241.0	161.0	17.0	107.8	106.50	0.30	0.30	1964.11
	火焰冲	子陵铺	3.50	191.0	160.0	16.0	108.75	107.20	0.42	0.01	1977.10
	官庙	牌楼镇	0.70	124.0	86.0	20.0	88.27	87.70	0.37	0.12	1976.2
	寨子坡	牌楼镇	3.18	316.0	231.0	7.0	83.65	82.90	0.50	0.30	1972.10
	东宝塔	牌楼镇	4.22	229.0	158.0	5.0	89.4	88.20	0.50	0.35	1975.11
	老垱	牌楼镇	3.50	231.0	179.0	21.0	101.25	110.40	0.50	0.20	1972.10

续表

行政区	水库名称	乡镇	流域面积（km^2）	库容（万 m^3）			设计洪水位（m）	正常洪水位（m）	灌溉面积（万亩）		竣工日期
				总库容	兴利库容	死库容			设计	实际	
掇刀区	12		45.93	2191.0	1330.0	155.0	1240.53	1263.55	5.56	3.61	
	周冲	麻城镇	1.90	133.0	90.0	17.0	84.6	83.80	0.70	0.45	1977.4
	阮安	麻城镇	4.40	130.0	66.0	4.0	87.7	76.50	0.20	0.15	1977.3
	杨山	麻城镇	2.00	151.0	85.0	33.0	76.2	75.50	0.36	0.12	1975.6
	鲁冲	麻城镇	0.81	100.0	75.0	8.0	92.05	91.95	0.20	0.06	1975.4
	官堰角	麻城镇	8.74	484.0	236.0	5.0	86.55	85.60	1.20	0.85	1958.3
	朱沟	团林铺	7.80	298.0	188.0	10.0	83.18	82.20	0.77	0.40	1978.5
	红鹤	团林铺	3.00	184.0	124.0	27.0	100.8	100.00	0.47	0.32	1974.5
	官冲	团林铺	1.72	140.0	97.0	5.0	81.7	81.00	0.33	0.28	1976.5
	高岭	掇刀街办	2.66	104.0	61.0	19.0	105.05	148.80	0.40	0.20	1967.9
	王郎沟	掇刀街办	4.60	177.0	127.0	11.0	161.8	160.30	0.63	0.59	1965.4
	沙港河	掇刀街办	3.05	128.0	93.0	13.0	155.5	154.30	0.12	0.09	1974.4
	岩子河	掇刀街办	5.25	162.0	88.0	3.0	125.4	123.60	0.18	0.10	1978.5
沙洋县	29		110.55	7715.0	4695.1	501.0	1834.88	1806.35	24.56	17.31	
	前进	五里铺	2.00	110.0	69.0	6.0	76.9	76.10	0.34	0.34	1975.4
	龙山	五里铺	3.06	281.0	184.0	26.0	81.3	80.40	0.54	0.54	1974.4
	龟山	五里铺	1.20	125.0	92.0	4.0	76.3	75.80	0.52	0.52	1977.5
	潘垱	五里铺	6.20	322.0	208.0	7.0	65.85	65.00	1.50	1.50	1977.5
	朱塔	五里铺	6.10	339.0	263.0	43.0	53.45	52.30	1.03	0.78	1975.4
	鞠湾	五里铺	1.20	152.0	101.0	19.0	53.4	52.90	0.41	0.30	1975.4
	三界	五里铺	2.56	323.0	234.0	31.0	80.25	79.40	0.50	0.30	1947.7
	黄金港	五里铺	11.74	780.0	512.0	10.0	63.45	62.30	2.20	1.10	1958.4
	吴垱	五里铺	14.23	706.0	390.0	10.0	58.98	57.80	1.50	0.90	1967.4

续表

行政区	水库名称	乡镇	流域面积（km^2）	库容（万 m^3）			设计洪水位（m）	正常洪水位（m）	灌溉面积（万亩）		竣工日期
				总库容	兴利库容	死库容			设计	实际	
沙洋县	白龙滩	纪山镇	1.40	134.0	87.0	19.0	64.15	63.50	0.45	0.45	1975.4
	钱家湾	纪山镇	2.13	247.0	187.0	5.0	67	66.20	1.10	0.85	1973.4
	郭滩	纪山镇	3.62	188.0	98.0	5.0	53.9	52.70	0.71	0.61	1974.4
	郭场	纪山镇	1.31	141.0	100.0	10.0	47	46.40	0.69	0.61	1975.4
	罗垱冲	拾桥镇	7.70	465.0	256.0	6.0	47.8	46.60	1.60	1.60	1975.4
	老山	拾桥镇	7.20	465.0	218.0	5.0	60.7	59.60	1.30	1.00	1972.4
	杨场	拾桥镇	7.10	410.0	220.0	20.0	52.6	51.00	1.20	0.50	1954.11
	黄塝	拾桥镇	1.65	101.0	62.1	1.0	52.5	51.40	0.42	0.25	1975.4
	张家嘴	后港镇	7.23	450.0	251.0	25.0	60.1	58.60	0.75	1.20	1973.5
	苏塚	后港镇	2.56	187.0	115.0	10.0	53.4	52.40	1.05	0.50	1975.5
	和议	毛李镇	2.10	190.0	89.0	49.0	52.05	51.20	1.00	0.30	1975.5
	三家店	高阳镇	1.30	101.0	62.0	13.0	75.2	74.20	0.55	0.05	1973.11
	黄湾	高阳镇	1.27	100.0	56.0	15.0	69.45	68.55	0.37	0.20	1975.1
	王家嘴	高阳镇	4.40	250.0	88.0	19.0	54.45	52.00	1.02	0.57	1974.12
	黄家垱	高阳镇	1.50	154.0	95.0	31.0	65	64.00	0.20	0.10	1974.12
	周坪	曾集镇	2.10	208.0	150.0	5.0	75.35	74.50	1.80	1.50	1965.4
	大碑湾	沈集镇	2.45	362.0	287.0	8.0	71.75	71.10	1.10	0.50	1964.1
	柴港	沈集镇	2.20	183.0	111.0	27.0	87.3	86.60	0.25	0.12	1978.5
	双堰	沈集镇	2.13	100.0	34.0	27.0	60.15	59.20	0.21	0.10	1975.4
	公场	沈集镇	0.91	141.0	76.0	45.0	55.15	54.60	0.25	0.02	1975.5

续表

行政区	水库名称	乡镇	流域面积（km^2）	库容（万 m^3）			设计洪水位（m）	正常洪水位（m）	灌溉面积（万亩）		竣工日期
				总库容	兴利库容	死库容			设计	实际	
钟祥市	19		229.25	8681.0	4475.7	1270.9	1500.37	1473.98	13.29	8.16	
	金牛山	胡集镇	17.55	705.0	220.1	70.2	89.23	87.17	2.00	2.00	1975.4
	天子港	胡集镇	6.25	300.4	163.7	23.1	87.5	86.00	0.50	0.50	1981.4
	寺古桥	胡集镇	7.30	226.8	39.5	140.3	67.66	65.40	0.28	0.25	1972.3
	康乐	胡集镇	12.05	278.2	106.9	13.0	66.31	64.70	0.55	0.60	1987.3
	尹湾	胡集镇	12.50	265.8	52.1	70.7	73.94	71.00	0.23	0.32	1986.12
	黄泥沟	胡集镇	13.60	367.3	116.9	1.7	67.46	65.15	0.30	0.36	1986.4
	黄鱼冲	双河镇	10.28	470.1	304.7	41.0	119.26	116.85	1.20	0.50	1963.4
	横山咀	双河镇	9.33	1179.7	819.1	112.8	103.12	105.00	1.50	0.60	1974.12
	茄垱	冷水镇	8.50	477.6	264.3	16.6	65.68	64.50	0.80	0.60	1975.春
	双河	冷水镇	6.55	250.9	140.3	10.0	54.54	53.60	0.40	0.20	1975.春
	太山	冷水镇	6.30	370.6	219.1	12.6	136.22	134.60	0.60	0.13	1976.春
	付泉	冷水镇	4.85	760.7	536.4	102.5	74.64	74.00	1.00	0.43	1975.12
	丁垱	冷水镇	15.77	249.8	81.8	6.1	65.66	63.55	0.73	0.20	1965.4
	石牯牛	冷水镇	8.75	116.8	67.5	2.9	95.41	93.55	0.50	0.50	1958.12
	连山坡	冷水镇	70.50	214.5	100.0	20.6	109.98	108.36	0.40	0.20	1987.春
	魏家堰	文集镇	4.17	400.9	186.1	115.9	50.83	50.00	0.50	0.20	1973.10
	螺丝垱	文集镇	5.00	723.6	322.8	258.4	52.18	51.45	0.50	0.25	1967.12
	张垱	文集镇	5.20	605.9	217.6	173.5	51.88	50.90	0.50	0.20	1980.4
	白鹤冲	石牌镇	4.80	716.4	516.8	79.0	68.87	68.20	0.80	0.12	1975.5

续表

行政区	水库名称	乡镇	流域面积（km^2）	库容（万 m^3）			设计洪水位（m）	正常洪水位（m）	灌溉面积（万亩）		竣工日期
				总库容	兴利库容	死库容			设计	实际	
荆州区	6		16.55	1045.5	633.1	81.9	377.18	371.54	4.12	4.32	
	龙山	川店镇	4.45	327.7	198.6	45.4	69.32	68.40	1.41	1.41	1976.2
	铁子港	川店镇	0.37	162.8	144.0	10.5	77.37	77.00	0.92	0.92	1974.11
	独松树	川店镇	1.30	112.0	75.7	6.5	71.23	70.50	0.35	0.35	1973.12
	八宝	八岭山	3.08	186.5	104.2	11.8	54	52.90	0.63	0.63	1959.4
	新湾	八岭山	2.00	124.0	80.0	6.0	58.9	58.00	0.40	0.60	1966.5
	张家垱	马山镇	5.35	132.5	30.6	1.7	46.36	44.74	0.41	0.41	1965.2
当阳市	9		63.00	2792.00	1562.00	194.00	697.88	690.02	8.06	5.03	
	洪门冲	河溶镇	3.30	270.0	209.0	1.0	76.23	75.50	0.50	0.27	1976.5
	龙井	河溶镇	7.00	557.0	364.0	21.0	72.3	71.30	1.26	0.75	1960.4
	赵家糊	河溶镇	36.00	626.0	75.0	75.0	51.52	49.00	1.60	0.51	1978.1
	董冲	河溶镇	3.00	201.0	155.0	1.0	90.28	89.50	0.10	0.20	1978.6
	闫冲	河溶镇	1.90	146.0	106.0	5.0	83.15	82.18	0.50	0.60	1975.6
	冯冲	河溶镇	6.70	404.0	274.0	6.0	86.11	85.00	0.80	1.00	1966.11
	吴冲	河溶镇	2.60	185.0	98.0	31.0	74.17	73.34	0.40	0.45	1954.6
	双堰	淯溪镇	0.30	102.0	70.0	24.0	98.98	98.70	1.60	0.90	1974.3
	九冲	淯溪镇	2.20	301.0	211.0	30.0	65.14	65.50	1.30	0.35	1974.12

附表 11-9　　漳河水库灌区小（二）型水库明细表

行政区	水库名称	所在乡镇	流域面积（km^2）	库容（万 m^3）		灌溉面积（万亩）	
				总库容	兴利库容	设计	实际
合计	173		221.93	7191.76	4178.76	19.94	15.21
东宝区	44		41.90	1537.21	1074.88	3.45	1.87
	杨冲	石桥驿镇	0.30	12.3	9.1	0.035	0.025
	白果	石桥驿镇	1.50	13.0	9.8	0.030	0.030
	联心	石桥驿镇	1.40	19.0	9.6	0.050	0.050
	叶冲	石桥驿镇	0.69	32.0	21.6	0.040	0.036
	杨湾	石桥驿镇	1.90	36.5	24.0	0.135	0.030
	青山	子陵铺镇	0.32	28.0	19.6	0.010	0.010
	钟湾	子陵铺镇	0.32	13.0	11.2	0.020	0.020
	龙冲	子陵铺镇	1.38	29.0	22.0	0.120	0.080
	团结	子陵铺镇	0.28	34.0	28.4	0.100	0.042
	石门	子陵铺镇	1.50	19.0	13.5	0.026	0.022
	金桥	子陵铺镇	0.70	27.0	19.9	0.060	0.040
	凤凰	子陵铺镇	0.47	17.0	12.7	0.040	0.040
	肖冲	子陵铺镇	0.22	17.0	13.0	0.010	0.010
	蒋冲	子陵铺镇	0.45	23.0	18.0	0.070	0.040
	金泉	子陵铺镇	1.13	94.0	77.6	0.120	0.050
	太平	子陵铺镇	3.90	27.0	17.0	0.050	0.030
	朝阳	子陵铺镇	0.88	17.5	11.4	0.030	0.020
	金山	子陵铺镇	1.87	75.0	61.4	0.140	0.070
	文堰	子陵铺镇	0.22	16.5	11.0	0.030	0.025
	张小冲	牌楼镇	0.25	13.0	10.0	0.090	0.030
	姚金	牌楼镇	0.81	25.4	15.9	0.070	0.050
	杨冲	牌楼镇	0.98	92.3	68.3	0.110	0.070
	林场	牌楼镇	0.25	12.1	9.6	0.080	0.040
	矮山	牌楼镇	1.50	68.0	38.0	0.100	0.060
	余干冲	牌楼镇	0.69	25.6	15.0	0.025	0.020
	陈冲	牌楼镇	0.24	25.4	12.8	0.060	0.040
	贺冲	牌楼镇	0.38	28.8	16.6	0.045	0.050
	何港	牌楼镇	0.34	24.0	17.0	0.150	0.060
	立新	牌楼镇	0.47	33.4	26.2	0.080	0.010
	石井	牌楼镇	0.27	25.4	14.3	0.080	0.010
	新堰	漳河镇	1.20	42.0	26.5	0.102	0.040
	龙冲	漳河镇	0.80	57.0	37.0	0.040	0.030

续表

行政区	水库名称	所在乡镇	流域面积（km²）	库容（万 m³）		灌溉面积（万亩）	
				总库容	兴利库容	设计	实际
东宝区	朱湾	漳河镇	0.50	17.7	12.0	0.150	0.018
	新风	漳河镇	0.80	29.6	16.4	0.069	0.030
掇刀区	刘咀	漳河镇	0.50	20.9	13.8	0.076	0.015
	凉水井	漳河镇	0.78	63.0	40.2	0.065	0.020
	龟山	漳河镇	0.95	22.3	18.1	0.150	0.150
	泉洼	漳河镇	0.73	45.0	16.5	0.146	0.100
	新集	漳河镇	1.80	80.0	54.9	0.238	0.150
	蒋冲	泉口街办	0.45	23.0	18.0	0.070	0.040
	金泉	泉口街办	1.13	94.0	77.6	0.120	0.050
	太平	泉口街办	3.90	27.0	17.0	0.050	0.030
	朝阳	泉口街办	0.88	17.5	11.4	0.030	0.020
	金山	泉口街办	1.87	75.0	61.0	0.140	0.070
	20		23.47	841.10	534.50	2.17	1.61
	黄垱	掇刀石	0.30	22.5	10.0	0.045	0.045
	迎春	掇刀石	1.62	59.0	45.0	0.100	0.090
	腰垱	掇刀石	1.64	14.0	10.4	0.048	0.048
	龙王沟	掇刀石	0.34	22.9	15.0	0.055	0.055
	赵冲	掇刀石	1.90	50.0	40.0	0.300	0.300
	杨荷	团林铺镇	1.51	38.5	18.5	0.085	0.030
	庙堰	团林铺镇	2.20	97.8	66.4	0.130	0.065
	黄土堰	团林铺镇	1.00	81.9	49.2	0.085	0.080
	六咀	团林铺镇	1.14	23.7	7.2	0.070	0.050
	李湾	团林铺镇	0.53	24.6	17.2	0.072	0.072
	陈坡	团林铺镇	0.55	26.0	20.0	0.045	0.015
	群立	团林铺镇	1.66	28.6	16.8	0.150	0.080
	女贞	团林铺镇	1.14	49.0	34.2	0.226	0.120
	官冲	团林铺镇	—	97.0	63.0	—	—
	龟山	团林铺镇	0.95	22.3	18.1	0.150	0.150
	泉湾	团林铺镇	0.73	45.0	16.5	0.146	0.100
	新集	团林铺镇	1.80	80.0	54.9	0.238	0.150
	施冲	麻城镇	2.58	22.8	9.3	0.060	0.050
	团结	麻城镇	0.84	14.0	10.1	0.060	0.060
	乱泥冲	麻城镇	1.04	21.5	12.7	0.100	0.050

续表

行政区	水库名称	所在乡镇	流域面积（km^2）	库容（万 m^3）		灌溉面积（万亩）	
				总库容	兴利库容	设计	实际
沙洋县	32		21.49	1290.20	847.37	4.83	3.70
	施冲	五里铺镇	2.19	57.6	33.0	0.270	0.100
	友爱	五里铺镇	3.40	95.0	63.0	0.180	0.153
	女贞	五里铺镇	1.14	61.7	34.0	0.226	0.120
	王府堰	高阳镇	0.26	21.5	12.5	0.070	0.050
	刘庙	高阳镇	0.54	45.5	24.7	0.200	0.100
	刘坡	高阳镇	0.25	21.3	13.3	0.120	0.120
	沙山	高阳镇	0.30	14.0	6.8	0.130	0.130
	龙堰	高阳镇	0.37	22.0	9.7	0.240	0.110
	保险	高阳镇	0.36	49.0	26.0	0.120	0.120
	石堰	高阳镇	0.45	18.0	8.5	0.060	0.060
	同兴	官垱镇	0.98	26.0	12.5	0.15	0.080
	黄金	官垱镇	0.39	34.1	21.0	0.080	0.030
	小庙	官垱镇	0.34	10.0	9.5	0.100	0.080
	王坪	官垱镇	—	90.0	62.5	0.150	0.150
	张庙	官垱镇	—	45.0	31.3	0.120	0.120
	官场	官垱镇	—	50.0	34.7	0.100	0.100
	熊坪	官垱镇	—	50.0	39.7	0.120	0.120
	周荡	沈集镇	1.00	85.0	44.0	0.200	0.100
	花子垱	沈集镇	1.65	59.0	32.0	0.390	0.200
	章子堰	沈集镇	0.42	24.0	18.2	0.200	0.080
	腊大堰	沈集镇	0.60	25.0	16.2	0.100	0.050
	叶堰	沈集镇	0.40	21.0	14.3	0.100	0.050
	漂堰	曾集镇	0.75	50.0	35.0	0.150	0.050
	张池	曾集镇	0.40	50.0	35.0	0.100	0.050
	朱堰	曾集镇	0.71	20.0	11.0	0.050	0.040
	肖堰	曾集镇	0.31	12.0	6.0	0.050	0.030
	群羊	曾集镇	0.50	40.0	31.3	0.200	0.070
	沈堰	曾集镇	0.50	32.0	27.1	0.210	0.210
	草堰	曾集镇	0.40	23.0	16.9	0.150	0.150
	洪堰	曾集镇	0.52	26.0	24.0	0.050	0.050
	无背	曾集镇	0.30	32.0	27.8	0.080	0.080
	许堰	曾集镇	1.31	70.0	59.4	0.300	0.300
	联合	毛李镇	0.75	10.5	6.5	0.060	0.450

续表

行政区	水库名称	所在乡镇	流域面积（km^2）	库容（万 m^3）		灌溉面积（万亩）	
				总库容	兴利库容	设计	实际
钟祥市	52		104.99	2263.9	1062.36	4.69	4.00
	擂打包	胡集镇	1.18	58.50	44.56	0.30	0.20
	大峪口	胡集镇	7.80	26.8	1.6	0.07	0.07
	格子山	胡集镇	1.20	98.8	35.0	0.30	0.30
	邱桥	胡集镇	1.10	40.4	24.0	0.08	0.07
	熊湾	胡集镇	1.00	16.9	9.2	0.05	0.04
	长冲	胡集镇	1.10	34.4	6.7	0.06	0.05
	瓦屋湾	胡集镇	1.30	35.3	11.3	0.05	0.05
	胡叶坡	胡集镇	1.80	52.5	20.0	0.10	0.08
	獾子洞	胡集镇	3.40	56.6	17.9	0.03	0.04
	陈谷湾	胡集镇	2.20	50.0	23.5	0.24	0.30
	桥垱	胡集镇	2.50	46.6	4.3	0.05	0.30
	魏榨	胡集镇	2.30	83.0	40.8	0.08	0.06
	沙子岭	胡集镇	0.90	11.9	3.4	0.04	0.03
	钟冲	胡集镇	1.50	17.2	12.3	0.02	0.02
	蒋冲	胡集镇	0.94	14.4	0.4	0.09	0.02
	杨店	胡集镇	2.40	31.5	11.5	0.03	0.03
	丁冲	胡集镇	0.80	34.8	16.6	0.08	0.05
	肖湾	胡集镇	2.00	30.8	14.5	0.08	0.07
	李岗	胡集镇	1.00	54.0	33.0	0.08	0.06
	苏庙	胡集镇	1.20	37.4	20.5	0.08	0.04
	小石桥	胡集镇	2.30	26.8	2.6	0.08	0.04
	黄土坡	胡集镇	3.30	41.0	12.0	0.10	0.08
	石牛山	胡集镇	2.70	46.8	19.2	0.15	0.10
	杨树井	胡集镇	3.60	62.0	11.6	0.04	0.30
	陶冲	胡集镇	1.50	25.3	2.0	0.05	0.03
	大洼子	胡集镇	2.60	58.3	5.5	0.09	0.08
	姚湾	胡集镇	0.80	24.5	6.1	0.08	0.08

续表

行政区	水库名称	所在乡镇	流域面积（km^2）	库容（万 m^3）		灌溉面积（万亩）	
				总库容	兴利库容	设计	实际
钟祥市	灯塔	胡集镇	1.80	49.2	27.5	0.12	0.10
	窑堰	胡集镇	0.90	25.0	9.6	0.05	0.05
	石岗	胡集镇	1.40	50.2	26.2	0.60	0.05
	南泉	胡集镇	1.80	31.5	10.0	0.07	0.07
	小寺驿	胡集镇	2.00	60.0	38.0	0.08	0.01
	袁冲	磷矿镇	4.00	39.2	21.8	0.080	0.080
	南泉	磷矿镇	4.75	40.4	20.0	0.080	0.080
	贺湾	磷矿镇	2.00	34.4	17.8	0.040	0.040
	鹞子淌	磷矿镇	3.00	69	28.6	0.080	0.070
	草堰撇	双河镇	1.20	57.6	41.6	0.050	0.050
	阮洼子	双河镇	0.77	51.4	40.0	0.040	0.040
	项子冲	双河镇	0.65	27.5	12.5	0.030	0.030
	扬冲	双河镇	0.98	52.4	24.8	0.050	0.050
	塔冲	双河镇	0.80	33.3	20.5	0.070	0.070
	石庙	双河镇	0.60	62.9	39.6	0.080	0.080
	老虎洞	双河镇	0.40	26.8	18.5	0.070	0.070
	全心	双河镇	0.94	31.4	22.2	0.050	0.050
	邓子冲	双河镇	2.36	27.5	15.4	0.060	0.060
	红石沟	双河镇	0.50	39.4	30.3	0.020	0.020
	鄢家冲	双河镇	0.50	36.4	29.1	0.080	0.080
	姜冲	双河镇	1.20	21.2	9.8	0.080	0.080
	双龙	双河镇	0.60	27.6	17.8	0.030	0.030
	胡明	冷水镇	3.80	72.3	30.0	0.070	0.050
	郭刘	冷水镇	11.00	65.4	40.9	0.110	0.070
	官垱	冷水镇	2.62	115.4	59.8	0.100	0.030

续表

行政区	水库名称	所在乡镇	流域面积（km²）	库容（万 m³）		灌溉面积（万亩）	
				总库容	兴利库容	设计	实际
荆州区	15		18.02	791.40	404.76	4.19	3.43
	岳湾	八岭山镇	2.04	78.4	37.36	0.300	0.250
	民主	八岭山镇	0.74	18.7	8.0	0.067	0.020
	仙南	八岭山镇	0.98	82.5	52.2	0.110	0.110
	新北	八岭山镇	1.83	78.2	43.3	0.305	0.305
	殷家湾	马山镇	1.30	47.6	23.1	0.620	0.450
	付家冲	马山镇	3.03	92.4	33.2	0.620	0.350
	安碑	马山镇	0.76	40.0	25.5	0.270	0.270
	柳别堰	川店镇	0.94	73.5	53.2	0.220	0.160
	九口堰	川店镇	2.63	89.3	36.6	0.340	0.340
	玉兰	川店镇	1.76	34.4	13.7	0.255	0.255
	燕窝池	川店镇	—	34.90	9.1	0.255	0.087
	幸福堰	川店镇	0.30	16.1	12.7	0.250	0.045
	杨家湾	川店镇	0.41	23.2	13.5	0.250	0.500
	赵家坡	川店镇	0.35	21.3	12.6	0.100	0.150
	张家土地	川店镇	0.95	60.9	30.7	0.230	0.140
当阳市	10		13.24	526.50	299.50	0.91	0.81
	曹家大堰	淯溪镇	2.11	60.8	25.9	0.120	0.050
	杨冲	淯溪镇	1.20	43.1	31.6	0.030	0.030
	东升	淯溪镇	1.40	91.9	41.0	0.240	0.014
	谭冲	淯溪镇	1.40	44.2	30.2	0.080	0.020
	罗冲	河溶镇	2.31	80.1	47.5	0.080	0.250
	韩冲	河溶镇	0.60	32.4	27.6	0.060	0.020
	党校	河溶镇	0.18	13.7	3.1	—	—
	七三	河溶镇	1.00	22.0	12.4	0.120	0.090
	二五	河溶镇	1.54	97.5	66.3	0.020	0.220
	三八	河溶镇	1.50	40.8	13.9	0.160	0.120

附表 11－10　　现状年灌区各计算单元供水量统计表

行政区	地表水供水量（万 m³）								地下水（万 m³）	合计
	蓄水工程						提水工程	引水工程		
	漳河水库	太湖港水库	中型水库	小（一）型水库	小（二）型水库	塘堰				
东宝区	28808.5	—	1241.0	1440.0	400.0	3329.8	236.2	935.7	18.0	67762.4
掇刀区		—	976.0	482.0	150.0	1853.2	383.6	310.9	360.0	
沙洋县		—	4343.0	891.0	315.0	2239.4	5949.2	979.0	306.4	
钟祥市		—	2418.0	1883.6	874.8	3056.0	3494.2	79.4	8.5	
荆州区	2225.3	7790.9	378.0	719.4	448.3	375.7	1700.9	—	—	13638.6
当阳市	1792.2	—	879.6	1345.7	187	373.2	3760.9	—	—	8338.6
合计	32826	7790.9	10235.6	6761.7	2375.1	11227.3	15525.0	2305	692.9	89739.5

第12章 灌区社会经济用水

12.1 灌区现状年用水量

用水量指分配给用户的包括输水损失在内的毛用水量，主要包括农业用水量、工业用水量、生活用水量以及水力发电、冲淤、维持生态环境等的用水量。农业用水中农田灌溉是主要的用水大户。生活用水分城镇生活用水和农村生活用水；其中城镇生活用水包括居民住宅用水和公共设施用水，农村生活用水包括农村居民用水和牲畜用水。

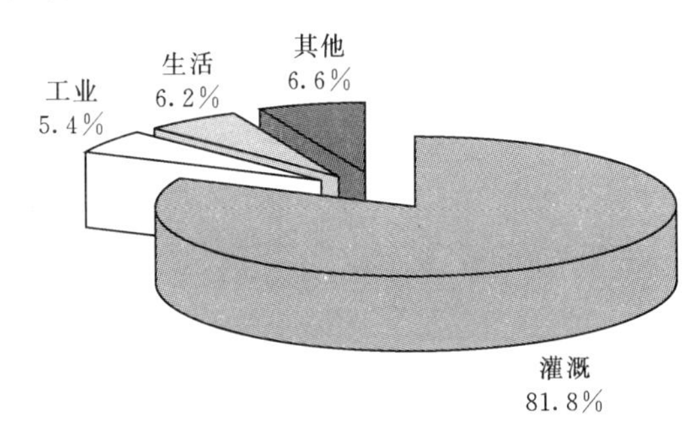

图 12-1 现状年漳河灌区各项用水量所占比例

据统计，2005 年灌区总用水量为 8.97 亿 m^3，其中农业灌溉用水量 7.34 亿 m^3，占用水总量的 81.8%；工业用水量 0.48 亿 m^3，占用水总量的 5.4%；生活用水 0.56 亿 m^3，占用水总量的 6.2%；其他用水量 0.59 亿 m^3，占用水总量的 6.6%。2005 年全国生活用水占 12.0%，工业用水占 22.8%，农业用水占 63.6%，灌区农业是主要的用水部门，农业用水比重比 2005 年全国平均值高 20 个百分点，工业用水比重则比全国平均值低 18 个百分点，生活用水量所占比重也比全国平均水平低 5 个百分点，具体见图 12-1 和表12-1。

表 12-1 现状年漳河灌区用水组成

项目	灌溉	工业	生活	其他	合计
用水量（亿 m^3）	7.34	0.48	0.56	0.59	8.97

在各行政区中，荆门市用水总量 6.78 亿 m^3，占整个灌区的 75.6%，其中农业、工业、生活、其他分别为 5.54 亿 m^3、0.45 亿 m^3、0.30 亿 m^3、0.49 亿 m^3；荆州区用水总量为 1.36 亿 m^3，占整个灌区的 15.2%；当阳市用水总量为 0.83 亿 m^3，占整个灌区的 9.2%，具体统计见图 12-2 和表 12-2。

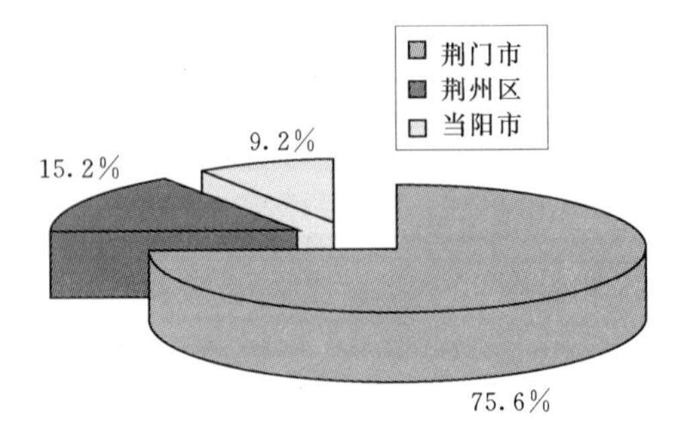

图 12-2 灌区各行政单元用水比例图

对于漳河水库生活用水量资料来源，是采

表 12-2　现状年分行政区用水量统计　单位：亿 m^3

行政区	农业	工业	生活	其他	合计
荆门市	5.54	0.45	0.30	0.49	6.78
荆州区	0.99	0.02	0.25	0.10	1.36
当阳市	0.81	0.01	0.01	0	0.83
合计	7.34	0.48	0.56	0.59	8.97

用水库水量平衡计算的数据，即生活用水为直接从水库中取水用于居民生活的水量。工业用水指工矿企业在生产过程中，用于制造、加工、冷却、净化、洗涤等生产用水和厂区内生活用水，指取用的新水量，不包括企业内部的重复利用水量。漳河灌区工业用水量为直接从水库中取水用于工业生产的水量。

2005 年漳河灌区工业用水总量 0.48 亿 m^3，其中利用漳河水库的工业用水 0.39 亿 m^3，占总用水量的 81.25%。灌区工业主要用水行业包括：荆门石化总厂、荆门市热电厂、荆门市宏图机械厂、洋丰佳源分公司、中天荆化公司。其用水量以及所占工业用水总量的比例详见表 12-3。

表 12-3　现状年分行业主要工业用水调查

行业	荆门市石化总厂	荆门市热电厂	荆门市宏图机械厂	洋丰家源分公司	中天荆化公司
用水量（亿 m^3）	0.142	0.146	0.009	0.023	0.014
所占比例（%）	42.5	43.7	2.7	6.9	4.2

2005 年灌区具有取用地下水许可的单位 111 处，主要分布在荆门市区和沙洋县，地下水总开采量 692.9 万 m^3，工业生产利用地下水量 535 万 m^3，占地下水用水总量的 77.2%，生活用水 157.9 万 m^3，占地下水用水总量的 22.8%，具体统计详见附表 12-1。

灌区设计灌溉面积为 260.5 万亩，其中水田 213.5 万亩，旱田 47.0 万亩，灌溉保证率为 75%，设计引用水流量为 132.5m^3/s。2005 年灌区农田有效灌溉面积 182.60 万亩，旱涝保收面积 140.0 万亩，机电排灌面积 118.5 万亩。漳河水库实际灌溉面积 83.6 万亩，占有效灌溉面积的 45.7%。2005 年灌区农业用水总量为 7.34 亿 m^3，其中漳河水库灌溉水量为 2.14 亿 m^3，太湖港水库 0.53 亿 m^3，中小型水利设施和引提水 6.08 亿 m^3。由于灌区面积大、作物种植结构复杂，渠道级别多，且渠线长，灌溉水利用率不是很高。

通过上述分析计算可以看出，无论是在农业灌溉、工业用水还是生活用水方面，漳河水库对灌区用水都起到了举足轻重的作用。

12.2　引用漳河水库的用水量变化分析

1963—2005 年，漳河水库农业灌溉用水量呈先增加后减少的趋势，用水量最多的年份是1971年的8.59亿m^3，最少年份是2002年的0.14亿m^3。截止到2005年，灌区农业灌溉累计利用漳河水库水量160.77亿m^3，年平均灌溉用水量3.74亿m^3。在其他行业的用水量统计中，自1973年水库发电开始，水库的水力发电行业用水量增加较快，呈逐年增加的趋势，既说明了水库水电行业的蓬勃发展，为灌区的工业和生活提供了足够的电力能源，同时也使得水库的发电用水量迅速增多，详见图12-3。农业灌溉用水量的减少，其原因主要有三方面：一是在1980年前，农业用水较多的原因是乱放水，几乎谈不上用水管理，是无节制的用水，1980年后，采取按田配水、计量收费政策，灌溉水才逐步遏制下来；二是渠系工程老化且不配套、末级渠系逐步消失、种植结构改变；三是灌区灌溉节水技术的发展和节水管理措施的加强。

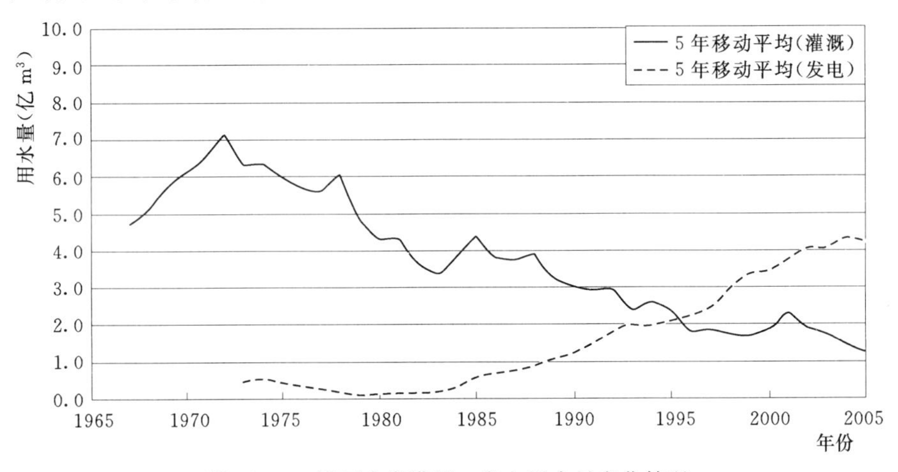

图12-3　漳河水库灌溉、发电用水量变化情况

工业和生活用水量增长速度相对发电用水而言比较缓慢，1990年以前工业用水量的增长较快，而后一阶段工业用水量增长较为平缓，变化不大。近年来，灌区的工业产值在逐年增加，这说明了灌区的工业正在向着节水型工业的方向发展，符合现代化工业的发展要求。生活用水量增长平缓，是因为灌区人口增长率得到了控制，以及灌区的城镇生活节水措施和理念得到了广泛的普及与推广，水库用水量变化见图12-4和附表12-2。总之，

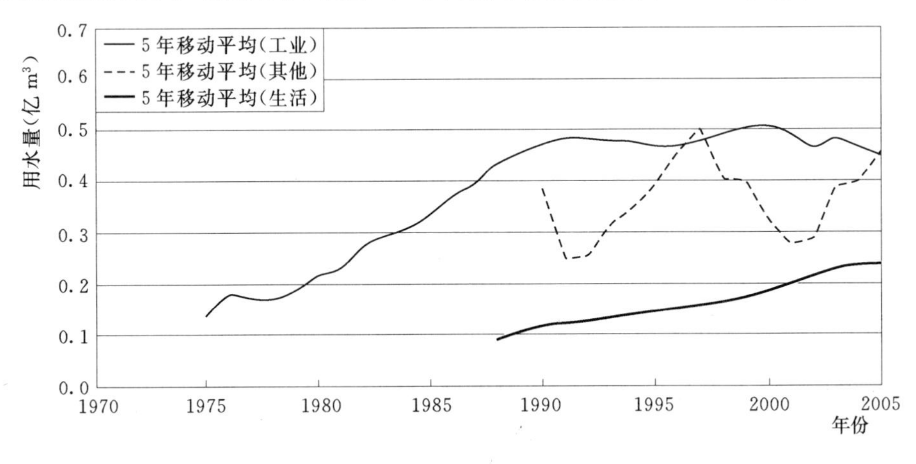

图12-4　漳河水库工业、生活和其他用水量变化情况

灌区各部门的用水发展趋势，充分说明了灌区的经济正在健康发展，同时也说明灌区正在向全面节水型社会的方向转变。

在灌区用水量不断变化的同时，漳河水库的用水组成也在不断的发生变化。1980—2005年，农业灌溉用水量占总用水的比重由72.58%下降到37.08%；工业用水量占总用水的比重自1985年以来变化不大；从1990年到2005年，生活用水量占总用水的比重由原来的2.01%增加到4.22%；而对于发电用水而言其变化比较大，由1980年的14.03%增加到现状年情况下的43.24%。具体结果见表12-4和图12-5。

表12-4　漳河水库各项用水量结构变化

年　份	灌溉（%）	发电（%）	工业（%）	生活（%）	其他（%）
1980	72.58	14.03	13.39	—	—
1985	66.00	27.46	6.54	—	—
1990	47.65	36.39	7.96	2.01	5.99
1995	32.81	46.85	7.58	2.79	9.99
2000	43.85	42.80	6.81	3.50	3.04
2005	37.08	43.24	6.88	4.22	8.58

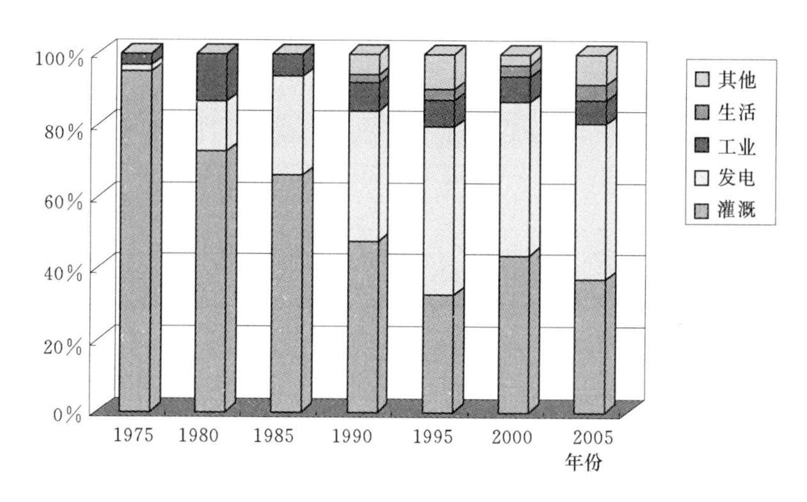

图12-5　漳河水库供水量组成变化柱状堆积图

12.3 引用太湖港水库的用水量变化

根据1959—2005年统计资料显示，太湖港水库自1959年进行农业灌溉以来累计灌溉水量25.24亿m^3，年平均灌溉水量0.53亿m^3，其中1978年农业灌溉用水量最大2.53亿m^3，水库灌溉用水量的增长主要集中在1980年以前，年均增长率达6%，而随后农业灌溉用水量呈现出逐年减少的趋势，太湖港水库其他各项用水量的变化情况与农业灌溉用水量的变化趋势比较相似。水库历年为灌区提供的工业生活用水量较小，不过变化趋势比较有规律，线性比例关系较好，自1980年开始用水以来，呈逐年增长的趋势，年均增长率1.4%。具体结果见附表12-3和图12-6。

太湖港水库的用水组成也在不断地发生变化。从1959年的以灌溉和其他用水为主，

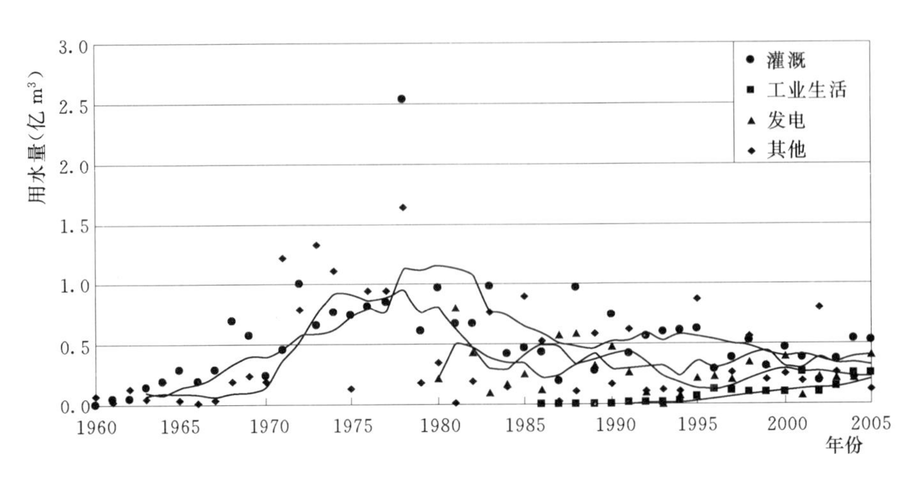

图 12-6　太湖港水库各项用水量变化情况

到 2005 年的灌溉、工业生活、发电和其他用水共同组成的复合型水利工程，根据 1985—2005 年资料可知，农业灌溉用水量占总用水的比重由 29.01%上升到 40.46%；工业生活用水量占总用水的比重由 0%增加到 19.11%；发电用水由 15.43%上升 30.85%；其他用水量由 55.56%下降到 9.58%。具体结果见表 12-5 和图 12-7。

表 12-5　　太湖港水库历年来用水量结构调查表

年　份	灌溉水量（%）	工业生活（%）	发电（%）	其他（%）
1985	29.01	0.00	15.43	55.56
1990	53.24	0.28	34.53	11.95
1995	34.84	3.57	12.13	49.46
2000	38.47	8.03	32.93	20.57
2005	40.46	19.11	30.85	9.58

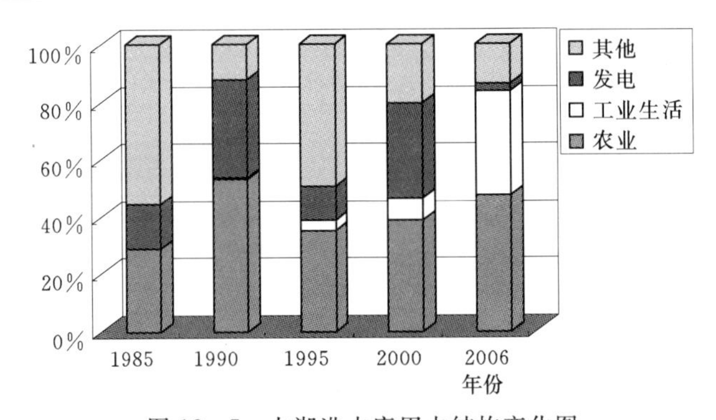

图 12-7　太湖港水库用水结构变化图

12.4　灌区用水组成的变化

在整个灌区用水量不断变化的同时，用水组成也在不断变化。1990—2005 年，生活用水占总用水的比重由 2.1 %增加到 9.8%；工业用水占总用水的比重由 1995 年的 6.5%

增加到2005年的8.4%；农业用水占总用水的比重变化基本上呈现出减少的趋势，不过农田灌溉始终都是灌区的用水大户，具体见表12－6。与全国相比，灌区工业用水比重小且增加缓慢。

表12－6　　灌区用水结构的变化

年　份	工业（%）	农业（%）	生活（%）	合计（%）
1990	7.3	90.6	2.1	100.0
1995	6.5	90.2	3.3	100.0
2000	7.4	87.2	5.4	100.0
2005	8.4	81.8	9.8	100.0

12.5 用水消耗量分析

用水消耗量（简称耗水量）是指毛用水量在输水、用水过程中，通过蒸腾蒸发、土壤吸收、产品带走、居民和牲畜饮用等多种途径消耗掉而不能回归到地表水体或地下含水层的水量。耗水量主要包括农田灌溉耗水量、工业耗水量、生活耗水量和其他用户耗水量。耗水率为耗水量与用水量之比，是反映一个地区用水水平的重要特征指标。

根据荆门市2005年水资源公报和2005年湖北省水利厅发布的水资源情况，可知灌区的耗水率分别是工业耗水率29.0%，农业耗水率56.9%，生活耗水率则分行政区统计，荆门市、荆州区和当阳市的生活耗水率分别为55.2%、61.2%、61.2%。

2005年漳河水库灌区用水消耗总量5.44亿m^3，综合耗水率为51.7%，其中生活耗水量0.325亿m^3，占用水消耗总量的6.0%；工业耗水量0.14亿m^3，占用水消耗总量的2.6%；农业耗水量4.979亿m^3，占用水消耗总量的91.5%。各类用户的用水特性和用水方式不同，其耗水率差别较大。2005年全国平均农业耗水率为62.0%，工业耗水率22.0%，生活耗水率29.0%，综合耗水率53.0%，灌区用水消耗量详见表12－7。

表12－7　　2005年灌区用水消耗量

行政区	用水消耗量（亿m^3）			合计	综合耗水率（%）
	工业	农业	生活		
荆门市	0.131	3.619	0.166	3.92	51.51
荆州区	0.006	0.745	0.153	0.90	53.82
当阳市	0.003	0.615	0.006	0.62	56.69
合计	0.140	4.979	0.325	5.44	51.74

附表

附表12－1　　现状年灌区地下水用水量统计表

序号	行政区	取　水　单　位	取水地点	取水类别	年实际取水量（万m^3）
合计		111			692.90
一	掇刀区	1			360.00
1		荆门市地中海矿泉水饮料公司	公司大门口	工业生产	360.00

续表

序号	行政区	取水单位	取水地点	取水类别	年实际取水量（万 m^3）
二	东宝区	9			18.00
1		子陵院村深井泵站	罗院村八组	生活	4.00
2		子陵职业高中	校园内	生活	3.00
3		盐池卫生院	盐池街西	生活	1.00
4		盐池第二初级中学	二中校园内	生活	3.00
5		荆门市水稻原种场	院内	生活	1.00
6		仙居水泥厂	院内	生活	1.00
7		仙居中学	院内	生活	1.00
8		仙居许集中心小学	院内	生活	1.00
9		湖北省五七矿	栗溪镇大泉	生活	3.00
三	沙洋县	95			306.44
1		江汉石油仪表厂	院内	工业生产	40.00
2		江汉石油仪表厂	院内	工业生产	40.00
3		沙洋金源麦芽有限责任公司	院内	工业生产	30.00
4		湖北省玉雅纸业有限责任公司	院内	工业生产	50.00
5		郑敏个体加油站	拾桥	工业生产	3.00
6		张永琴个体加水站	拾桥	工业生产	2.00
7		湖北巨星粮油有限公司	院内	工业生产	10.00
8		沙洋县液化气公司	院内	生活	1.30
9		沙洋供电局变电站	院内	生活	2.00
10		李市镇李市中学	院内	生活	5.40
11		李市镇自来水厂	院内	生活	15.00
12		李市邓州棉花收购加工厂	院内	生活	0.80
13		李市新城棉花收购加工厂	院内	生活	2.52
14		高阳粮食收储公司倒当港粮站	院内	生活	1.00
15		高阳粮食收储公司南海粮站	院内	生活	1.00
16		高阳粮食收储公司吴集粮站	院内	生活	1.00
17		高阳粮食收储公司高阳粮站	院内	生活	1.00
18		高阳粮食收储公司刘巷粮站	院内	生活	1.00
19		高阳粮食收储公司贺集粮站	院内	生活	1.00
20		高阳粮食收储公司	院内	生活	1.00
21		高阳镇自来水厂	院内	生活	6.00
22		高阳中学	院内	生活	1.80
23		沈集粮食收储公司罗集粮站	院内	生活	1.00

续表

序号	行政区	取 水 单 位	取水地点	取水类别	年实际取水量（万 m^3）
24		沈集粮食收储公司王田粮站	院内	生活	1.00
25		沈集粮食收储公司马集粮站	院内	生活	1.00
26		沈集粮食收储公司雨林粮站	院内	生活	1.00
27		沈集粮食收储公司双庙粮站	院内	生活	1.00
28		官当自来水厂	院内	生活	6.00
29		官当粮食收储公司高桥粮站	院内	生活	1.00
30		官当粮食收储公司马坪粮站	院内	生活	1.00
31		官当粮食收储公司大文粮站	院内	生活	1.00
32		官当粮食收储公司双冢粮站	院内	生活	1.00
33		沙洋县官当中学	院内	生活	2.00
34		毛李粮食收储公司瞄集粮站	院内	生活	1.00
35		毛李粮食收储公司鲁店粮站	院内	生活	1.00
36		毛李粮食收储公司高兴粮站	院内	生活	1.00
37		毛李粮食收储公司蝴蝶粮站	院内	生活	1.00
38		毛李粮食收储公司易乔粮站	院内	生活	1.00
39		毛李粮食收储公司青龙粮站	院内	生活	1.00
40		毛李鲁店中学	院内	生活	0.40
41		沙洋县毛李中学	院内	生活	2.00
42		毛李镇郭山泵站	长湖	生活	0.60
43		后港镇蛟尾自来水厂	院内	生活	10.00
44		蛟尾粮食收储公司乔姆粮站	院内	生活	0.20
45		蛟尾粮食收储公司徐店粮站	院内	生活	0.20
46		蛟尾粮食收储公司南站	院内	生活	0.20
47		蛟尾粮食收储公司三咀粮站	院内	生活	0.20
48		后港粮食收储公司广坪粮站	院内	生活	0.50
49		后港粮食收储公司朱店粮站	院内	生活	0.50
50		后港粮食收储公司朱店粮站	院内	生活	0.50
51		后港粮食收储公司龙当粮站	院内	生活	0.50
52		后港粮食加工厂	院内	生活	0.50
53		后港水产养殖厂	院内	生活	1.00
54		湖北荆玻集团	院内	生活	6.60
55		后港电管站	院内	生活	0.30
56		拾桥粮食收储公司丁岗粮站	院内	生活	0.30
57		拾桥粮食收储公司五八粮站	院内	生活	0.30

续表

序号	行政区	取　水　单　位	取水地点	取水类别	年实际取水量（万 m^3）
58		拾桥粮食收储公司马新粮站	院内	生活	0.30
59		拾桥粮食收储公司七里粮站	院内	生活	0.30
60		拾桥粮食收储公司王巷粮站	院内	生活	0.30
61		拾桥粮食收储公司刘店粮站	院内	生活	0.30
62		拾桥粮食收储公司老山粮站	院内	生活	0.30
63		拾桥电灌站	院内	生活	0.30
64		拾桥镇水利站	院内	生活	0.80
65		拾桥镇杨场中学	院内	生活	0.20
66		拾桥供销社五八分店	院内	生活	0.40
67		拾桥供销社丁岗分店	院内	生活	0.40
68		拾桥供销社老山分店	院内	生活	0.40
69		拾桥变电站	院内	生活	1.00
70		十里粮食收储公司彭场粮站	院内	生活	0.50
71		十里粮食收储公司林场粮站	院内	生活	0.50
72		十里粮食收储公司新桥粮站	院内	生活	0.50
73		荆门市国营彭场林场	湖泊	生活	1.00
74		湖北天发集团十里加油站	院内	生活	2.00
75		纪山粮食收储公司左溪粮站	院内	生活	0.20
76		纪山粮食收储公司付场粮站	院内	生活	0.20
77		纪山粮食收储公司岳山粮站	院内	生活	0.20
78		纪山粮食收储公司纪山粮站	院内	生活	0.20
79		沙洋县纪山中学	院内	生活	0.40
80		五里粮食收储公司刘集粮站	院内	生活	0.80
81		五里粮食收储公司杨集粮站	院内	生活	0.80
82		五里粮食收储公司北站	院内	生活	0.80
83		五里镇杨集中学	院内	生活	3.00
84		五里镇刘集小学	院内	生活	0.72
85		五里高中	院内	生活	2.00
86		五里高中	院内	生活	2.00
87		五里高中	院内	生活	2.00
88		五里高中	院内	生活	2.00
89		五里镇技术推广站	院内	生活	1.00
90		曾集自来水厂	院内	生活	10.00
91		曾集粮食收储公司许岗粮站	院内	生活	1.00

续表

序号	行政区	取 水 单 位	取水地点	取水类别	年实际取水量（万 m³）
92		曾集粮食收储公司同水粮站	院内	生活	1.00
93		曾集粮食收储公司烟庙粮站	院内	生活	1.00
94		曾集粮食收储公司栋树粮站	院内	生活	1.00
95		荆门石化第三加油站	院内	生活	2.00
四	钟祥市	6			8.46
1		钟祥市场开发中心胡集站	站内	生活	2.00
2		湖北 303 库	胡集平堰	生活	1.00
3		湖北 303 库	胡集刘湾	生活	1.20
4		康桥湖旱粮场	石牌	生活	3.00
5		湖北襄荆高速公路公司	胡集收费站	生活	0.18
6		石牌卫生院	院内	生活	1.08

附表 12-2　漳河水库历年各项用水量统计　单位：亿 m³

用　水	灌　溉	发　电	工　业	生　活	其　他
1964	4.40				
1965	4.14				
1966	6.54				
1967	3.02				
1968	7.09				
1969	7.93				
1970	6.05				
1971	8.59				
1972	6.12				
1973	2.87	0.47			
1974	8.09	0.65			
1975	4.19	0.08	0.14		
1976	7.27	0.07	0.22		
1977	5.53	0.01	0.16		
1978	5.14	0.19	0.15		
1979	2.04	0.10	0.27		
1980	1.54	0.30	0.28		
1981	7.42	0.13	0.28		
1982	2.02	0.08	0.37		
1983	3.68	0.28	0.28		

续表

用 水	灌 溉	发 电	工 业	生 活	其 他
1984	4.55	0.77	0.33		
1985	4.20	1.75	0.42		
1986	4.57	0.52	0.45		
1987	1.61	0.42	0.51		
1988	4.64	0.93	0.48	0.09	
1989	1.23	1.95	0.41	0.12	
1990	3.06	2.34	0.51	0.13	0.38
1991	4.02	1.93	0.51	0.15	0.11
1992	1.96	1.92	0.49	0.13	0.26
1993	1.55	2.19	0.46	0.14	0.50
1994	2.47	1.58	0.41	0.15	0.48
1995	1.98	2.82	0.46	0.17	0.60
1996	1.07	2.59	0.50	0.16	0.44
1997	2.16	2.97	0.56	0.17	0.48
1998	1.13	4.83	0.51	0.17	0.00
1999	1.99	3.71	0.50	0.19	0.47
2000	3.03	2.96	0.47	0.24	0.21
2001	3.20	4.37	0.43	0.23	0.21
2002	0.14	4.45	0.40	0.23	0.53
2003	0.43	4.93	0.63	0.26	0.52
2004	0.43	4.93	0.40	0.23	0.52
2005	2.15	2.50	0.40	0.24	0.50

附表 12－3　　太湖港水库历年来用水量调查表　　单位：亿 m^3

年 份	灌 溉	工业生活	发 电	其 他
1960	0.00			0.07
1961	0.05			0.02
1962	0.05			0.14
1963	0.15			0.04
1964	0.19			0.19
1965	0.29			0.03
1966	0.19			0.01
1967	0.29			0.03
1968	0.69			0.19
1969	0.57			0.24
1970	0.24			0.19
1971	0.45			1.22

续表

年　份	灌　溉	工业生活	发　电	其　他
1972	1.00			0.79
1973	0.66			1.33
1974	0.77			1.11
1975	0.74			0.13
1976	0.81			0.94
1977	0.85			0.94
1978	2.53			1.64
1979	0.61			0.18
1980	0.97		0.22	0.35
1981	0.67		0.80	0.01
1982	0.67		0.43	0.19
1983	0.98		0.10	0.77
1984	0.42		0.17	0.14
1985	0.47		0.25	0.90
1986	0.43	0.00	0.12	0.53
1987	0.19	0.00	0.57	0.03
1988	0.97	0.00	0.58	0.11
1989	0.28	0.00	0.32	0.58
1990	0.74	0.00	0.48	0.17
1991	0.42	0.01	0.26	0.62
1992	0.57	0.01	0.10	0.11
1993	0.60	0.01	0.00	0.12
1994	0.61	0.02	0.07	0.11
1995	0.62	0.06	0.21	0.87
1996	0.29	0.12	0.22	0.30
1997	0.39	0.10	0.20	0.27
1998	0.53	0.10	0.34	0.56
1999	0.31	0.10	0.33	0.20
2000	0.47	0.10	0.40	0.25
2001	0.39	0.26	0.07	0.19
2002	0.19	0.09	0.23	0.80
2003	0.37	0.14	0.21	0.26
2004	0.54	0.25	0.21	0.21
2005	0.53	0.25	0.40	0.12

第13章　灌区现状年水质和污水排放

13.1　水质污染概况

根据蓄水、引水、提水和调水四类地表水源工程的水质监测资料及供水量，对漳河水库2005年供水进行水质评价，系统反映生活、工业及农业用水的供水水质。供水水质的评价标准采用《地表水环境质量标准》（GB 3838—2002）[23]。供水水质合格判断标准根据功能的使用要求设置，生活供水采用Ⅲ类标准，工业供水采用Ⅳ类标准，农业供水采用Ⅴ类标准，凡供水水质符合或优于所定标准的均视为合格。供水合格率指满足水质标准限值的供水量与供水总量的比值。

2005年灌区供水水源水质状况如下：汉江干流水质评价为Ⅱ类水体；竹皮河水质评价为Ⅴ类水体，水污染严重；漳河水库全年期水质评价为Ⅱ类水体，长湖为Ⅲ类水体，荆州区太湖港水库水质类别属Ⅲ类；漳河水库、长湖4—9月的营养状态指数分别为23.7和67.2，分别属于贫营养和中度富营养型。

漳河水库的水质监测点分别设于渠首闸和库心，2005年漳河水库两处监测点的水质类型均为Ⅱ类水，该水质类型均能满足生活、工业及农业用水的用水要求。漳河水库渠首闸2005年主要污染物是石油类、总氮、高锰酸盐指数，其污染分担率分别是27.61%、17.54%、16.42%，渠首闸出现超功能区划标准的项目有总氮、石油类、粪大肠菌群；漳河水库库心2005年高锰酸盐指数、石油类、总氮三项指标污染分担率分别为18.63%、17.65%、16.67%。详见附表13-1。

长湖超标项目有高锰酸盐指数、BOD_5、氨氮、总磷、总氮、石油类、粪大肠菌群，各项最大超标倍数分别为1.53倍（2005年）、2.11倍（2004年）、0.31倍（2005年）、7.72倍（2004年）、2.8倍（2005年）、5.52倍（2003年）、26倍（2005年）。长湖五年中主要污染物排在第一位的都是总磷，排在第二位的2001—2004年是石油类、2005年为总氮，排在第三位的2001年、2003年是高锰酸盐指数，2002年是总氮，2004—2005年是BOD_5；总磷、石油类和高锰酸盐指数在2001—2005年的污染负荷分别是57.94%、65.33%、69.69%、70.46%、51.47%。

灌区的地下水主要分布在三个地区：东南平原区、中部丘陵区和南部地区。灌区地下水除沙洋县马良镇、高阳镇、官垱镇等范围内铁离子含量较高不能饮用外，其余均达到饮用水标准。荆州区地下水一般无色、无味、透明，水温在16～20℃之间，pH值在7.1～8.2之间，属弱碱性。根据《地下水质量标准》（GB/T 14848—1993），总体而言，荆州区地下水水质处于相对稳定和较好的水平。铜、铅、镉、六价铬等金属污染物基本上未检出，DO、COD、Mn、BOD_5、NO_2-N、NO_3-N未超Ⅱ类标准，而太湖的NH_3-N有个别地段达Ⅳ类，甚至超Ⅴ类。

13.2 富营养水平分析

根据监测情况，漳河水库、长湖从2003年开始监测叶绿素a，因此营养状态只评价2003—2005年。其他湖、库因缺数据不作评价。2003—2005年监测结果统计见表13-1。湖、库水质营养状态评价结果见表13-2。

表13-1　　2003—2005年湖、库富营养状态指标监测结果统计表

水体名称	测点名称	年度	叶绿素a (mg/m^3)	总磷 (mg/L)	总氮 (mg/L)	透明度	COD_{Mn} (mg/L)
漳河水库	渠首闸	2003	0.33	0.006	0.34	3	2.70
		2004	0.24	0.005	0.35	3.8	2.23
		2005	0.32	0.005	0.47	3.5	2.62
	库心	2003	0.27	0.006	0.30	4.2	2.47
		2004	0.21	0.005	0.25	4	2.12
		2005	0.27	0.005	0.34	3.9	2.26
长湖	后港	2003	2.31	0.165	1.02	0.5	8.18
		2004	3.46	0.288	1.52	0.8	9.25
		2005	3.37	0.285	1.81	0.8	10.67

表13-2　　2003—2005年湖、库营养状态评价结果表

监测点位	年度	营养状态指数	营养状态级别
漳河水库渠首闸	2003	26.6	贫营养
	2004	23.0	贫营养
	2005	26.2	贫营养
漳河水库库心	2003	23.6	贫营养
	2004	20.8	贫营养
	2005	23.7	贫营养
长湖后港	2003	62.5	中度富营养
	2004	65.9	中度富营养
	2005	67.2	中度富营养

从表13-2可知，漳河水库属贫营养，年际间变化不明显；长湖属中度富营养，且有加重趋势。

13.3 工业污染源调查

工业污染源调查包括一般工业污染源调查、规模化和集约化养殖场污染源调查等。工业废水和污染物排放量是指一般工业的废水和污水排放量，集约化和规模化养殖场废污水

及污染物排放量。

根据调查评价成果，2005年灌区主要工业取用水量0.4亿m^3，主要排污企业25个，东宝区、掇刀区、沙洋县、钟祥市分别有9个、5个、5个、6个，分别占污染企业总数的36%、20%、20%、24%。排污主要行业包括民营企业、国有企业、集体企业、中外合资企业以及股份制企业，分别占排污企业总数的56%、16%、4%、8%、16%，见表13-3。主要排污去向包括汉江、竹皮河、新埠河、西荆河以及桥河，主要产品包括化肥、石化、水泥、医药、造纸、电力等，具体统计详见附表13-2。

表13-3　　灌区主要污染源调查表

序　号	行政区	处　数	工业产值（万元）	取水量或用水量（万m^3）
合计		25	57515.1	3669.6
一	沙洋县	5	22290.1	1101
二	钟祥市	6	35225	290
三	东宝区	9	—	2217.5
四	掇刀区	5	—	61.1

13.4　废污水及其污染物入河调查

废污水从污染源产生后一般通过管道进入河湖水体，在其流动过程中会有一部分由于蒸发渗漏等而不能进入河湖水体。因此，污染物的入河量与其排放量有一定的差别。入河排污口是指直接排入水功能区水域的排污口，直接进入水功能区的、污染严重的小支流，可按排污口处理。由排污口进入水功能区的废污水量和污染物量，统称为废污水入河量和污染物入河量。

2005年共监测调查了25个排污口，主要为汉江和长湖水系。入河排污口入河方式分为明渠、暗管、自流、潜没、漫滩等方式，对于漳河水库灌区而言，明渠和暗管是主要的入河方式，所占比例分别是56%和20%。入河排污口污水性质包括工业和混合两类，其比例分别为48%和52%。排放方式按连续排放和间歇排放两类统计，其中连续排放比例48%，间歇排放比例52%，具体统计结果详见表13-4。

2005年灌区设计废污水入河量为3203.1万m^3，实际废污水入河量为3899.9万m^3，其中以连续方式排放的废污水入河量3008.3万m^3，占总废污水入河量的77.1%；以间歇方式排放的废污水入河量891.6万m^3，占总废污水入河量的22.9%。

2005年灌区主要入河污染物包括COD、氨氮等，其中污染物COD入河量为28.9万t，氨氮入河量0.09万t，分别占总污染物入河量的99.7%和0.3%。其他入河污染物包括悬浮物、石油类、磷酸盐、挥发酚、总氰化物以及总砷，这些污染物所占污染物总量的比例较小，具体统计结果详见表13-5。

表 13-4　　主要入河排污口调查统计表　　单位：万 t/年

排污口名称	排污单位	所在		排入水体	排污口位置		污水入河方式	污水性质	设计排污水量	实际排污水量
		水系	行政区		经度	纬度				
沙洋西荆河	富泰革基布有限公司	长湖	沙洋	西荆河	112.5709	30.6038	暗管	工业废水	50	40
沙洋西荆河	秦江化工公司	长湖	沙洋	西荆河	112.5706	30.6035	明渠	工业废水	400	280
后港西湖	荆玻集团	长江	沙洋	长湖	112.4045	30.5073	明渠	工业废水	30	25
拾桥桥河	玉雅纸业	长江	沙洋	桥河	112.2749	30.5468	明渠	工业废水	60	50
姚集汉江	姚集油脂公司	长江	沙洋	汉江	112.5401	30.8945	明渠	工业废水	0.5	0.4
汉江入河口	荆襄磷化集团	长江	钟祥	汉江	112.5885	31.5869	暗管	混合	1985	1985
汉江入河口	湖北荆钟化工公司	长江	钟祥	汉江	112.4243	31.4609	暗管	混合	147.62	147.62
利河入河口	湖北鄂中化工公司	汉江	钟祥	利河	112.2767	31.3013	明渠	混合	16.3	16.3
利河入河口	鄂中楚兴化工公司	汉江	钟祥	利河	112.2801	31.3018	明渠	混合	176.46	176.46
利河入河口	湖北华毅化工公司	汉江	钟祥	利河	112.4241	31.467	明渠	混合	73.8	73.8
幸福河入河口	钟祥祥盛纸业公司	汉江	钟祥	幸福河	112.6059	31.1694	明渠	混合	1.5	1.5
竹皮河排污口	荆门石化总厂	汉江	东宝	竹皮河	112.1988	31.0229	自流	工业混合		630
竹皮河排污口	荆门热电厂	汉江	东宝	竹皮河	112.1953	31.0208	自流	工业混合		155
竹皮河排污口	葛洲坝水利水电公司	汉江	东宝	竹皮河	112.18	31.0259	自流	工业混合		1.2
竹皮河排污口	湖北金龙泉啤酒公司	汉江	东宝	竹皮河	112.1882	31.0229	自流	工业混合		112
竹皮河排污口	百科药业有限公司	汉江	东宝	竹皮河	112.1987	31.0178	暗管明渠	工业	90	50
竹皮河排污口	荆东肥业有限公司	汉江	东宝	竹皮河	112.3307	31.1351	漫滩	工业		7.8
竹皮河排污口	凯龙集团股份公司	汉江	东宝	竹皮河	112.1631	31.0812	自流	工业		14
竹皮河排污口	洋丰集团有限公司	汉江	东宝	竹皮河	112.3055	31.1364	明渠	工业	80	70
竹皮河排污口	稳健医用纺织品公司	汉江	东宝	竹皮河	112.2791	30.9929	明渠	混合	14.4	12.6
竹皮河排污口	响岭麦芽有限公司	汉江	掇刀	竹皮河	112.1913	31.0085	明渠	混合	36	19.6
竹皮河排污口	雨田肉禽有限公司	汉江	掇刀	竹皮河	112.1953	31.0069	明渠	混合	1	0.6
竹皮河排污口	荆门市新立纺织公司	汉江	掇刀	竹皮河	112.2091	31.0084	暗管	工业	10	8
竹皮河排污口	鄂中化工荆门分公司	汉江	掇刀	竹皮河	112.3824	31.0653	明渠	工业	0.5	0.5
新埠河排污口	千里香油脂食品公司	长湖	掇刀	新埠河	112.5925	31.1113	潜没	工业	30	22.5

表13-5　入河排污口主要污染物调查统计表　单位：t

行政区名称	序号	排污口名称	COD	BOD_5	悬浮物	石油类	氨氮	磷酸盐	挥发酚	总氰化物	总砷
沙洋县	1	沙洋西荆河	33				0.7				
	2	沙洋西荆河	600				800			7	
	3	后港西湖	28								
	4	拾桥桥河	353								
	5	姚集汉江	1.93								
钟祥市	6	荆襄排污口	287431								0.44
	7	荆钟排污口	75.99					0.19			0.09
	8	鄂中排污口	19.01					2.36			
	9	楚兴排污口	317.96				22.12				
	10	华毅排污口	53.82					7.03			0.06
东宝区	11	荆门石化排污口				30	23		0.4		
	12	热电厂排污口				0.8					
	13	葛洲坝公司排污口									
	14	金龙泉公司排污口					14				
	15	百科药业排污口			18.5	4.2	30				
	16	荆东肥业排污口				0.83	1.9				
	17	凯龙公司排污口				2.5					
	18	洋丰公司排污口					20				
	19	稳健公司排污口									
掇刀区	20	麦芽公司排污口	29.794								
	21	雨田公司排污口									
	22	新立纺织排污口									
	23	鄂中化工排污口									
	24	新埠河排污口									

附表

附表 13-1　　地表水监测结果统计表　　单位：mg/L（pH 值无量纲）

监测项目	统计要素	漳河	
		渠首闸	库心
水温	范围	3.8～31.8	5.7～30.9
	年均值	17.6	17.7
pH 值	范围	8.18～8.47	8.13～8.48
	年均值	8.30	8.25
电导率（μS/cm）	范围	177.4～291.5	177.4～285.1
	年均值	220.7	217.0
溶解氧	范围	8.0～12.8	8.5～12.1
	年均值	9.6	10.2
高锰酸盐指数	范围	2.4～3.2	1.9～2.9
	年均值	2.8	1.1
BOD_5	范围	0.8～1.7	0.7～1.8
	年均值	1.1	1.1
COD_{Cr}	范围	8.0～12.9	6.0～7.8
	年均值	10.2	7.0
氨氮	范围	0.025～0.147	0.025～0.09
	年均值	0.103	0.067
石油类	范围	0.01	0.01
	年均值	0.01	0.01
挥发酚	范围	0.001～0.002	0.001
	年均值	0.001	0.001
汞	范围	0.00002	0.00002
	年均值	0.00002	0.00002
铅	范围	0.005～0.01	0.005～0.01
	年均值	0.006	0.006
铜	范围	0.0005～0.003	0.0005～0.003
	年均值	0.002	0.002
锌	范围	0.006～0.009	0.003～0.009
	年均值	0.007	0.007

续表

监测项目	统计要素	漳河	
		渠首闸	库心
硒	范围	0.001	0.001
	年均值	0.001	0.001
砷	范围	0.001～0.006	0.001～0.002
	年均值	0.002	0.001
镉	范围	0.0005～0.002	0.0005～0.001
	年均值	0.001	0.0006
氟化物	范围	0.16～0.25	0.16～0.23
	年均值	0.20	0.19
六价铬	范围	0.002	0.002
	年均值	0.002	0.002
氰化物	范围	0.002	0.002
	年均值	0.002	0.002
阴离子表面活性剂	范围	0.06～0.1	0.04～0.08
	年均值	0.08	0.06
硫化物	范围	0.01	0.01
	年均值	0.01	0.01
粪大肠菌群	范围	40～1300	10～50
	年均值	315	28
总磷	范围	0.005	0.005
	年均值	0.005	0.005
总氮	范围	0.22～0.68	0.23～0.54
	年均值	0.45	0.34
叶绿素a	范围	0.26～0.85	0.28～0.98
	年均值	0.51	0.46
透明度（m）	范围	1～3	1～4
	年均值	1.3	1.7

附表 13－2　　主要工业企业污染源调查统计表

序号	排污企业名称	所在地点	行业性质	排污去向	工业产值（万元）	取水量或用水量（万 t）	主要产品
合计		25			57515.1	3669.6	
一	沙洋县	5			22290.1	1101	
1	武汉富泰革基布有限公司	沙洋镇	民营	沙洋西荆河	5239.4	70	革基布
2	沙洋秦江化工公司	沙洋镇	民营	沙洋西荆河	4091.6	900	化肥
3	湖北荆玻集团	后港镇	民营股份制	后港西湖	10832.6	40	玻璃
4	拾桥玉雅纸业	拾桥镇	民营	拾桥桥河	1347.7	90	生活用纸
5	姚集油脂化工公司	马良镇	民营	姚集汉江	778.8	1	油脂
二	钟祥市	6			35225	290	
1	荆襄磷化集团	胡集镇	国有企业	汉江入河口	26156	—	矿石、磷肥
2	湖北荆钟化工公司	磷矿镇	民营企业	汉江入河口	860	40	磷肥
3	湖北鄂中化工公司	双河镇	民营企业	利河入河口	5100	40	磷肥
4	湖北鄂中楚兴化工公司	双河镇	民营企业	利河入河口	1549	100	氮肥
5	湖北华毅化工公司	磷矿镇	民营企业	利河入河口	1500	100	磷肥
6	钟祥祥盛纸业公司	石牌镇	民营企业	幸福河入河口	60	10	黄板纸
三	东宝区	9				2217.5	
1	荆门石化总厂	白庙	国有控股	竹皮河排污口	500 万 t	920	石化
2	荆门热电厂	白庙	国有控股	竹皮河排污口	600MW	933	电力
3	葛洲坝水利水电工程公司	泉口	股份	竹皮河排污口	大型	2	水泥
4	湖北金龙泉啤酒有限公司	长宁大道	股份	竹皮河排污口	大型	150	啤酒
5	百科药业股份有限公司	白庙	民营	竹皮河排污口	大型	65	聚丙烯布洛芬
6	荆东肥业有限公司	白庙	集体	竹皮河排污口	14 万 t	18	过磷酸钙
7	凯龙集团股份公司	泉口	股份	竹皮河排污口	中型	17.5	炸药、耐火纤维
8	湖北洋丰集团有限公司	石桥驿	股份	竹皮河排污口	1000 万吨年	88	硫基复合肥
9	稳健医用纺织品有限公司	牌楼乡	合资	竹皮河排污口	中型	24	医药用品
四	掇刀区	5				61.1	
1	响岭麦芽有限公司	响岭	民营企业	竹皮河排污口	9800t	19.6	麦芽
2	雨田肉禽有限公司	双泉	国有独资	竹皮河排污口	3700t	1	猪肉
3	荆门市新立纺织公司	响岭	中外合资	竹皮河排污口	2000 万 m	10	纱布
4	湖北鄂中化工荆门分公司	白庙	民营	竹皮河排污口	5 万 t	0.5	复合肥
5	千里香油脂食品有限公司	团林	民营	新埠河排污口	6344t	30	菜油

第14章 灌区水资源开发利用评价

14.1 水资源开发利用程度

一个区域的水资源开发利用程度的高低，可以用区域内的供水量占多年平均水资源总量的比例表示（简称水资源开发利用率）[24]。水资源开发利用率是指当地供水量占当地水资源总量的百分比。其中，地表水开发利用率为当地地表水供水量占当地地表水资源量的百分比，浅层地下水开采率为浅层地下水供水量占地下水资源的百分比。

灌区多年平均水资源总量为20.62亿m^3，其中地表水资源15.25亿m^3，2005年灌区当地供水总量为5.69亿m^3，地表水供水量5.62亿m^3。因此，灌区的水资源开发利用率为27.6%，明显高于全国水资源开发利用率19.6%。但是，比北方六区（松花江、辽河、海河、黄河、淮河、西北诸河）的43.3%要低，比南方四区（长江、东南诸河、珠江及西南诸河）的14.1%要高。

14.2 用水水平分析

14.2.1 综合用水水平

人均用水量和万元GDP用水量是综合反映社会经济发展水平和水资源合理开发利用状况的重要指标，并与水资源条件、经济发展水平、产业结构状况、节水水平、水资源管理水平和科技进步状况等密切相关。

区域人均用水量为总用水量与总人口之比值。2005年全国人均用水量为432m^3，根据统计资料，2005年漳河灌区总用水量8.97亿m^3，总人口171.57万人，据此可以得到灌区人均用水量为522.8m^3，高于全国平均用水水平。就各行政区域而言，当阳市人均用水量最大是668.8m^3，荆门市和荆州区分别为499.1m^3和583.4m^3。

2005年全国万元GDP用水量（当年价）是304m^3，据统计2005年漳河水库灌区国内生产总值262.45亿元，因此灌区的万元GDP用水量为341.8m^3，高于全国万元GDP用水量。从1980年至今，由于经济发展以及用水效率和水资源管理水平的不断提高，全国万元GDP用水量逐年下降。就一般情况而言，经济发达地区万元GDP用水量较小，经济欠发达地区万元GDP用水量较大。

14.2.2 其他用水水平

生活用水水平一般随着人民生活水平的改善而提高，同时，生活用水水平也与气候和水资源条件以及供水条件、生活习惯、节水水平、经济发展水平、用水设施以及用水管理情况等因素有关。2005年荆门市区城镇人口30.03万人，生活用水总量0.18亿m^3，由此可以得到荆门市城区城镇人口生活用水水平为164.2L/(p·d)，比2005年全国的城镇人口生活日用水量的211L要小。

工业用水水平与工业行业结构、工艺装备水平、生产规模和构成、用水管理水平等因素有关。20世纪80年代以来，随着工业结构的不断调整以及用水效率和管理水平的不断提高，各地一般工业万元产值用水量稳步下降，根据荆门市的东宝区和掇刀区的资料，2005年荆门市城区工业总产值51.5万元，工业用水总量0.3943亿m^3，计算可得2005年荆门市城区工业万元产值（含火电）用水量为76.6m^3。2005年荆门市火电工业用水量0.146亿m^3，单位装机容量用水量22.4m^3。随着荆门电厂三期扩建工程全面建成投产，荆门国电的日益发展，热电厂装机容量不断增大，使荆门热电厂总装机容量达到184万kW，成为中国国电集团公司在华中地区最大的火电厂，火电工业的发展必将增加火电用水量，因此，必须加快挖掘火电工业节水潜力。

由于各地气候条件、作物需水要求、作物种植结构和复种指数以及土壤、水资源条件的不同，灌区管理技术水平的高低，导致各地农田灌溉亩均综合用水量差别较大。2005年漳河水库灌区农业灌溉用水总量7.34亿m^3，亩均灌溉用水量401.9m^3，低于全国亩均灌溉用水量的448m^3。

14.3 用水效率

水资源开发利用效率是反映水资源有效利用程度和水资源利用产出效益的综合指标[25]。水资源开发利用效率的宏观综合指标主要有单方水GDP、城市管网漏失率等。

单方水GDP是指每立方米用水量产出的国内生产总值（GDP），具有较好的综合性和可比性，是衡量用水效率的综合指标。根据统计资料计算，2005年漳河水库灌区单方水GDP产出为29.3元，按照2005年的汇率计算，约为世界水平的1/5。从1980年至今，我国的用水效率已有大幅度的提高，但与发达国家相比，仍有较大差距。因此，进一步提高灌区用水效率有较大的潜力。

城市管网漏失率是指城市供水管网输水过程中，漏失水量占其供水量的百分比。结合灌区实际，根据荆门市自来水厂资料，2003年荆门市城市管网损失水量571.5万m^3，漏失率为19.9%，2004年荆门市城市管网损失水量541.14万m^3，漏失率为19.1%，2005年荆门市城市管网损失水量497.4万m^3，漏失率为16.3%。其中2003年和2004年的城市管网漏失率大于国家规定的18%的漏失率，2005年低于国家规定的18%的漏失率，具体详见表14-1和图14-1。

表14-1　荆门市2003—2005年水损情况　单位：万m^3

年份	制水量	水损	管网冲洗	广场用水	公用消防	城市管网漏失率
2003	2875	571.5	35	72.14	35.11	19.9
2004	2828	541.14	29	80.6	37.22	19.1
2005	3057	497.4	21.8	59.4	33.09	16.3

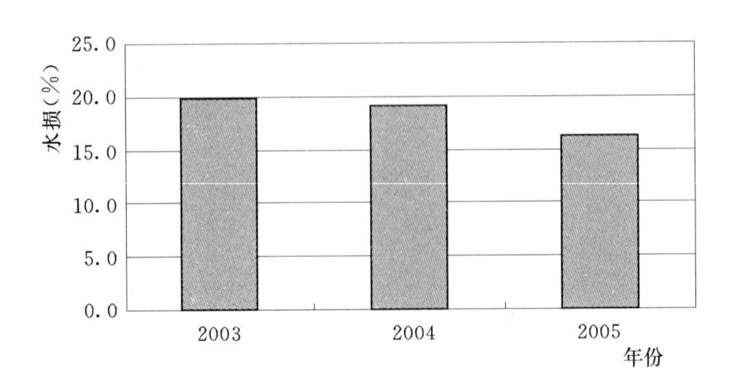

图14-1　荆门市城市管网水损变化情况

第15章 灌区节约用水

15.1 现状节水

15.1.1 用水总体效率

节水是在不降低人民生活质量和经济社会发展能力的前提下，采取综合措施，减少取用水过程中的损耗、消耗和污染，杜绝浪费[26]。漳河水库灌区人均水资源占有量远远低于国际公认的用水紧张标准值，水资源的开发利用率却已接近国际公认的合理开发率。2005年，灌区万元GDP用水量为341.8m^3，现状年人均综合用水量522.8m^3，高于国家平均水平的432m^3。近年来灌区节水工作取得了一定的成效，但水资源利用效率低、用水浪费等问题依然存在，与节水先进地区相比仍存在一定差距，具有一定的节水潜力。因此，大力推行节约用水，提高全民节水意识，推进节水型社会建设步伐，成为灌区走可持续发展道路中必须实施的战略步骤。制定灌区节水规划，是保障灌区推行工业节水、农业节水和城镇生活节水，建立节水型社会的重要措施。

15.1.2 农业用水效率与节水水平

漳河灌区具有农业发展的优势，灌区的农业用水主要是农田灌溉用水，并且主要是由各类水利工程供水。据分析，灌区的农业用水利用率只有40%左右，节水灌溉工程率仅17.8%，部分地区灌溉单位用水量偏高，仍存在大水漫灌的现象，而发达国家的农业水利用率可达到70%～80%，节水工程率达80%以上。

15.1.3 工业用水效率与节水水平

2005年灌区万元工业增加值用水量为250m^3，整体用水效率不高，是全国平均水平的1.5倍，是发达国家的3～6倍，灌区工业用水重复利用率仅为40%，当年全国工业用水重复利用率平均水平为60%，而发达国家则为75%～80%，表15-1为灌区万元工业增加值用水量与全国各省（直辖市、自治区）对比情况。

表15-1 2005年灌区万元工业增加值用水量与全国各省（直辖市、自治区）对比表

单位：m^3/万元

行政区	用水量	行政区	用水量
全国	169	河南	93
北京	38	湖北	343
天津	24	湖南	366
河北	54	广东	135
山西	67	广西	357

续表

行　政　区	用　水　量	行　政　区	用　水　量
内蒙古	95	海南	203
辽宁	62	重庆	322
吉林	138	四川	226
黑龙江	206	贵州	395
上海	196	云南	153
江苏	223	西藏	271
浙江	92	陕西	83
安徽	369	甘肃	230
福建	221	青海	307
江西	352	宁夏	151
山东	23	新疆	83
漳河灌区	250		

注　本表依据2005年《三部委通报2005年万元工业增加值用水量指标》。

15.1.4　生活用水效率与节水水平

2005年灌区城镇生活总用水定额为164.2L/(p·d)（含公共设施和环境用水），2005年荆门市城市管网损失水量497.4万m^3，漏失率为16.3%，节水器具普及率为10%，居民生活用水户表率为75%。各个地区的用水效率存在着很大的差异，东宝区和掇刀区经济发展速度较快，城市发展水平较高，节水普及率和计划用水率较高，大中小城镇依次递减。

15.2　节水工作存在问题

15.2.1　农业节水

由于水资源比较丰富，灌区农业用水浪费现象比较严重，亩均灌溉用水量401.9m^3，农业节水存在问题如下：

（1）灌区渠道占线长、老化失修严重，渠系建筑物配套不全，供水时存在跑、冒、滴、漏等浪费水的现象。

（2）末级渠系淤积严重，在末端放水时，存在上游水漫渠道，而下游无水用的现象。

（3）群管组织不完善。漳河灌区有效灌溉面积大，成立农民用水户协会的村组有限，对没有成立协会的渠系，部分地方放水无人组织，致使用水信息滞后，经常出现上、中游放水结束后，下游单独放水，造成水量的极大浪费。

15.2.2　工业节水

（1）工业用水效率总体偏低，2005年全国工业的用水重复利用率为53%，而2005年荆门市工业用水综合重复利用率为38%，低于全国平均值17个百分点。

（2）企业自备井逐渐增多，水源管理有待加强。灌区的部分企业生产用水依靠自备水井抽取地下水，因此应加强对工业企业的自备水井管理，提高地表水资源的利用率，适当控制对地下水的开发，将地下水作为后备水源，保护好生态环境。

（3）用水计量管理薄弱。在工业用水量中，除自来水公司和一些重要的骨干水利工程（主要指大中型水库工程）具有供水计量设施外，企业自备水井、自备水库以及一些小型水库工程均普遍缺少计量，生产用水量完全取决于企业生产需求，供水管理处于半失控状态。

（4）废污水排放尚未真正达到有关部门规定的排放标准，水质监测和监督力度有待加强。在没有严格的污水排放管理政策条件下，多数企业降低废污水排放标准排放。对规模不大的零星企业的监管存在明显的漏洞，不达标排放、就近依河排放现象比较普遍。

（5）尚未建立节约用水的激励机制。目前开源增加供水的费用由国家开支，节水措施的费用由企业承担，缺乏必要的节约奖励、超额惩罚政策。

（6）工业节水信息零散、没有专门的统计渠道，数据统计口径不一，给评估工业节水状况、编制节水规划造成很大困难。

15.2.3 生活节水

（1）居民节水意识薄弱，浪费水资源的现象普遍存在。

（2）公共用水管理需要加强，目前对公共用水缺乏有效的计量，第三产业行业用水定额尚不明确。

（3）节水器具普及率较低，节水器具推广的力度有待加强。2005年灌区城市节水器具的普及率为10%，县镇的节水普及率更低，应加强节水器具推广力度，增大对器具型节水投资。

（4）供水中的跑、冒、滴、漏现象相当严重，因此应该加强对供水设备的检修和维护工作。

15.3 节水标准

本次节水目标和节水标准的制定主要参考了以下一些相关文件：①《中华人民共和国水法》、《中华人民共和国水污染防治法》、《水利产业政策》等国家法律法规；②《全国节水规划纲要》、《中国城市节水2010年技术进步发展规划》、《城市节约用水管理规定》等；③《荆门市国民经济和社会发展第十个五年计划纲要》、《荆门市水利发展十五规划》和其他相关行业十五计划和规划等；④《节水型企业目标导则》、《节水型城市目标导则》、《工业用水分类及定义》、《工业企业水量平衡测试方法》、《工业用水考核指标及计算方法》等有关规程规范和技术标准；⑤全国水资源综合规划技术细则。

在现状用水调查和各部门、各行业用水定额、用水效率指标分析的基础上，根据对水资源条件、经济社会发展状况、科学技术水平、水价等因素的综合分析，参考流域、区域和国内外先进用水水平的指标与参数，以及有关部门制定的相关节水标准与用水标准，通过采取综合节水措施，确定各地区的节水标准。

15.3.1 综合节水目标

节水工作的重点是用水大户和污染大户。其中，农业节水以大型灌区续建配套与节水改造为重点；工业节水以限制发展高用水、大污染行业、改造高用水工艺设备和提高计量手段为重点；城镇生活及第三产业节水以推广节水型器具、强化节水意识为重点，加强水资源管理、大力推广先进的节水技术。节水规划水平年为2020年。至规划年在市区内建设成多个节水型社区、节水型工业，最终建设成节水型城市和节水型社会。

15.3.2 农业节水标准

根据《节水灌溉技术规范》(SL 207—98)，在节水灌溉面积上，大、中、小型灌区的渠系水利用系数不应低于0.55、0.65和0.75，灌溉水利用系数不小于0.50、0.60和0.70，详见表15-2。正常水文年份单位面积用水量应较建成前节约20%以上，实现节水灌溉后，粮经总产量应增加15%以上，水分生产效率应提高20%以上，且不应低于1.2kg/m³，详见表15-3。

表15-2　不同类型灌区水利用系数节水指标

分类依据	灌区类别	渠系水利用系数	田间水利用系数	灌溉水利用系数
灌区规模	大型灌区	0.55	0.91*	0.5
	中型灌区	0.65	0.92*	0.6
	小型灌区	0.75	0.93*	0.7
种植类型	水稻灌区	—	0.95	—
	旱作物灌区	—	0.9	—
节水工程措施	喷灌区	—	—	0.85
	微喷灌区	—	—	0.85
	滴灌区	—	—	0.9
水源条件和节水工程措施	一般井灌区	—	—	0.8
	井灌区采用渠道防渗	0.9	—	—
	井灌区采用管道输水	0.95	—	—
	井渠结合灌区	根据井、渠用水量加权平均计算确定		

* 按渠系水和灌溉水利用系数反算得到。

表15-3　节水灌溉工程主要技术指标

项　目	要　求　内　容	指　　标
灌溉用水量	正常水文年单位面积用水量	较建成前节约20%以上
作物产量	粮棉总产量	增加15%以上
水分生产率	水分生产率	提高20%以上
	水分生产率	>1.2kg/m³
效益费用比	效益费用比	>1.2以上

续表

项 目	要 求 内 容	指 标
工程与措施的技术要求	大型灌区渠道防渗率	＞40％以上
	中型灌区渠道防渗率	＞50％以上
	小型灌区渠道防渗率	＞70％以上
	井灌区如采用固定渠道输水，应全部防渗	达到100％
	喷灌工程采用轻型和移动式喷灌机组，单机控制面积	以 $3hm^2$ 和 $6hm^2$ 为宜
	水稻灌区应格田化，不得串灌，畦田规格	平原区长60～120m，宽20～40m山丘区根据地形作适当调整
	旱作物灌区应平整土地，畦田规格	长不超过75m，宽不大于3m并与农机具作业要求相适应
	灌水沟的长度	不宜超过100m
	膜上灌灌溉均匀系数	不应低于0.70

按照上述水利行业标准，规划灌区节水灌溉面积建设，结合灌区各县（市）水资源条件，充分考虑人力、物力和财力等条件，在现状节水灌溉水平的基础上，综合确定规划期节水灌溉面积发展的速度、规模，按发展阶段逐步扩大节水灌溉面积，以及《荆门市水利发展十一五规划》的要求，至2020年灌区节水标准，灌溉水利用系数见表15－4。

表15－4　　各类水利工程渠系水利用系数表

工程类型	塘堰	小型水库	中型水库	漳河水库	引提工程
现状年	0.90	0.75	0.70	0.44	0.75
2020年	0.90	0.8	0.80	0.60	0.80

15.3.3 工业节水标准

受各地区工业结构、行业结构、企业生产系统结构、专业化程度、生产工艺和生产设备水平、生产规模、生产工序以及用水水平等影响，工业节水标准难以统一，至今无明确的分行业标准，2002年颁布的取水定额国标（包括火力发电、钢铁联合生产、石油炼制、棉印染产品和造纸产品），以 $m^3/(SGW)$、m^3/t、m^3/m^2 表征，与本次综合规划万元增加值用水定额不相衔接。国家经贸委、水利部、建设部等六部委印发的《关于加强工业节水工作的意见》（国经贸委资源〔2000〕1015号）中提出工业取水年增长率，按照国家水资源供需状况和全国节水总体目标，在工业增加值年均增长10％左右的情况下，水量增长控制在1.2％。归纳有关部委提出的节水标准，详见表15－5。

根据灌区水资源条件及工业结构特点以及《荆门市水利发展十一五规划》要求全市平均工业用水重复利用率达到65％左右，万元工业增加值耗水量降至 $120m^3$。预计2020年工业增加值年均增长率将达到12.3％，为保持水资源的供需平衡，用水增长率需控制在1.5％，用水弹性系数控制在0.12左右，工业重复利用率达到86％，万元工业增加值取水量下降到 $120m^3$。

表 15-5　　有关部委提出的节水指标

指标来源	工业用水重复利用率			万元工业增加值取水量（m^3）		
	2000年	2005年	2010年	2000年	2005年	2010年
全国节水规划纲要	55%	60%	70%		<170	120
六部委《关于加强工业节水工作的意见》	50%	60%	65%	340	170	120
中国城市节水2010年技术进步发展规划	65%		75%			

15.3.4 建筑业及第三产业节水标准

受目前城市用水量统计手段和统计体系影响，现有统计资料中缺少建筑业和第三产业的用水量资料，亦无相应的用水标准。根据《荆门市第三产业十一五规划》目标以及《荆门市住宅与房地产发展十一五规划》目标，预计2020年建筑业增加值年均增长率将达到6.5%，用水增长率需控制在4.6%，相应用水量控制在210.2万m^3。第三产业增加值年均增长率将达到10.0%，用水增长率需控制在4.6%，相应用水量控制在2406.6万m^3。

15.3.5 城镇生活节水标准

《全国节水规划纲要》要求，2005年全国城镇人均用水控制在230L/(p·d)，2010年控制在240L/(p·d)以内。根据《城市居民生活用水量标准》(GB/T 50331—2002)，湖北省属于第三个区域，人均居民日生活用水量在120～180L/（p·d）之间，详见表15-6。2005年灌区城镇用水定额145L/(p·d)，用水量基本界于《城市居民生活用水量标准》(GB/T 50331—2002）规定的120～180L/(p·d）范围内，参照上述标准、荆门市节水型社会建设规划以及《荆门市水利发展十一五规划》的要求，至2020年，灌区城镇生活用水定额控制在170L/(p·d)。

表 15-6　　城市居民生活用水量标准

地域分区	日用量［L/（p·d)］	适用范围
一	80～135	黑龙江、吉林、辽宁、内蒙古
二	85～140	北京、天津、河北、山东、河南、山西、陕西、宁夏、甘肃
三	120～180	上海、江苏、浙江、福建、江西、湖北、湖南、安徽
四	150～220	广西、广东、海南
五	100～140	重庆、四川、贵州、云南
六	75～125	新疆、西藏、青海

2005年灌区城镇用水定额145L/(p·d)，用水量基本界于《城市居民生活用水量标准》(GB/T 50331—2002）规定的150～220L/(p·d）范围内，参照上述标准、荆门市节水型社会建设规划以及《荆门市水利发展十一五规划》的要求，至2020年，灌区城镇生活用水定额控制在170L/(p·d)。

15.4 节水方案与规划成果

15.4.1 城镇生活节水

15.4.1.1 节水的方向

城镇化进程在我国改革开放以来呈快速发展的趋势，灌区现在正处于高速发展时期。城镇化节水的方向是：生活用水发展控制在与经济发展水平和生活条件相适应的标准内，同时考虑人口和资源条件对水资源需求和供给的限制。生活节水的重点在城市，逐步向城镇推进；以创建节水型城市为目标，大力开展城市节约用水活动，积极推广节水型用水器具，主要通过强化管理，提高生活用水效率来实现。

城镇化节水的目标是：以创建节水型城市为目标，重点推广节水型用水器具，减少输配水、用水环节的跑冒滴漏，尽快淘汰不符合节水标准的生活用水器具；加快城市供水管网技术改造，降低管网漏失率；所有设市城市必须建设污水处理设施；加快城市水价改革步伐，逐步提高水价，实行累进加价收费制度。城镇生活节水发展既有水量问题，也有水质问题，促进节水需求发展的因素是多方面的。从城镇生活用水本身看，需要加强管理，合理调整水价，推广节水设施，提高人民节水意识，建设节水型城市。

15.4.1.2 节水措施

（1）普及节水宣传工作，提高广大人民的节水意识。通过报刊、广播和电视等新闻媒体及发放节水宣传材料、举办节水知识大赛等手段进行节水宣传；开展科普教育，营造社会节水氛围；通过评选节水先进镇和节水型社区树立节水典型。

（2）制定用水定额，实行计划管理。实行计划用水管理是节水的核心内容之一，灌区各用水户实行计划用水，超计划累进加价收费。取消用水包费制度，做到装表到户，计量收费。

（3）合理调整水价，改革水费收缴制度。运用经济手段推动节水工作。计量收费城镇要制定两部制水价，实行基本用水水价和超计划用水累进加价制度，凡使用自来水和地下水的用水户，除按标准水价收取计划内水费、水资源费外，对超计划用水部分按累进加价收费。

（4）全面推进节水型用水器具，提高生活用水节水效率。主要包括节水型水龙头、节水型淋浴设施和节水型便器系统等。通过新建住宅区全部使用节水型的用水器，老居民区按计划进行节水器具更换等大力推广节水器具。

（5）加快推广城市供水管网的检漏和防渗技术，降低管网漏失率。推广预定位检漏技术和精确定点检漏技术，加快城市供水管网技术改造，降低管网漏失率。推广应用新型管材，推广应用供水管道连接、防腐等方面的先进施工技术。鼓励开发和应用管网查漏检修决策支持信息化技术。对现有的老水厂进行改造，增加老水厂工艺水的回收系统，全面推广供水企业泥水分离节水技术，减少自来水厂自用水量。

（6）推广中水回用。在城市改建和扩建过程中，积极改造城镇排水管网，建设城市污水集中排放和处理设施。并在试点基础上逐步扩展居住小区中水系统建设的推行实施范围。建立和完善城市再生水利用技术体系。

（7）加强城市节水信息技术平台建设。鼓励发展地理信息系统应用技术，为实现城市节水的信息化管理提供基础保障。发展节水信息采集传输及专业数据库技术。开发节水信息网络基础平台、节水信息管理系统和专业数据库技术，用以加强和规范节水管理和指导城市节水技术发展工作。节水信息技术，可以实现节水信息资源共享、提高节水决策科学化，对于加强节水管理具有重要意义。

在节水水平较低时，非工程措施起主导作用，制定法规条例和制定用水定额、计划管理具有一定的强制性。调节水价是经济促进手段，有利人们节水意识的提高。

15.4.1.3 节水方案

随着城市化进程、生活和居住条件的改善，生活用水净定额将不断提高，因此，城镇生活节水要与城市化发展和人民生活水平相适应，同时考虑人口和资源条件，对水资源需求和供给加以适当限制。生活节水的重点在城市，按城市生活节水标准规划发展，并由城市向县镇推进。通过强化管理，建设和推广节水措施，逐步使用水定额得到控制，并使总用水增长率逐步降低，节水方案详见表 15－7。

表 15－7　城镇生活基本节水方案

行政区	2020 年	
	用水定额［L/(p·d)］	节水器具普及率（%）
东宝区	170	90
掇刀区	170	90
钟祥市	170	90
沙洋县	165	90
荆州区	170	90
当阳市	165	90

15.4.1.4 生活节水量

通过采取各项工程与非工程措施，在规划目标实现条件下，通过一般强度的节水，至 2020 年与现状年相比，生活需水量将增加 2613.96 万 m^3，城镇生活的节水量为 498.08 万 m^3。

15.4.2 工业节水

15.4.2.1 节水发展方向

节水发展的方向是以水资源供需平衡为原则实行工业用水总量控制，由点到面逐步推进对食品工业、化学工业、造纸工业、纺织工业等用水大户和污染大户的节水改造；调整产业结构，限制高用水、高污染工业项目建设，大力推进技术水平升级和产品的更新换代；着力推行工业内部循环用水，提高水的重复利用率；通过各种行政手段加强用水管理、计划用水和严格控制废污水的排放，逐步降低工业用水增长率。

工业节水以提高水的重复利用率为核心，发展和推广工业用水重复利用、冷却节水、热力和工艺系统节水等技术，并配套完善相应设施，促进工业增长与水资源的协调发展。以用水量大的企业为重点，以创建节水型工业、企业为目标，加大科技节水攻关和科技成果转化力度，加快工业节水设备改造，组织重大的节水技术的示范工程，强化工业节水管理，鼓励企业采用废水回用技术。对钢铁、煤炭、造纸等用水大户和污染大户进行节水改造；调整产业结构，限制高用水、高污染工业项目建设，大力推进技术水平升级和产品的更新换代。

15.4.2.2 节水措施

（1）合理调整工业布局和工业结构，限制高耗水、高污染项目的建设，进行工艺改造和设备更新。

（2）鼓励节水技术开发和节水设备、器具的研制，重点抓工业内部循环水重复利用率，对重点行业推行节水工艺和技术措施改造。

（3）对高耗水行业，如钢铁、煤炭、造纸、电力等实施强制性取水定额标准，降低工业取水量。

（4）运用经济手段推动节水发展，包括调整水价，实行用水定额管理，超定额累进加价制度以及优水优价制度。

（5）加强企业内部用水管理和建立用水计量体系，加强用水定额管理。重点用水系统和设备应配置计量水表和控制仪表，逐步完善计算机自动监控系统。鼓励和推广企业建立用水和节水计算机管理系统和数据库。推广应用新型工业水量计量仪表、限量水表和限时控制、水压控制、水位控制、水位传感控制等控制仪表。

（6）明确规定未充分利用当地再生水或非常规水资源的地区不得新建供水工程。

15.4.2.3 节水方案

工业节水应树立“以供定需、以水定发展”的理念，依靠科技进步调整产业结构，推广节水设备、工艺和技术；加强工业用水、节水管理，不断提高工业用水的重复利用率，节水方案详见表 15-8。

表 15-8　基本工业节水规划方案

水平年	行政区	综合重复利用率（%）	用水定额（m^3/万元）	管网漏失率（%）
2020	东宝区	90	120	12
	掇刀区	90	120	12
	钟祥市	85	125	13
	沙洋县	85	125	14
	荆州区	85	120	13
	当阳市	80	125	14

15.4.2.4 工业节水量

通过调整产业结构，积极推广工业节水的新工艺、新技术，实行专项节水技术改造，加强节水管理，使工业企业全部达到节水型企业标准。在规划指标实现的条件下，2020 年，灌区工业用水量将被控制在 2.02 亿 m^3。相对于现状年，2020 年工业可节水约 256.2 万 m^3。

15.4.3 建筑业和第三产业节水

灌区社会经济的发展和人民生活水平的提高必将促进消费需求的增长和生产的发展，

从而促进建筑业和第三产业的快速发展和用水需求的加大。因而，加强建筑业和第三产业的节水，对促进节水型社会的建设具有重要的意义。

15.4.3.1 节水发展方向

制定有利于节水的政策法规，加强政策措施的实施力度，加强对建筑业及第三产业用水总量控制和定额管理，提高公共设施节水器具的普及率，逐步降低万元GDP的用水量，从而抑制建筑业及第三产业迅猛发展带来的需水增长。

15.4.3.2 节水措施

建筑业及第三产业的节水不但与城市管网的改造、节水器具的推广等工程措施有关，亦与城市水管理水平、政策法规的实施等非工程措施有非常密切的关系。通过工程与非工程节水措施提高行业用水效率，有效控制用水量的增长。具体节水措施如下：

（1）制定行业用水定额，实施定额管理。考虑各地区、各行业的差别，因地制宜，制定具有可操作性的行业用水定额。对于用水较大的行业，如餐饮业、洗浴、洗车业等实施定额管理将有效控制其用水量。

（2）合理调整水价，有效控制用水大户的用水量。提高第三产业的水价，可有效地控制洗浴业、洗车业的用水量，提高用户自身的节水意识，还可以促进再生水和雨水等非常规水资源的利用。

（3）提高节水器具的普及率，加强县镇节水器具的推广力度。新建、改建和扩建的公共设施必须使用节水型器具。高等院校实现智能用水卡节水技术，老的公共设施根据用户自发、政府适当给予补贴的形式，逐步更换老的器具。

（4）新建建筑物内部推广中水回用设施。城市大型公共建筑和供水管网覆盖范围外的自备水源单位，都应建设中水系统，并在试点基础上逐步扩展公共设施中水系统建设的推行实施范围。建立和完善城市再生水利用技术体系。

15.4.3.3 节水方案

建筑业和第三产业的发展水平是衡量生产社会化程度和市场经济发展水平的重要标志，而积极发展第三产业又是促进市场经济发育、优化社会资源配置、提高国民经济整体效益和效率的重要途径。今后灌区建筑业及第三产业将高速的发展，用水需求也将大幅度增加，通过各项节水措施进行节水势在必行，灌区建筑业和第三产业节水规划见表15-9。

表15-9 建筑和第三产业基本节水方案

行政分区	2020年用水定额（m^3/万元）	
	建筑业	第三产业
东宝区	4.0	7.0
掇刀区	4.0	7.0
钟祥市	4.2	7.1
沙洋县	4.2	7.1
荆州区	4.2	7.1
当阳市	4.2	7.1

15.4.3.4 建筑业和第三产业节水量

通过采取各项工程与非工程措施，至2020年，灌区建筑业用水量将被控制在322.3万m^3。在规划指标实现条件下，相对于现状年，2020年建筑业节水量达到3.7万m^3；至2020年，灌区第三产业用水量将被控制在2449.2万m^3。在规划指标实现条件下，相对于现状年，2020年第三产业节水量达到53.9万m^3。

15.4.4 农业节水

农业节水发展需求取决于未来农业的发展和水资源供需状况。农业作为国民经济的基础产业，是灌区发展的基础，不能有所减弱。现状年农业用水达到7.34亿m^3，占灌区用水总量的81.8%，因此，农业节水事关全局，必须积极发展。

15.4.4.1 农业节水发展方向

以保持农业和生态环境可持续发展为前提，提高农业用水效率为主线，对现有灌区的节水改造和续建配套为重点，实行总量控制和定额管理，倡导提高灌溉水利用率和提高农田水分生产效率并重，实现节水、增产、增效、增收目标。农业节水应坚持因地制宜，注重实效，结合农业发展和当地水资源条件，选择适宜的节水灌溉模式，努力推广水稻浅薄湿晒技术。优先考虑对现有灌区的配套防渗和田间整治，重点推行见效快、群众易掌握的常规节水灌溉技术。做到工程措施与非工程措施并举，多种节水模式并存。以最少的水资源量和人力、物力消耗，获取最高的农作物产出效益。

15.4.4.2 节水措施

灌区水利工程多，但骨干工程少，调节能力较差，灌区配套不完善，水量渗漏与浪费比较严重，灌溉水利用效率较低，因而农业节水的潜力较大。

根据灌区的自然条件和灌溉现状，按照因地制宜、突出重点、注重实效的原则，确定节水工作的重点以及需采取的节水措施。节水工程措施应以渠道防渗、渠系配套为重点。非工程措施主要以水稻节水控灌技术为重点，提高水田用水效率。在发展节水灌溉工程和推广水稻控灌技术的同时，加强用水管理，逐步提高计划用水、科学用水的管理水平。

（1）工程措施是实现节水灌溉的基础，对于减少灌溉输水损失、提高灌溉水利用率和灌溉保证率、缩短灌水周期、提高灌水质量和供水及时性具有非常重要作用，主要工程措施有渠系工程配套与渠系防渗节水措施等。

（2）农业措施是提高农田水分生产效率的保障，其主要作用是提高作物根系层土壤蓄水、保水能力，减少无效蒸腾蒸发量，对于提高农田水分生产效率和农业效益具有重要贡献。灌区适宜的主要农业措施如下：

田间整治和畦块整理是提高灌水均匀度和田间水利用系数的重要措施；提高土地平整的程度（水稻区适度），划小格田面积，旱作区划小畦块（缩窄畦块，限制沟畦长），实行小畦灌、细流沟灌、隔沟灌、涌流灌和覆膜灌等节水地面灌新技术，可有效地避免串灌，节省灌溉用水量。

良种化和平衡施肥是取得农业优质高产、减少农田无效蒸腾蒸发提高农田水分生产效率的重要措施。

蓄水保墒措施，包括深耕、深松、免耕栽培、地膜覆盖、秸秆覆盖、应用化学保水剂

（如用旱地龙处理种子或防干热风）等。

（3）管理措施包括水资源统一管理、节水灌溉政策法规、组织管理、经济机制、宣传教育和科学灌溉等。其中推广水稻科学灌溉措施是减少长流水、降低田间水分无效流失量、提高农田水分生产效率的核心措施之一。

15.4.4.3 节水方案

灌区农业节水的主要目的是提高现有农田的灌溉保证率，满足灌溉面积扩大对需水增长的需求，在抑制水量过度增长的同时，提高农业水分生产效率和效益。按照水资源供需协调、综合平衡、保护生态、厉行节约、合理开源确定的总量控制目标来规划节水方案。

1. 节水灌溉面积发展

现状年灌区农田有效灌溉面积为182.6万亩，节水灌溉率18%，用水效率较低。为贯彻落实党中央、国务院领导同志关于大力发展节水农业的指示精神，加快推进节水农业又好又快发展，农业部以农农发〔2012〕1号印发《关于推进节水农业发展的意见》。该《意见》要求要充分认识发展节水农业的重大意义、准确把握发展节水农业的指导思想与目标任务、因地制宜确定区域主推技术模式、切实做好节水农业重点工作、不断强化发展节水农业的保障措施。按照国家政策来看，在规划期内灌区的节水灌溉面积将得到进一步发展。

规划期内立足于现有灌区的续建配套与节水改造，依据水土匹配准则进行节水灌溉面积的推广。预计规划年，主要节水工程包括：漳河三干渠节水改造工程、金鸡水库灌区节水改造工程。节水工程对已有灌区续建配套与节水改造面积节水灌溉面积140.5万亩，其中漳河三干渠节水灌溉面积135万亩，占节水灌溉面积的96%；金鸡水库节水灌溉面积5.5万亩，占节水灌溉面积的4%。预计至规划期结束灌区可发展节水灌溉面积173.9万亩，具体详见表15-10。按照灌区需水预测的灌溉面积，界时节水灌溉面积的比例可由现状年的18%提高到67%。

表15-10 灌区节水灌溉面积预测 单位：万亩

时间	2005年	2006—2020年	合计
灌区合计	33.4	140.5	173.9
漳河三干渠灌区	0.0	135.0	135.0
金鸡水库灌区	0.0	5.5	5.5
其他	33.4	0.0	33.4

2. 工程节水面积

按照节水灌溉工程标准，结合荆门市节水型社会建设定量评价指标体系及建设指标和《荆门市水利发展十一五规划》，2020年灌区节水工程面积规划详见表15-11。

表15-11 节水工程面积规划

项目	现状年	2020年
有效灌溉面积（万亩）	182.6	187.2
节灌面积（万亩）	33.4	173.9
节灌率（%）	18.0	92.9

3. 综合灌溉定额

以农林牧渔充分灌溉净定额和现状灌溉水利用系数为基础，对不同规划水平年的作物种植结构、渠系工程水利用效率、水稻控灌面积和节水效率，按面积加权获得不同水平年不同保证率农林牧渔毛灌溉定额指标，具体详见表 15－12。

表 15－12　　不同规划水平年农林牧渔综合用水定额（P=75%）

项　目	2005 年	2020 年
种植业（m^3/亩）	360.0	299.0
鱼塘（m^3/亩）	220.0	181.0
牲畜［L/(头·日)］	18.0	18.0

15.4.4.4　农业节水量

针对不同规划水平年的农业节水灌溉措施的实施情况，分析不同时期的农业节水量。在规划年灌溉面积及节水水平基础上，采取工程与非工程措施后所减少的用水量为节水量。

规划期灌区农业用水量变化是产业结构调整和灌溉效率提高共同作用的结果。在现状农业种植条件下采取工程措施后，在灌区灌溉保证率为 75%，相对于现状年，在一般节水强度的情况下，预计到 2020 年灌区农田灌溉净需水量为 6.58 亿 m^3，可节水 1.57 亿 m^3。

第16章　灌区国民经济发展与需水预测

16.1　社会经济发展现状

16.1.1　社会经济发展总体状况

漳河灌区地处长江中下游，雨量充沛，气候适宜，农业生产较为发达，是粮、棉、油料作物的主要产区。灌区内矿产资源丰富，尤其以非金属矿居多，具有矿种多、储量大、品位高和开发利用前景广阔等特点。灌区森林树木繁多，主要用材林树种有马尾松、柏树、栎树等；主要经济林树种有油桐、桑、核桃、板栗等；城市及庭院绿化树种有女贞、映山红等；引进树种有杉木、水杉、油橄榄等。

近年来，漳河灌区发展速度明显加快，经济总量迅速增长，但总体实力仍然较弱。2005年全区国内生产总值255.89亿元，按可比价格计算比2004年增长11.1%；人均国内生产总值15296.96元。居民生活方面，城乡居民收入继续增长，生活质量稳步提高。据调查2005年城镇居民人均可支配收入为8585元，比上年增加836元，增长10.8%。全年农村居民人均纯收入3738元，扣除价格上涨因素，比上年实际增加109元，增长3.0%。

16.1.2　人口及城镇化状况

近年来荆门市人口增长相对缓慢，根据荆门市统计年鉴，1980—2005年人口年均增长2.03万，年均增长速度为7.73‰。2005年年末灌区总人口达到171.57万，人口密度309.5p/km^2，其中城镇人口68.2万，城镇化率达到了39.75%，比现状年全国43%的城镇化率低出3.25个百分点；农村人口103.37万，占总人口的60.25%。

16.1.3　工业发展状况

党的十一届三中全会以来，灌区的工业有了很大发展。灌区的工业产值年增长率约为10.0%，2005年灌区工业总产值114.89亿元，工业增加值24.22亿元。灌区内有众多大、中、小型企业。随着中小企业不断发展壮大，将推动荆门工业经济的持续稳步发展。乡镇企业、城镇建设也随着国民经济的发展稳步进行。

但是灌区工业的发展还存在以下问题：①轻工业发育不足，农业产业化比重低；②高新技术产业基础较弱，装备工业发展不足；③产业层次偏低，产品附加值不高；④企业集中度不高，产业集群效应不充分；⑤外向型经济发展不足，经济外向度低。

16.1.4　农业发展状况

漳河水库灌区现有耕地面积235.08万亩，其中水田174.20万亩，旱田60.88万亩，是湖北省重要的商品粮基地之一。自漳河水库开灌以来，灌区农业生产稳步增长，已建成稳产高产、旱涝保收面积140.03万亩，2005年灌区农业生产总值达91.25亿元。

为适应市场需求，粮食作物播种面积有计划的减少，经济作物播种面积逐步增加。2005年灌区作物播种面积为535.07万亩，高效经济作物发展较快，一批特色蔬菜果品种植园区相继建成，种植业整体生产效益得到提高。

超级杂交稻、双低杂交油菜、优质三元猪、名特优水产品养殖、果树高接换种、水稻轻简化栽培、稻鸭共育、无公害生产、标准化种养、病虫综合防治、测土配方施肥、猪-沼-鸭-草-果-鱼相结合的生态渔业模式等一大批农业实用技术的推广应用，促进了农业生产的快速发展。

16.2 社会经济发展预测

社会经济发展预测是需水预测和水资源合理配置的基础。社会经济发展预测包括人口及其城乡分布、城镇化预测、国民经济发展及其结构预测、灌溉面积发展预测等内容。

16.2.1 人口发展预测

人口发展预测包括总人口和人口的城乡分布两方面。人口发展预测主要是基于人口发展规律和人口计划与控制指标而进行的。在对人口发展进行预测时，首先需要考虑人口发展的途径、城镇化水平的发展趋势以及相关规划中所制定的发展目标，然后综合考虑诸多因素后对人口发展规模进行预测。

16.2.1.1 人口分布及特点

人口区域分布总体情况为：漳河水库库区人口稀少；中部城区人口稠密，灌区人口密度居中，人口分布有明显的由中部城区向四周递减趋势。2005年漳河灌区各行政区人口分布情况见表16-1。

表16-1　漳河灌区各行政区人口分布表

行政区	乡镇数	人口总量及其城乡分布（万人）			总人口	城乡分布比例（%）	
		总人口	城镇人口	乡村人口	区域分布（%）	城镇人口	乡村人口
荆门市	29	135.85	59.43	76.42	79.18	43.75	56.25
荆州市	8	23.31	6.03	17.28	13.59	25.87	74.13
当阳市	3	12.41	2.74	9.67	7.23	22.08	77.92
灌区总计	40	171.57	68.20	103.37	100.00	39.75	60.25

16.2.1.2 人口发展预测方法与预测结果

人口预测主要是基于对一个国家或地区的现有人口状况及其未来发展变化趋势的判断，测算在未来某个时间其人口总量及其城乡分布。人口总量预测，采用几何基数法：

$$P_t = P_0(1+k)^t \quad (16-1)$$

式中：P_t 为 t 时期人口总数；P_0 为现有人口总数；k 为人口增长率。

在漳河灌区人口发展预测时，首先需要考虑人口发展的惯性作用、城镇化水平的发展趋势以及国家计划生育政策和《荆门市国民经济和社会发展第十一个五年计划纲要》中所制定的发展目标，然后综合考虑各县（市）人口规划有关成果以及其社会经济发展条件、区域差异等众多因素，设定人口净增长率预测总人口数。

预测结果见表16-2、表16-3以及表16-4。2005年漳河灌区总人口为171.57万人，根据低方案预测全灌区2020年总人口达176.44万。考虑到近年来荆门市城区经济快速发展，城市化进程加快的影响，结合鄂建文〔2005〕127号中有关荆门市规划城区人口规模的批示，漳河灌区人口预测中方案预测全灌区2020年总人口达176.58万。

表16-2　　漳河灌区人口预测（低方案）

行政区	人口增长率（‰）	总人口（万人）		比现状新增量（万人）
	2005—2020年	2005年	2020年	2020年
东宝区	2.50	28.03	28.74	0.71
掇刀区	2.60	22.29	22.88	0.59
沙洋县	2.80	53.83	55.36	1.53
钟祥市	2.70	31.7	32.57	0.87
荆州市	3.70	23.31	24.19	0.88
当阳市	2.30	12.41	12.7	0.29
合计		171.57	176.44	4.87

表16-3　　漳河灌区人口预测（中方案）

行政区	人口增长率（‰）	总人口（万人）		比现状新增量（万人）
	2005—2020年	2005年	2020年	2020年
东宝区	2.65	28.03	28.78	0.75
掇刀区	3.05	22.29	22.98	0.69
沙洋县	2.80	53.83	55.36	1.53
钟祥市	2.70	31.7	32.57	0.87
荆州市	3.70	23.31	24.19	0.88
当阳市	2.30	12.41	12.7	0.29
合计		171.57	176.58	5.01

表16-4　　漳河灌区人口预测（高方案）

行政区	人口增长率（‰）	总人口（万人）		比现状新增量（万人）
	2005—2020年	2005年	2020年	2020年
东宝区	2.85	28.03	28.84	0.81
掇刀区	3.25	22.29	23.03	0.74
沙洋县	3.00	53.83	55.47	1.64
钟祥市	2.90	31.7	32.63	0.93
荆州市	3.90	23.31	24.24	0.93
当阳市	2.50	12.41	12.72	0.31
合计		171.57	176.93	5.36

16.2.2 城镇化发展预测

城镇化是一个较为复杂的变化过程。据国际相关研究，城镇化进程是一条拉平的S形曲线，即在城市人口比重达到一定程度后（一般认为30%），城镇化进程加快，而继续发展到一定程度后（一般认为70%），城镇化速度又逐渐放慢，并趋于停滞。而且世界主要国家城镇化进程与人均GDP的关系存在着一定的线性关系，见图16-1。

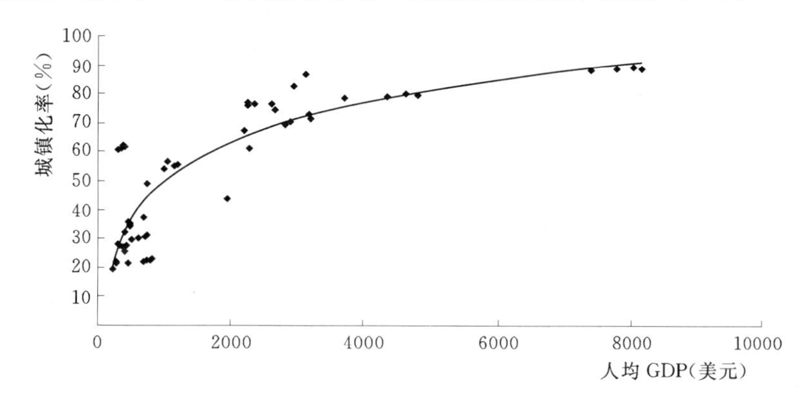

图16-1 世界主要国家人均GDP与城镇化率模拟曲线

在借鉴世界城镇化率发展过程的基础上，结合漳河灌区的实际情况和未来的城市发展规划，进行城镇化预测。各行政区人口的预测，则根据城镇的现状人口规模，近年城镇人口增长速度、经济发展条件、与外区域的关系、城镇影响范围等因素确定各城镇各发展阶段的人口规模。

本次城镇化预测以2005年为基准，城镇化率为39.7%，预计灌区的城镇化进程将稳步推进。根据荆门市城市总体规划修编以及漳河灌区人口预测中方案，到2020年将达到58.6%，灌区城镇化率预测结果见表16-5。

表16-5　　灌区城镇化率发展预测　　%

行政区	2005年城镇化率	2020年城镇化率		
		低方案	中方案	高方案
东宝区	54.54	78.5	82.2	83.1
掇刀区	61.48	81.3	85.0	85.5
沙洋县	43.69	60.2	65.9	66.4
钟祥市	23.19	33.5	35.0	37.2
荆州市	28.43	38.6	42.9	45.1
当阳市	19.78	27.8	29.8	32.0
灌区	38.52	53.32	56.80	58.22

根据上述的人口预测结果和城镇化水平的预测结果就可以计算出漳河灌区未来规划水平年的城镇人口，其具体的城镇人口测算结果见表16-6。

表16-6　　2020年漳河灌区城镇人口预测　　单位：万人

城镇化率方案	2005年	低情景	中情景	高情景
低方案	68.2	96.52	96.60	96.79
中方案	68.2	103.33	103.42	103.62
高方案	68.2	105.57	105.66	105.87

16.2.3　宏观经济发展预测

社会经济发展受诸多不确定因素影响，因而超长期预测存在不确定性。本次预测采用情景分析的方法，通过对不同发展情景的设定，预测各情景下的社会经济发展指标。预测的总体思路为：实施可持续发展战略，实现资源、环境和人口协调发展。

自20世纪80年代以来，除80年代初这一阶段经济发展较缓外，灌区经济一直保持快速增长，2005年国内生产总值262.45亿元，人均GDP 1.53万元（约合1900美元），产业结构为第二产业大于第三产业，第一产业比重最小。从经济发展规律来看，灌区正处于全面工业化发展阶段。

由于荆门市行政辖区各项经济指标在漳河灌区占主要部分，根据《荆门市国民经济和社会发展第十一个五年规划纲要》，荆门市GDP年均递增10.5%，第一、第二、第三产业分别增长4%、13.5%、11.5%，工业化水平明显提高。参考荆门市的相关数据，结合漳河灌区所属各市（县）行政区编制的“十五”计划、“十一五”计划和2020年远景目标纲要以及国民经济各行业发展规划等成果，考虑产业结构优化、水资源合理利用、生态环境保护与建设等因素，对2020年全灌区的宏观经济发展趋势进行预测。预测规划水平年灌区中方案GDP年均增长率为9.2%，2020年经济总量为1008.7亿元。各产业和国内生产总值预测详见表16-7。

表16-7　　灌区社会经济发展预测情景方案　　单位：亿元

情景方案	行政区	2005年	2020年	
		生产总值	增速（%）	生产总值
低方案	东宝区	61.09	9.6	257.81
	掇刀区	56.93	10.1	260.82
	沙洋县	52.66	10.2	229.52
	钟祥市	27.49	6.5	69.55
	荆州区	40.9	7	110.84
	当阳市	23.38	5.6	52.95
	灌区	262.45	9	981.49
中方案	东宝区	61.09	9.8	264.91
	掇刀区	56.93	10.3	267.97
	沙洋县	52.66	10.4	235.82
	钟祥市	27.49	6.7	71.54
	荆州区	40.9	7.1	113.99
	当阳市	23.38	5.8	54.47
	灌区	262.45	9.2	1008.7

续表

情景方案	行政区	2005年	2020年	
		生产总值	增速（%）	生产总值
高方案	东宝区	61.09	10	272.2
	掇刀区	56.93	10.5	257.32
	沙洋县	52.66	10.6	242.48
	钟祥市	27.49	6.9	73.58
	荆州区	40.9	7.4	115.46
	当阳市	23.38	6	56.04
	灌区	262.45	9.4	1017.08

16.2.4 经济结构发展预测

在经济发展过程中，产业比重也在不断调整，通过数据分析发现，产业结构与人均GDP之间存在着一定的线性关系，图16-2是根据世界主要国家的人均GDP和与之对应的产业比重拟合出的曲线，随着人均GDP的提高，第一产业比重降低，第三产业比重逐渐增加，最终趋于稳定。

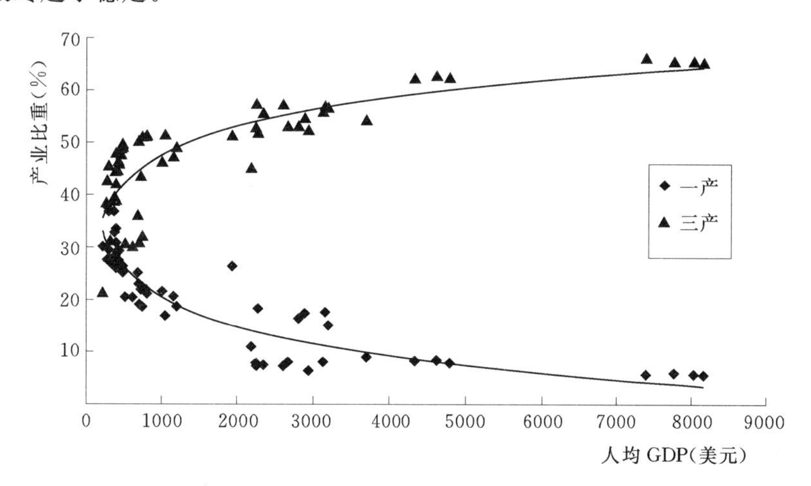

图16-2 世界第一、第三产业比重与人均GDP的关系曲线

分析漳河灌区的产业发展状况，在人均GDP为1900美元的水平下，灌区的三大产业比重为30.6：40.0：29.4，世界平均水平的三大产业结构约为17：33：50。与世界产业结构发展状况相比，灌区第二产业比重偏高，第三产业比重偏低。事实上不只是漳河灌区，我国大部分地区产业结构与世界水平都有一定的差距，这是与我国国情相关的。我国属于资源经济，偏重于工业发展，同时金融、贸易及城镇化发展较慢，一定程度上限制了第三产业的发展。

当前灌区正处于全面工业化阶段，工业发展仍将处于经济的主导地位，随着全面工业化进程的推进，第二产业增长速度逐渐放缓，第三产业增长速度将超过第二产业，到2020年灌区三大产业比重为12.0：53.5：34.5，灌区产业结构预测见表16-8。

表 16-8　　灌区产业结构预测　　%

行政区	2005年			2020年		
	第一产业	第二产业	第三产业	第一产业	第二产业	第三产业
东宝区	10.1	41.3	48.6	4.9	46.4	48.7
掇刀区	8.1	67.3	24.6	3.7	72.5	23.7
沙洋县	36.3	37.3	26.4	18.5	46.8	34.6
钟祥市	30.9	34.6	34.5	25.0	44.8	30.1
荆州区	29.6	35.2	35.2	22.6	44.8	32.6
当阳市	20.9	52.0	27.2	20.3	53.0	26.8
灌区	30.6	40.0	29.4	12.0	53.5	34.5

16.2.5　工业发展预测

基于GDP和产业结构预测，对全灌区工业增加值发展和工业增加值构成进行了预测，预测结果见表16-9。

表 16-9　　灌区工业增加值情景预测

情景方案	行政区	增加值（亿元）		年增长率（%）	增长倍数（2005年为1）
		2005年	2020年	2005—2020年	2020年
低方案	东宝区	8.25	50.91	13.0	6.17
	掇刀区	5.85	39.61	13.7	6.77
	沙洋县	4.7	25.38	12.1	5.4
	钟祥市	1.64	5.06	8.0	3.08
	荆州区	2.8	9.83	8.9	3.51
	当阳市	0.98	2.77	7.2	2.82
	灌区	24.22	133.56	12.2	5.51
中方案	东宝区	8.25	52.28	13.2	6.34
	掇刀区	5.85	40.67	13.9	6.95
	沙洋县	4.7	26.07	12.3	5.55
	钟祥市	1.64	5.2	8.2	3.17
	荆州区	2.8	10.78	9.1	3.85
	当阳市	0.98	2.9	7.4	2.96
	灌区	24.22	137.9	12.4	5.69
高方案	东宝区	8.25	53.69	13.4	6.51
	掇刀区	5.85	41.76	14.1	7.14
	沙洋县	4.7	26.78	12.5	5.7
	钟祥市	1.64	5.35	8.4	3.26
	荆州区	2.8	10.39	9.3	3.71
	当阳市	0.98	2.93	7.6	2.99
	灌区	24.22	140.90	12.5	5.82

2005年灌区工业增加值为24.22亿元，根据工业预测中方案，到2020年灌区工业增加值将达到137.9亿元，工业增加值增长倍数是2005年的5.69倍。这与以工业为主导，加速发展第二产业，以增强灌区整体经济实力的方针相吻合。从行政分区来看，掇刀区和东宝区发展步子较大，速度较快。

16.2.6 建筑业与第三产业发展预测

根据荆门市《荆门市第三产业“十一五”规划》以及《荆门市住宅与房地产业发展“十一五”规划》，荆门市GDP年均递增10.5%，第三产业增长11.5%。对2020年全灌区的建筑业和第三产业发展趋势进行预测，根据灌区建筑业中情景预测方案结果，2020年灌区建筑业增加值为75.18亿元，增长倍数是2005年的3.25倍，具体预测结果详见表16-10、表16-11。

表16-10 灌区建筑业增加值情景预测

情景方案	行政区	增加值（亿元）		年增长率（%）	增长倍数（2005年为1）
		2005年	2020年	2005—2020年	2020年
低方案	东宝区	7.58	22.95	7.3	3.03
	掇刀区	1.22	36	7.3	29.51
	沙洋县	1.2	3.16	6.3	2.63
	钟祥市	0.82	1.67	4.4	2.04
	荆州区	0.74	1.72	5.4	2.32
	当阳市	0.62	1.23	4.3	1.98
	灌区	12.18	66.73	7.4	5.48
中方案	东宝区	7.58	26.38	8.8	3.48
	掇刀区	12.18	40.4	8.8	3.32
	沙洋县	1.2	3.63	7.8	3.03
	钟祥市	0.82	1.93	5.9	2.35
	荆州区	0.74	1.42	6.9	1.92
	当阳市	0.62	1.42	5.8	2.29
	灌区	23.14	75.18	8.2	3.25
高方案	东宝区	7.58	32.4	10.3	4.27
	掇刀区	12.18	50.87	10.3	4.18
	沙洋县	1.2	4.47	9.3	3.73
	钟祥市	0.82	2.38	7.4	2.90
	荆州区	0.74	1.76	8.4	2.38
	当阳市	0.62	1.76	7.3	2.84
	灌区	23.14	93.64	10.0	4.05

表16-11 灌区第三产业增加值情景预测 单位：亿元

情景方案	行政区	2005年	2020年
低方案	东宝区	29.66	125.56
	掇刀区	13.98	61.9
	沙洋县	13.9	79.52
	钟祥市	9.48	20.96
	荆州区	14.4	36.17
	当阳市	6.35	14.17
	灌区	87.77	338.3
中方案	东宝区	29.66	129.02
	掇刀区	13.98	63.61
	沙洋县	13.9	81.67
	钟祥市	9.48	21.57
	荆州区	14.4	37.21
	当阳市	6.35	14.58
	灌区	87.77	347.66
高方案	东宝区	29.66	132.58
	掇刀区	13.98	47.37
	沙洋县	13.9	83.88
	钟祥市	9.48	22.19
	荆州区	14.4	36.5
	当阳市	6.35	15.0
	灌区	87.77	337.52

16.2.7 农业发展预测

在灌区经济高速发展的时期，农业的发展不容忽视，灌区农业的发展对灌溉的依赖性相当高，灌溉农业在灌区农业发展中具有举足轻重的作用。因此，灌溉用水量的多少是灌区农业需水量的关键。正确的预测灌区灌溉用水量、农业需水量将对未来灌区的发展起着极其重要的作用。

依据统计资料同时综合考虑近几年灌溉面积的发展状况，分析表明，从1966年到现状年灌区农业取得了长足的发展。农作物播种面积也发生了明显变化，由1966年的261.96万亩上升到现状年的535.07万亩，复种指数也在不断地增加。与其他作物相比，油料作物的播种面积呈增加趋势。

16.2.7.1 耕地与播种面积预测

1. 耕地面积

根据本次调查得到的数据显示，近几十年来，漳河灌区耕地面积基本保持稳定，2005年漳河灌区耕地面积为235.08万亩，占漳河灌区土地资源总面积的28.4%，其中水田

174.2万亩，旱地60.88万亩。“十一五”期间漳河灌区土地利用与管理总体目标是：满足经济社会发展对土地资源的需求，保持耕地总量动态平衡，实现耕地占补平衡有余。伴随着国家制定的土地保护政策，目前，漳河灌区已加大了实施耕地保护和减少耕地占用的力度，预计今后的耕地面积将在现有面积的基础上保持稳定。

2. 播种面积

漳河灌区拥有较好的水热条件，复种指数在过去的几十年间呈逐渐增长趋势，2005年农作物播种面积535.08万亩。

（1）粮食作物播种面积。

2005年漳河灌区粮食作物播种面积278.08万亩，粮食单产产量已达493kg，自产粮食约占需求总量的100%，在粮食供给中起到了关键性作用。为保持灌区经济社会的可持续发展，依然有必要依靠科技进步提高单产，同时逐步减小播种面积，至2020年若年递减率按1.5%计，届时粮食作物的播种面积为242.36万亩。

（2）经济作物播种面积。

随着农业种植结构的调整，近年来经济作物播种面积呈快速增长的趋势，1963—2005年间，经济作物播种面积年递增率约1.6%，预计今后经济作物播种面积将呈稳步增长趋势，至2020年若年递增率按2.0%计，经济作物播种面积将由2005年的200.39万亩提高到236.11万亩，届时粮、经作物种植面积比例将降至1.03，具体详见表16-12。

表16-12　　漳河灌区播种面积发展预测　　单位：万亩

行政区	粮食作物		经济作物	
	2005年	2020年	2005年	2020年
东宝区	32.16	28.67	19.58	23.07
掇刀区	21.56	18.46	17.37	20.47
沙洋县	102.72	88.74	78.44	92.42
钟祥市	46.22	40.43	32.48	38.27
荆州区	48.36	43.07	29.67	34.96
当阳市	27.06	22.99	22.85	26.92
灌区总计	278.08	242.36	200.39	236.11

16.2.7.2 灌溉面积预测

灌区灌溉面积发展的指导思想是：在充分考虑漳河灌区水、土、光、热资源条件以及市场需求情况下，调整种植结构，合理确定发展规模与布局；遵循开源与节流并重，加快漳河灌区续建配套与节水改造的步伐，开发新水源，增加新灌区，改善和扩大灌溉面积；坚持工程措施与非工程措施并举，以提高渠系水利用系数，提高灌溉保证率，增加田间有效灌溉水量；发展“二高一优”农业，实现农业现代化；大力推行水稻高产节水灌溉技术，增加旱作地灌溉，加快旱涝保收高产稳产农田建设步伐，为漳河灌区农业生产发展创造条件。

漳河灌区耕地灌溉率较低，2005年有效灌溉面积182.60万亩（其中漳河实际灌溉面积147.98万亩），全灌区平均灌溉率为81.0%（按统计值计），其中以东宝区为最高，约93.7%，以当阳市为最低，仅56.7%。2005年各县市灌溉面积发展状况如图16－3所示。

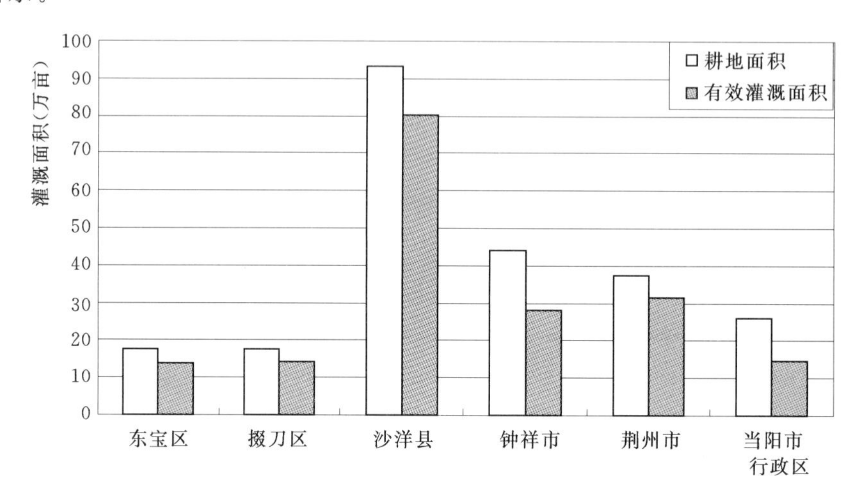

图16－3　2005年漳河灌区灌溉面积发展状况

规划期内，随着对漳河灌区的续建配套与节水改造，漳河灌区的灌溉面积比重将会逐步加大，至2020年灌区灌溉面积187.19万亩。2005—2020年期间，漳河灌区可恢复灌溉面积4.59万亩。各市县灌溉面积发展状况详见表16－13。

表16－13　　漳河灌区灌溉面积发展预测

行政分区	水　田（万亩）		旱　田（万亩）	
	2005年	2020年	2005年	2020年
荆门市	109.92	112.69	26.61	27.28
荆州市	18.89	19.37	12.48	12.79
当阳市	8.47	8.68	6.23	6.38
合计	137.28	140.74	45.32	46.45

16.2.7.3　林牧渔业发展预测

根据漳河灌区各行政区多年统计年鉴资料以及《荆门市国民经济和社会发展第十一个五年规划纲要》分析，预计漳河灌区大、小牲畜数量分别以年均1.6%和2.2%速率递增，淡水养殖面积与林果地面积分别以1.2%和0.5%速率递增，2005年大、小牲畜数量分别达到12.86万头和135.8万头，淡水养殖面积与林果地面积分别达到63.61万亩和23.45万亩，按此发展速率外延，预计至2020年末，漳河灌区大、小牲畜数量将达到15.07万头和168.81万头，淡水养殖面积与林果地面积分别达到71.67万亩和24.65万亩。各市县发展指标详见表16－14。

表 16-14　　灌区林木渔业发展预测　　单位：万亩，万头

行政区	项　目	年均增长率（%）	不同水平年预测值	
			2005 年	2020 年
东宝区	养殖面积	1.2	12.51	14.10
	果园面积	0.5	4.90	5.15
	大牲畜	1.6	1.20	1.41
	小牲畜	2.2	24.99	31.06
掇刀区	养殖面积	1.2	4.21	4.74
	果园面积	0.5	0.65	0.69
	大牲畜	1.6	1.35	1.58
	小牲畜	2.2	6.12	7.60
沙洋县	养殖面积	1.2	28.82	32.47
	果园面积	0.5	1.96	2.06
	大牲畜	1.6	6.88	8.07
	小牲畜	2.2	44.20	54.94
钟祥市	养殖面积	1.2	5.65	6.37
	果园面积	0.5	3.11	3.27
	大牲畜	1.6	0.61	0.71
	小牲畜	2.2	26.63	33.10
荆州市	养殖面积	1.2	9.26	10.43
	果园面积	0.5	10.48	11.01
	大牲畜	1.6	2.57	3.01
	小牲畜	2.2	13.31	16.55
当阳市	养殖面积	1.2	3.16	3.56
	果园面积	0.5	2.35	2.47
	大牲畜	1.6	0.25	0.29
	小牲畜	2.2	20.55	25.54
合计	养殖面积	1.2	63.61	71.67
	果园面积	0.5	23.45	24.65
	大牲畜	1.6	12.86	15.07
	小牲畜	2.2	135.80	168.81

16.3　经济社会发展的水资源需求分析

依据《全国水资源综合规划技术大纲》，本次需水预测的用水户分生活、生产和生态环境三大类，要求按城镇和农村两种供水系统分别进行统计与汇总，并单独统计所有建制市的有关成果。生活和生产需水统称为经济社会需水。生活需水指城镇居民生活用水和农

村生活用水，其中城镇生活需水为小生活需水，指城镇居民每天的生活用水，农村生活只包括农村居民生活需水，不含牲畜用水。生产需水是指有经济产出的各类生产活动所需的水量，包括第一产业（种植业、林牧渔业）、第二产业（工业、建筑业）及第三产业（商饮业、服务业）。对于河道内其他生产活动如水电、航运等，因其用水一般不消耗水资源的数量，所以本次不做统计。

农业需水是大农业，包括种植业灌溉需水、鱼塘补水、人工林草需水以及畜牧业需水。第二产业包括工业和建筑业。第三产业包括商饮业和服务业，但由于统计资料难以收集，在计算中不再细分，综合考虑。

16.3.1　生活需水预测

16.3.1.1　生活需水预测方法

生活需水采用定额法预测，制定合理的人均日用水量，结合人口总数进行需水预测。生活需水分城镇居民和农村居民两类。计算公式如下：

$$LW_i^t=\frac{Po_i^t\times LQ_i^t\times 365}{1000} \tag{16-2}$$

式中：i 为用户分类序号，$i=1$ 为城镇，$i=2$ 为农村；t 为规划水平年序号；LW_i^t 为第 i 用户第 t 水平年生活需水量，万 m^3；Po_i^t 为第 i 用户第 t 水平年的用水人口，万人；LQ_i^t 为第 i 用户第 t 年的生活用水定额，L/(p·d)。

生活需水量年内分配相对比较均匀，按年内月平均需水量确定其年内需水量过程。

16.3.1.2　生活需水定额和需水量预测

依据灌区的生活人均需水数据，综合相关地区城镇和农村的用水定额状况，以《湖北省国民经济发展及产业结构预测研究报告》和《湖北省漳河灌区续建配套与节水改造总体规划》为基础，分析灌区不同城市的生活水平及实际用水状况。现状年漳河灌区城镇居民生活用水定额为145L/(p·d)，农村居民生活用水定额为50L/(p·d)。随着人民生活水平和生活质量的不断提高，其相应的人均生活取用水标准也将相应地有所增大。预计2020年达到175L/(p·d)。2005年全区综合平均农村居民生活用水定额为50L/(p·d)，2020年为70L/(p·d)，预测年份详细分区数据见表16-15。

表16-15　　漳河灌区居民生活需水量预测

行政区	用水类别	定额［L/(p·d)］		需水量（万 m^3）		比现状新增量（万 m^3）
		2005年	2020年	2005年	2020年	2020年
东宝区	城镇	145	175	861.09	1511.19	650.10
	农村	50	70	214.62	130.90	−83.72
	小计			1075.71	1642.09	566.38
掇刀区	城镇	145	175	728.25	1247.63	519.38
	农村	50	70	155.67	88.07	−67.60
	小计			883.92	1335.70	451.78

续表

行政区	用水类别	定额［L/(p·d)］		需水量（万 m^3）		比现状新增量（万 m^3）
		2005 年	2020 年	2005 年	2020 年	2020 年
沙洋县	城镇	145	175	1091.31	2330.15	1238.84
	农村	50	70	606.08	482.30	−123.79
	小计			1697.39	2812.45	1115.05
钟祥市	城镇	145	175	464.68	728.06	263.38
	农村	50	70	418.29	540.85	122.56
	小计			882.97	1268.91	385.94
荆州市	城镇	145	175	319.14	662.78	343.64
	农村	50	70	315.36	352.86	37.50
	小计			634.50	1015.64	381.14
当阳市	城镇	145	175	145.01	241.71	96.70
	农村	50	70	176.48	227.76	51.28
	小计			321.49	469.47	147.98
灌区总计	城镇	145	175	3609.49	6721.52	3112.04
	农村	50	70	1886.50	1822.73	−63.77
	小计			5495.99	8544.25	3048.27

注　以上定额部分参考《荆门市水资源评价及开发利用》。

2005 年城镇居民用水量为 3609.49 万 m^3。根据城镇人口和城镇生活定额预测成果计算，预计全区 2020 年为 6721.52 万 m^3，比现状新增约 3112.04 万 m^3。预计全区 2020 年农村生活需水量为 1822.73 万 m^3。

16.3.2　第二产业需水预测

16.3.2.1　一般工业需水预测方法

一般工业需水依据预测水平年工业产值和工业单位需水定额计算，用需水总量增长趋势进行校核，计算公式为：

$$IW_g^t=\frac{SeV^t\times IQ^t}{10000} \tag{16-3}$$

式中：IW_g^t 为工业第 t 水平年需水量，万 m^3；SeV^t 为工业第 t 水平年的产值，万元；IQ^t 为工业第 t 年的用水定额，m^3/万元。

16.3.2.2　一般工业需水量预测

随着社会进步和经济发展，工业在国民经济各部门中所占比重越来越大，用水状况发生了明显变化，其需水量也相应地不断增加。影响需水量大小的因素很多，主要有工业发展情况、技术水平和产业结构等。

由于国家建设资源节约型、环境友好型社会力度的不断增强，灌区工业企业加大了节水技术改造力度，单位产值消耗水量显著下降。近年来虽然灌区工业经济发展强劲，工业增加值不断增加，通过对历年漳河水库工业供水量的统计分析可以看出，自 1997 年来，由漳河水库所提供的工业供水并没有持续增加，而是整体上呈递减的趋势。这一方面说明节水技术改造的成效，另一方面也反映了社会对水资源重要性认识的提高，注重节水。

根据2005年漳河水库工业供水量与荆门市城区一般工业增加值可以得到2005年荆门城区工业用水综合定额为250m³/万元工业增加值。随着新技术的进步和应用，一般工业增加值综合用水定额将呈下降的趋势，主要根据用水定额的递减规律而设定各时段的递减率后进行预测，递减率的确定参考了高用水率国家或地区的标准，并且结合《荆门市国民经济和社会发展第十一个五年规划纲要》以及《荆门市水利发展十一五规划》发展的要求，可以预计到2020年达到122m³，漳河灌区工业需水量预测见表16-16。

表16-16　漳河灌区一般工业需水量预测

行政区	定额（m³/万元）		需水量（万m³）		比现状新增量（万m³）
	2005年	2020年	2005年	2020年	2020年
东宝区	250	122	2062.5	6353.2	4290.7
掇刀区	250	122	1462.5	4941.9	3479.4
沙洋县	260	126	1222.0	3294.5	2072.5
钟祥市	260	126	426.4	657.3	230.9
荆州区	260	126	728.0	1361.7	633.7
当阳市	260	126	254.8	366.4	111.6
灌区合计			6156.2	16975.0	10818.8

16.3.2.3　火电工业需水量预测

漳河灌区2005年火电工业装机容量为65.2万kW，2005—2020年之间呈递增态势，2020年达到284万kW。全区火电工业主要分布在东宝区、掇刀区等地，东宝区2005年装机容量为64万kW，有2台60万kW机组在2006年后陆续投入发电，预计2020年装机容量达到284万kW。掇刀区2005年装机容量为1.2万kW，属于小火电，由于国家早已出台了逐步关停小火电的相关政策，预计不久将关停。

2005年漳河灌区火电工业需水量为797.28万m³。预计漳河灌区2020年火电工业需水量为3472.83万m³，比现状新增约2675.55万m³，漳河灌区火电工业需水量预测详见表16-18。

表16-17　漳河灌区火电工业需水量预测

行政区	装机容量（万kW）		需水量（万m³）		新增量（万m³）
	2005年	2020年	2005年	2020年	2020年
东宝区	64	284	782.61	3472.83	2690.22
掇刀区	1.2	0	14.67	0	−14.67
合计	65.2	284	797.28	3472.83	2675.55

注　装机容量数据来自实际调查。

16.3.2.4　工业需水总量

在对一般工业和火电工业需水量预测的基础上，对漳河灌区全部工业需水量进行预测，预测结果见表16－18。2005年，全区工业用水量为6953.5万m^3，到2020年将增长到20447.8万m^3。从增长速度看，预计从2005年到2020年的16年间，全区工业用水量的增长率为6.97%。

表16－18　　**漳河灌区工业需水量预测**　　单位：万m^3

行政区	用水户类别	需水量		比现状新增量
		2005年	2020年	2020年
东宝区	一般工业	2062.5	6353.2	4290.7
	火电工业	782.60	3472.80	2690.2
	小计	2845.1	9826.0	6981.0
掇刀区	一般工业	1462.5	4941.9	3479.4
	火电工业	14.67	0	－14.67
	小计	1477.2	4941.9	3464.7
沙洋县	一般工业	1222.0	3294.5	2072.5
	火电工业	0	0	0.0
	小计	1222.0	3294.5	2072.5
钟祥市	一般工业	426.4	657.3	230.9
	火电工业	0	0	0.0
	小计	426.4	657.3	230.9
荆州市	一般工业	728.0	1361.7	633.7
	火电工业	0	0	0.0
	小计	728.0	1361.7	633.7
当阳市	一般工业	254.8	366.4	111.6
	火电工业	0	0	0.0
	小计	254.8	366.4	111.6
灌区总计		6953.5	20447.8	13494.3

16.3.3　建筑业和第三产业需水预测

16.3.3.1　建筑业需水预测

按照《荆门市走向2020年经济社会发展战略研究报告》中，今后建筑业的发展要积极采用新技术、新工艺、新材料等科技成果，提高建筑业的设计、施工、安装、装修水平，促进建筑企业向机械化、集团化、外向型方向发展的要求，现状年漳河灌区建筑业需水量平均定额为4.6m^3/万元。

以每万元产出需水量为单位，对建筑业需水量进行预测，预测结果见表16－19。2005年全区建筑业需水量为59.4万m^3。根据建筑业发展预测和建筑业与第三产业需水定额预测成果计算，预计漳河灌区2020年建筑业需水量为353.0万m^3，比现状新增约246.5万m^3。

表16-19　　建筑业需水量预测

行政区	需水量（万 m^3）		比现状新增量（万 m^3）
	2005年	2020年	2020年
东宝区	34.9	121.3	86.4
掇刀区	56	190.5	134.5
沙洋县	5.5	16.7	11.2
钟祥市	3.8	8.9	5.1
荆州市	3.4	9.1	5.7
当阳市	2.9	6.5	3.6
灌区总计	106.5	353.0	246.5

16.3.3.2　第三产业需水预测

以每万元产出的需水量为单位，对第三产业需水量进行预测，因为灌区第三产业用水资料限制，考虑到万元增加值与用水量之间有一定的关系，因此可以考虑引用其他地区的第三产业单位用水模拟公式，采用如下公式：

$$PERTHIW=\exp(121.1070134-0.0589733134\times YEAR) \tag{16-4}$$

$$t=7.9\quad 7.6\quad R^2=0.80\quad F=66.8$$

式中：$PRETHIW$ 为第三产业单位用水量，m^3/万元；$YEAR$ 为年份。

据公式预测，灌区2005年全区第三产业需水量平均定额为17.6m^3/万元。随着产业技术的发展和进步以及生产效率的提高，第三产业需水定额也将呈下降的趋势，2020年为7.2m^3/万元。

2005年全区第三产业需水量为1544.7万 m^3。根据第三产业发展预测和第三产业需水定额预测成果计算，预计漳河灌区2020年第三产业需水量为2503.1万 m^3，比现状新增约958.4万 m^3，预测结果见表16-20。

表16-20　　第三产业需水量预测

行政区	需水量（万 m^3）		比现状新增量（万 m^3）
	2005年	2020年	2020年
东宝区	522.0	929.0	407.0
掇刀区	246.0	458.0	212.0
沙洋县	244.6	588.1	343.5
钟祥市	166.9	155.1	−11.8
荆州市	253.4	267.9	14.5
当阳市	111.8	105.0	−6.8
灌区总计	1544.7	2503.1	958.4

16.3.4　第一产业需水预测

农业需水包括农田灌溉和林牧渔业需水。

农业需水预测是在既定的社会经济发展目标基础上，始终坚持遵循社会国民经济可持续发展目标、规模水平和速度相适应，坚持以开发与保护、近期与远期目标相兼顾等为基本原则，综合考虑农业发展预测及各项指标的发展速度，对不同水平年农业需水做出预测。

16.3.4.1 农业需水量预测方法

农业需水量是一个动态的、受农业生产水平限制的量。在农业需水预测中，根据农业发展的不同情况，应该逐项计算出农田灌溉需水量，林牧渔业需水量，最后综合预测出农业需水量。

对于农田灌溉需水量的确定：在具体的需水预测中，采用定额法。总的计算思路是依据灌区的农业特点，首先根据农作物在全生育期内需水、耗水机理，本区域作物的有效降雨量以及区域的实际情况获得作物的灌溉定额；再结合有效灌溉面积计算不同种植结构上的灌溉定额，最后获得农田综合灌溉定额。

对于林牧渔业需水量的确定：林果需水量的计算与农田需水量计算方法一致，首先计算出林果的潜在蒸发蒸腾量和有效降雨量，在此基础上获得林果的灌溉需水定额，最后根据林果的灌溉面积计算出林果的需水量。

淡水补水的鱼塘，其补水量为维持鱼塘一定水面面积和相应水深所需要补充的水量，采用亩均补水定额方法计算，亩均补水定额可根据鱼塘渗漏量及水面蒸发量与降雨量的差值加以确定。

综合以上不同灌溉方式条件下的农田灌溉需水量、林牧渔业需水量即可获得不同灌溉条件下的农业需水量。

16.3.4.2 农田灌溉定额预测

1. 灌区农作物种植面积

漳河灌区目前的农作物种植面积以粮食为主，根据灌区内荆门市、当阳市及荆州区2005年所列农作物的播种面积资料及灌区实际调查资料，可以分析灌区现状水平年的作物种植比例，结合漳河灌区耕地与播种面积预测，为使灌区适应国民经济的发展，对近期和远期规划水平年的农作物种植结构进行调整，由“粮、经”二元结构向“粮、经、饲”三元结构转变。

综合考虑漳河灌区气候的地域特点、降雨量等值线分布及耕作方式等特点，并结合区域内地形条件、蒸发因素、灌溉习惯等因素，本次需水预测不对灌区进行分区，灌溉定额计算采用水量平衡法，资料来源于团林试验站提供的1973—2005年逐日降雨蒸发资料。

2. 水稻灌溉制度设计

作物腾发量包括叶面蒸发和株间蒸发，其数量随不同生育期变化，蒸发和腾发互为消长。分析作物腾发需水规律，计算作物需水量是灌溉定额计算的基本依据。本次利用灌区内团林试验站气象观测资料，采用水量平衡法分析计算水稻灌溉定额。

水稻本田的灌溉制度。可分别针对泡田期及插秧以后的生育期进行设计。

泡田期的灌溉用水量（泡田定额）可用下式确定：

$$M=0.667(h_0+S_1+e_1t_1-P_1) \tag{16-5}$$

式中：M 为泡田期灌溉用水量，m^3/亩；h_0 为插秧时田面所需的水层深度，mm；S_1 为泡田期的渗漏量，即开始泡田到插秧期间的总渗漏量，mm；t_1 为泡田期的日数；e_1 为时期内水田田面平均蒸发强度，mm/d，可用水面蒸发强度代替；P_1 为时期内的降雨量，mm；

通常，泡田定额按土壤、地势、地下水埋深和耕犁深度相类似田块上的实测资料决定，一般在 $h_0=30\sim50$mm 条件下，泡田定额大约等于以下数值：黏土和黏壤土为 50～80m^3/亩；漳河灌区土壤大部分为黏土和黏壤土，其中黏土约占总面积的 57%，黏壤土约占总面积的 43%。故漳河灌区泡田灌水定额取 50m^3/亩。

在水稻生育期中任何一个时段（t）内，农田水分的变化，决定于该时段内的来水和耗水之间的消长，他们之间的关系，可以用下列水量平衡方程表示：

$$h_1+P-W_c-d=h_2 \tag{16-6}$$

式中：h_1 为时段初田面水层深度，mm；h_2 为时段末田面水层深度，mm；P 为时段内降雨量，mm；d 为时段内的排水量，mm；W_c 为时段内田间耗水量，mm。

如果时段初的农田水分处于适宜水层上限（$h_{\max}$），经过一个时段的消耗，田面水层降到适宜水层的下限（$h_{\min}$），这时如果没有降雨，则需进行灌溉，灌水定额为：

$$m=h_{\max}-h_{\min} \tag{16-7}$$

灌溉定额即为各次灌水定额之和。

3. 水稻灌溉定额

不同灌溉模式得到的不同作物的典型年也是不一样的，根据前述灌溉制度设计和团林试验站提供的气象资料，可得到表16-21和表16-22。

表16-21　漳河灌区历年水稻灌溉定额排频表（浅灌湿蓄）

方法	按早稻灌溉定额排频		按中稻灌溉定额排频		按晚稻灌溉定额排频	
保证率（%）	定额（m^3/亩）	年份	定额（m^3/亩）	年份	定额（m^3/亩）	年份
2.9	87	1989	103	2004	140	1982
5.9	90	1996	117	1989	143	1988
8.8	110	2002	123	1996	170	1989
11.8	113	2003	130	1995	183	2000
14.7	120	1973	143	1980	183	1996
17.6	123	1983	157	1998	183	1987
20.6	127	1975	157	1983	183	1975
23.5	140	1992	163	1987	190	1983
26.5	143	2004	170	1993	190	1980
29.4	143	1984	170	1982	197	1993
32.4	150	1993	183	1997	197	1973
35.3	150	1980	210	2002	220	2005
38.2	153	1991	210	1973	220	1998
41.2	157	1997	223	2003	240	1979

续表

方法	按早稻灌溉定额排频		按中稻灌溉定额排频		按晚稻灌溉定额排频	
保证率（%）	定额（m^3/亩）	年份	定额（m^3/亩）	年份	定额（m^3/亩）	年份
44.1	160	1995	223	1992	243	2004
47.1	167	1999	223	1979	243	1995
50.0	173	1998	230	2000	243	1994
52.9	180	1987	230	1994	243	1981
55.9	180	1979	237	2005	250	1984
58.8	183	1985	237	1986	270	1992
61.8	187	1986	237	1984	283	1999
64.7	203	1990	237	1975	290	2003
67.6	213	1982	247	1991	297	1974
70.6	213	1978	250	2001	303	2002
73.5	213	1976	257	1999	303	1997
76.5	220	1994	277	1988	303	1976
79.4	230	1974	290	1985	310	1985
82.4	240	2001	303	1976	330	2001
85.3	247	2000	317	1978	330	1991
88.2	253	1977	337	1990	337	1986
91.2	257	1988	343	1974	357	1978
94.1	263	2005	377	1977	380	1990
97.1	407	1981	403	1981	410	1977

表 16-22　　漳河灌区历年水稻灌溉定额排频表（薄浅湿晒）

方法	按早稻灌溉定额排频		按中稻灌溉定额排频		按晚稻灌溉定额排频	
保证率（%）	定额（m^3/亩）	年份	定额（m^3/亩）	年份	定额（m^3/亩）	年份
2.9	70	1989	63	2004	123	1982
5.9	83	1996	70	1980	137	1988
8.8	100	1975	117	1989	150	1973
11.8	103	2003	130	1996	153	1989
14.7	107	1973	133	1983	157	1996
17.6	110	2002	150	1998	160	1987
20.6	110	1992	150	1982	160	1980
23.5	113	1980	157	1987	163	2000
26.5	120	1983	170	1993	163	1983
29.4	123	1984	177	1995	163	1975
32.4	130	1997	183	1997	190	1993

续表

方法	按早稻灌溉定额排频		按中稻灌溉定额排频		按晚稻灌溉定额排频	
保证率（%）	定额（m^3/亩）	年份	定额（m^3/亩）	年份	定额（m^3/亩）	年份
35.3	130	1995	190	2003	210	2005
38.2	133	1999	203	2002	213	1998
41.2	140	2004	207	2005	220	1981
44.1	150	1993	207	1973	223	1984
47.1	150	1991	210	1992	230	1995
50.0	150	1979	217	2000	237	2004
52.9	160	1998	217	1986	240	1994
55.9	173	1987	220	1984	240	1979
58.8	173	1986	220	1975	250	1999
61.8	190	1985	223	1979	263	1992
64.7	193	1978	230	1991	283	2003
67.6	193	1976	237	1994	283	1974
70.6	200	1990	240	1999	297	1997
73.5	200	1982	250	2001	297	1985
76.5	207	1994	270	1988	297	1976
79.4	227	1974	273	1985	303	2002
82.4	233	2000	287	1978	323	2001
85.3	240	2001	300	1976	323	1991
88.2	250	1977	333	1990	323	1986
91.2	260	2005	343	1974	353	1978
94.1	267	1988	373	1977	380	1990
97.1	407	1981	400	1981	410	1977

根据荆门市气象站的降雨蒸发资料计算旱作物（小麦、棉花）的灌溉定额。各种作物的灌溉定额见表16-23。

表16-23　　灌区各种作物灌溉定额（多年平均）　　单位：m^3/亩

水稻灌溉模式	早稻	中稻	双晚	小麦	棉花
浅灌湿蓄	182	228	254	65	84
薄浅湿晒	170	217	240	65	84

4. 综合定额

在综合灌溉定额计算中，由于缺少灌区对旱作物用水量的资料，因此在综合灌溉定额计算中，蔬菜定额采用水稻的一半，油料同小麦、其他作物一半采用小麦定额，一半采用棉花定额，作物区综合灌溉定额按各种作物灌溉定额的面积加权平均求得，分区年综合灌溉定额用计算如下：

$$M_z=\frac{\sum m_{i,j}s_{i,j}}{\sum s_{i,j}} \tag{16-8}$$

式中：M_z 为综合灌水定额，mm；i 为作物编号，$i=1, 2, 3, \cdots, N_1$；j 为灌水方法（包括因灌溉目的不同引起的灌水定额变化）编号，$j=1, 2, 3, \cdots, N_2$；$m_{i,j}$ 为第 i 种作物采用第 j 种灌水方法时的灌水定额，mm；$s_{i,j}$ 为第 i 种作物采用第 j 种灌水方法时的灌溉面积，hm^2；N_1 为作物种类总数；N_2 为灌水方法总数。

根据不同作物的灌溉定额，经计算可以得到灌区不同保证率下的综合灌溉定额，$P=50\%$、$P=75\%$和 $P=95\%$情况下灌区的综合灌溉定额分别是 335.0m^3/亩、364.2m^3/亩和 418.0m^3/亩，具体详见表 16-24。

表 16-24　　灌区综合灌溉定额　　单位：m^3/亩

水平年	水稻灌溉模式	多年平均	保证率		
			50%	75%	95%
2005	浅灌湿晒	324	335	364	418
2020	薄浅湿晒	328	320	340	390

16.3.4.3 农田灌溉需水

现状年（2005 年）粮食生产以稻谷为主，棉花、油料、小麦为辅，耕地面积 235.08 万亩，有效灌溉面积 182.60 万亩，其中水田 174.2 万亩，占有效灌溉面积的 95.4%。漳河水库渠系水利用系数 0.44，一般中小型水库渠系水利用系数在 0.65～0.7 之间，现状年田间水利用系数 0.9。预计至 2020 年有效灌溉面积将达到 187.19 万亩，详细需水量数据见表 16-25。

表 16-25　　农田灌溉需水量预测　　单位：万 m^3

行政区	需水量	2005 年			2020 年		
		50%	75%	95%	50%	75%	95%
东宝区	毛	10355	11252	12921	8775	9324	10695
	净	4660	5063	5814	4563	4848	5561
掇刀区	毛	10489	11397	13088	8889	9444	10833
	净	4720	5129	5890	4622	4911	5633
沙洋县	毛	59824	65003	74646	50697	53865	61786
	净	26921	29251	33591	26362	28010	32129
钟祥市	毛	20971	22787	26167	17772	18882	21659
	净	9437	10254	11775	9241	9819	11263
荆州市	毛	23353	25375	29140	19790	21027	24119
	净	10509	11419	13113	10291	10934	12542
当阳市	毛	10943	11891	13655	9274	9853	11302
	净	4925	5351	6145	4822	5124	5877
合计	毛	135937	147705	169617	115196	122396	140396
	净	61172	66467	76328	59902	63646	73006

16.3.4.4 林牧渔业需水

漳河灌区淡水鱼塘面积2005年63.61万亩，补水定额按水田定额（$P=75\%$计），基准年鱼塘需补水量约1.4亿m^3，预计至2020年，淡水补水鱼塘面积将发展到76.07万亩，鱼塘补水量将达到1.7亿m^3。

2005年全区大、小牲畜头数分别为12.86万头和135.8万头，大牲畜和小牲畜用水定额（调查值）分别为18升/头日和12升/头日，基准年大牲畜用水量为84.5万m^3，小牲畜用水量为594.8万m^3。预计至2020年，大牲畜头数将增长到16.32万头，相应需水量将达到107.2万m^3，小牲畜头数将增长到188.22万头，相应需水量将达到824.4万m^3。

鉴于林果地在全灌区所占比重较小，实际用水较少，本次需水预测不将其纳入预测范围。不同水平年林牧渔分区需水量预测成果详见表16-26。

表16-26　林牧渔需水量预测　单位：万m^3

行政区	鱼塘补水		大牲畜需水		小牲畜需水	
	2005年	2020年	2005年	2020年	2005年	2020年
东宝区	2789.6	3336.3	7.9	9.9	109.5	151.6
掇刀区	938.8	1122.8	8.9	11.3	26.8	37.2
沙洋县	6426.9	7686.1	45.2	57.4	193.6	268.3
钟祥市	1260.0	1506.8	4.0	5.1	116.6	161.7
荆州市	2065.0	2469.6	16.9	21.4	58.3	80.8
当阳市	704.7	842.8	1.6	2.1	90.0	124.8
合计	14185.0	16964.4	84.5	107.2	594.8	824.4

16.3.4.5 农业净需水量

根据上述分项预测成果汇总，不同规划水平年、不同降水频率条件下漳河灌区农业净需水量预测成果列于表16-27。至2020年，75%保证率条件下农业总净需水量为8.15亿m^3，95%保证率条件下农业总需水量为9.09亿m^3。

表16-27　不同频率下农业净需水量汇总

行政区	2005年（万m^3）			2020年（万m^3）		
	50%	75%	95%	50%	75%	95%
东宝区	7567	7970	8722	8061	8346	9059
掇刀区	5695	6103	6864	5794	6082	6805
沙洋县	33587	35917	40256	34374	36022	40141
钟祥市	10818	11635	13156	10915	11492	12936
荆州市	12649	13559	15253	12863	13506	15114
当阳市	6412	6838	7632	6739	7040	7794
合计	76036	81331	91192	77798	81542	90902

16.4 经济社会发展需水汇总

根据计算，2005年漳河灌区经济社会净需水量在不同的保证率下需水量分别为9.01亿m^3（P=50%）、9.54亿m^3（P=75%）和10.53亿m^3（P=95%）。随着经济社会的发展以及灌区有效灌溉面积的增大，漳河灌区经济社会需水量呈不断增长的态势。2020年预计将达到10.96亿m^3（P=50%）、11.34亿m^3（P=75%）和12.28亿m^3（P=95%），具体预测数据详见表16-28。

表16-28　　漳河灌区经济社会净需水量汇总表　　单位：万m^3

行政区	分类	2005年			2020年		
		50%	75%	95%	50%	75%	95%
东宝区	农业	7567	7970	8722	8061	8346	9059
	生活	1076	1076	1076	1642	1642	1642
	工业	2845	2845	2845	9826	9826	9826
	建筑业	35	35	35	121	121	121
	第三产业	522	522	522	929	929	929
	合计	12045	12448	13200	20579	20864	21577
掇刀区	农业	5695	6103	6864	5794	6082	6805
	生活	884	884	884	1336	1336	1336
	工业	1477	1477	1477	4942	4942	4942
	建筑业	56	56	56	190	190	190
	第三产业	246	246	246	458	458	458
	合计	8358	8766	9527	12720	13008	13731
沙洋县	农业	33587	35917	40256	34374	36022	40141
	生活	1697	1697	1697	2812	2812	2812
	工业	1222	1222	1222	3295	3295	3295
	建筑业	6	6	6	17	17	17
	第三产业	245	245	245	588	588	588
	合计	36757	39087	43426	41086	42734	46853
钟祥市	农业	10818	11635	13156	10915	11492	12936
	生活	883	883	883	1269	1269	1269
	工业	426	426	426	657	657	657
	建筑业	4	4	4	9	9	9
	第三产业	167	167	167	155	155	155
	合计	12298	13115	14636	13005	13582	15026

续表

行政区	分类	2005年			2020年		
		50%	75%	95%	50%	75%	95%
荆州市	农业	12649	13559	15253	12863	13506	15114
	生活	634	634	634	1016	1016	1016
	工业	728	728	728	1362	1362	1362
	建筑业	3	3	3	9	9	9
	第三产业	253	253	253	268	268	268
	合计	14267	15177	16871	15518	16161	17769
当阳市	农业	5721	6147	6941	5792	6093	6847
	生活	321	321	321	469	469	469
	工业	255	255	255	366	366	366
	建筑业	3	3	3	7	7	7
	第三产业	112	112	112	105	105	105
	合计	6412	6838	7632	6739	7040	7794
合计	农业	76037	81331	91192	77799	81541	90902
	生活	5495	5495	5495	8544	8544	8544
	工业	6953	6953	6953	20448	20448	20448
	建筑业	107	107	107	353	353	353
	第三产业	1545	1545	1545	2503	2503	2503
	合计	90137	95431	105292	109647	113389	122750

第17章　基于规则的水资源合理配置模型与供需平衡

17.1　研究目的与意义

17.1.1　水资源配置的基本概念

水资源配置是指在流域或特定的区域范围内，遵循高效、公平和可持续的原则，在考虑市场经济的规律和资源配置准则下，通过合理抑制需求、有效增加供水、积极保护生态环境等各种工程与非工程措施和手段，对多种可利用的水源在区域间和各用水部门间进行的调配。水资源配置的本质，是按照自然规律和经济规律，对流域水循环及其影响水循环的自然、社会、经济和生态诸因素进行整体多维调控，并遵循水平衡机制、经济机制和生态机制进行的水资源配置的决策方法和决策过程[27-32]。

水资源合理配置方案研究需要以水资源评价、开发利用评价以及需水预测等成果为基础，针对研究区水资源系统的实际状况，建立配置模型，计算不同需水、节水方案和供水策略下全灌区的供需平衡；组合不同供需方案、水资源保护要求和工程调度措施等形成配置方案，通过计算和反馈调整得到各个方案合理的结果，最终采用评价筛选的方法得到推荐配置方案；通过水资源配置模型的模拟计算，对总体布局的确定和完善提供建议性成果[33-38]。

17.1.2　水资源配置的基本要求

水资源配置工作需要以水资源供需分析为手段，在现状供需分析和对各种合理抑制需求、有效增加供水、积极保护生态环境的可能措施进行组合及分析的基础上，生成各种可行的水资源配置方案，并进行评价和比选，提出推荐方案。水资源供需分析计算采用长系列月调节计算方法，反映流域或区域的水资源供需特点和规律。水资源配置应满足流域、节点以及水量传输关系上各个层次的水量平衡，除考虑各水资源分区的水量平衡外，还应考虑流域控制节点的水量平衡[39-42]。

水资源配置以三次平衡分析为主线，在多次供需反馈并协调平衡的基础上进行。一次供需分析是考虑人口的自然增长、经济发展、城市化程度和人民生活水平的提高，在现状水资源开发利用格局和发挥现有供水工程潜力的情况下，进行水资源供需分析。若一次供需分析有缺口，则在此基础上进行二次供需分析，即考虑进一步新建工程、强化节水、治污与污水处理再利用、挖潜等工程措施，以及合理提高水价、调整产业结构、抑制需求的不合理增长和改善生态环境等措施进行水资源供需分析。若二次供需分析仍有较大缺口，应进一步加大调整产业布局和结构的力度，当具有跨流域调水可能时，应增加外流域调水并进行三次水资源供需分析。实际操作按流域或区域具体情况确定。水资源供需分析时，除考虑各水资源分区的水量平衡外，还应考虑流域控制节点的水量平衡。对漳河灌区，只需进行二次平衡分析，在具体平衡分析是对2020水平年做一个节水方案，通过对节水方案的供需平衡分析来达到二次平衡分析的目的。

水资源配置工作应充分利用水资源保护部分工作的有关成果，考虑在水质要求条件影响下的水资源调配。在进行分区与节点的水量平衡时，应考虑水质因素，即供需分析中的供水应满足不同用水户的水质要求。对不满足水质要求的水量不应计算在供水之中。

17.1.3　水资源配置的作用

不同于单个片区或工程的供需平衡分析，水资源配置不仅需要计算出各单元水资源供需平衡，还要以水资源循环和供用耗排过程以及不同区域工程之间的相互关系为基础，将全灌区作为一个整体，分析计算出反映水资源宏观调配与总体布局的协调关系，得出不同水资源开发总体策略下各区域间水源配置的合理性。

从水资源系统模拟角度而言，配置系统应该计算出系统水量平衡账。通过流域径流性产水量、蒸腾蒸发量、排水量（即排出流域之外的总水量）等各项进行流域水分平衡。结合水资源评价方法明确各类水资源量，通过配置模型所计算出的生产、生活的耗水量和天然传输过程中形成的耗水量，分析国民经济用水和生态用水的大致比例，并依照流域总体水资源状况给出流域水资源可持续利用条件下的耗水上限，为水资源承载能力分析提供基础。

从水资源系统水量分配角度而言，配置计算需要完成时间、空间和用户间三个层面对水源的调控分配，不同层次的分配受不同因素的影响，如图17－1所示。时间层面上对水量的分配主要决定于天然来水状况、用户需水过程以及供水工程的调节能力，通过供水工程尤其是蓄水工程的调节实现从天然来水过程到用户用水需求过程的调节。空间层面分配是指不同区域间的水资源分配，对区域间的水量分配主要受供水条件、用水权限影响。供水条件主要反映工程对区域用户的水量传输条件，一定程度上反映了水利工程的配套能力；而分水权限则反映了区域分配共有水源的权利，是决策因素的体现。用户间水量分配

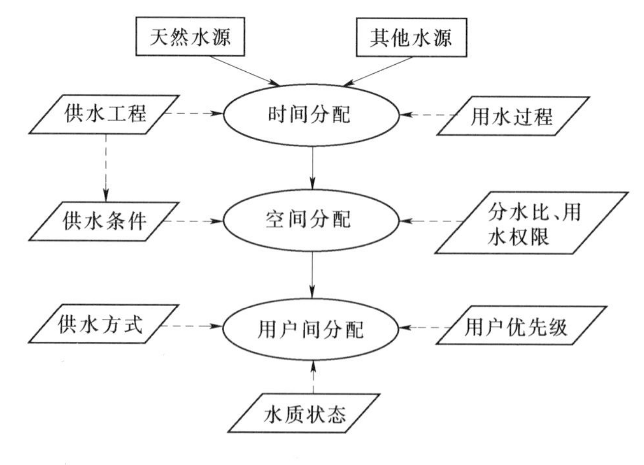

图17－1　水资源配置方案空间

则主要受供水方式、用户优先级和水质状况影响。供水方式是指不由于供水设施的差异存在部分不能跨用户使用的水源，由于供水方式不同导致部分水源不能供给某类用户；用户优先级决定了不同用户对公共性水源的竞争性关系；水质状况反映了不同用户对水质要求而造成的对配置的影响。为了提高水资源配置的精确性，在一般的水源划分基础上，根据其可以对用户的供水方式、水质状况的差异以及系统节点图作为模拟计算基础的需要等作进一步划分。根据细分后的系统建立起从各类水源到不同用户之间的配置关系，从而提高配置计算在微观层面的合理性。

漳河灌区属于水资源丰沛地区的实际，水资源配置工作有其特定意义。一方面漳河灌区天然水资源年内分配过程与主要用水户年内使用过程不一致且存在较大差异，造成漳河灌区水资源尽管在总量上较为丰富，但仍在一些年份或月份存在缺水或严重缺水状况，同时也存在大量弃水；另一方面，大型水利工程基础相对薄弱，对主要干流的控制能力有限，大范围远距离的水资源调配存在一定难度，因而部分用水量较大的区域供水保证程度不高。因此，在水资源利用和分配中遵循的经济、社会及环境的供水有效性原则，区域或用水户间的分水公平性原则和考虑生态需水要求及未来利用的水资源可持续利用原则的基础上，应在全灌区范围内进行水资源的合理配置[33-35]。

17.2 基本原理与方法

17.2.1 基本原理及要求

水资源配置需要以区域水资源条件为基础，在符合水量宏观转化关系的基础上，调度各类工程，从时间、空间以及不同类别用户间有效合理的各类水源。同时，配置工作应与需水预测、供水预测、节水规划、水资源保护等工作相配合，通过不同供需节水方案、水资源保护要求和工程调度措施等组合形成配置方案组合，通过计算、反馈、调整得到各个方案合理的结果，最终采用评价筛选方法得到推荐配置方案。配置工作应以上述要求为基础，遵循以下基本原则：

（1）配置模拟应建立在正确的水资源系统模拟的基础上。包括对天然的水循环过程、人工侧支循环、供用耗排过程等各类主要区域与工程之间的水力联系、各类水源间的转换关系的描述。

（2）合理的工程调度。实现工程对水源在时间和空间上对可控的水资源量的合理分配。

（3）清晰的平衡关系。保证系统水量在点（节点）、线（渠道、河道）、面（水资源区、流域）三个层面上的平衡。

（4）以现有资料条件为基础，合理设置配置计算的时空范围等计算规模和精度，并充分利用和结合已有资料，快速得出结果。

（5）长系列计算反映多年调节工程性能以及供水保证率。

（6）根据需水、供水、水资源保护等前期成果进行多方案设置，建立合理可行定量评价指标体系对各结果评价比选，选择最终的推荐方案。

17.2.2 配置相关的关键技术

17.2.2.1 系统概化及系统网络图

水资源系统网络图是进行水资源配置的工作基础，是对流域水资源系统的概化反映。按照水资源综合规划统一要求，首先以水资源分区和行政分区嵌套形成计算单元，以计算单元和重要水利工程作为建立系统图的基本要素。按照概化的水量传输关系绘制水资源系统网络图，明确各水源、用水户和水利工程的相互关系，建立系统供用耗排关系，以此为基础实现天然和人工侧支水资源运移的系统模拟。系统图中需要反映各种天然水资源排放、供水、排水的可能路线。

系统图是对系统的抽象概化反映，主要由水资源利用转化相关处理的概念化元素构成。要绘制水资源系统网络图，首先需要对系统进行概化，明晰系统中需要考虑的各类与水源传递转化相关的元素。这类元素主要包括计算单元、蓄引提工程、分汇水节点、水汇以及各种水源传输渠道等。计算单元是水资源分区和行政分区嵌套形成的区域，是综合规划中各类资料收集整理的基本单元，也是水源配置的主体对象。计算单元是一个高度概化的对象，其中融合了城镇生活、农村生活、工业及第三产业、农业等四类水源配置用户，同时包括集成反映了单元内部未考虑在系统网络图中的小型水利工程，还包括对污水处理再利用工程的概化，不同区域对各类水源的各种使用要求和限制也由计算单元参数反映。蓄引提工程指系统图上标明的水库及引提水工程，该类工程是天然水资源和水资源开发利用侧支循环耦合的中心，该类元素主要包括对其特性参数和运用规则要求的概化处理。分汇水节点包括天然节点和人为设置的节点两类，前者是重要河流的汇水或分水节点，后者主要是对水量水质有特殊要求或希望掌握的控制断面，通过该类节点设置可以看出预设节点处各类水源过程。水汇主要是指水源传递的终点，包括河流尾闾，湖泊和海洋等，对于漳河灌区水资源系统而言，水汇是长湖。水源传输渠道是对不同类别水源传递途径的抽象概化，包括单元之间以及单元到工程和水汇的污水退水传递、河网径流排放关系，工程到单元或工程到单元的供水传递关系，工程之间、工程到水汇或单元的超蓄水量排放关系等。

以概化后的点线元素为基础，整个系统网络图通过供水系统、污水处理及传输系统、单元河网调蓄系统、水利工程超蓄水量传输系统等子网络共同构筑天然和人工用水循环系统，动态模拟长系列逐时段多水源向多用户的供水量、耗水量、损失量、排水量及蓄变量过程，实现全方位仿真模拟国民经济用水过程中的供用耗排过程。

17.2.2.2 系统模拟技术

一般而言，数学模型可分为模拟模型和优化模型。优化模型一般通过目标函数和约束条件的建立反映系统的要求，以优化求解技术得到满足系统约束的结果。对于配置计算而言就是要通过建立流域水资源循环转化与调控平衡方程、基本计算单元的水资源供用耗排平衡方程、以水利工程调度水量平衡方程等为约束和以供水净效益最大及损失水量最小为目标函数建立数学规划模型，选用可行的优化模型求解技术得出不同参数设置条件下的运行结果。模拟计算则是在严格遵循事先给定的一系列系统运行规则基础上，采用设定的工程调度方式、设置合理的工程分水参数以及其他各类参数控制，快速解决在多水源、多用户、多工程的水资源大系统中存在的水文补偿作用、工程补偿作用、水资源利用与分配等复杂的调节计算问题。模型的建立具有一定透明度和可控性，便于人工经验干预，使模型计算方法简单、运算速度快捷，易于理解和调算。

针对漳河灌区具体实际，本次漳河灌区水资源综合规划的配置工作采用全模拟的方式。不同于传统的以用户需求和水源供给为重点的水资源供需平衡分析，本次配置模型以系统的全部水资源量的运移转化为模拟对象，在以全区域为一个整体的基础上精细模拟水资源转化和供用耗排关系，在把握系统水量循环中得到用户的供需配置关系，从而可以更清楚区域间、工程间的相互影响关系，同时也为模拟计算提出了更高要求。

根据以往的工作基础和经验，以针对大流域、多水源、多用户的复杂水资源系统特点，采取基于"规则"的模拟计算方法编制模型。该方法面向客观实体，以问题为导向，建立基于设计规范、决策程序的控制规则集，以合理过程和实际经验引导系统进行确定的水量分配，并且由程序提供可适当调整的决策过程和方式。通过对规则调整可充分挖掘专家对流域模拟的认知经验，避免系统模拟失真。采用基于规则的全模拟技术，无论水资源系统多么庞大、各节点之间的关系多么复杂，都能快速有效地进行多水源向多用户的水量分配，加速了模型运算速度。

根据概化后的水资源网络子系统，模型建立的规则集包括针对流域水资源分区和供用水特点制定的基本规则集，包括水源利用优先序规则、用户需水满足顺序规则等；针对水源的概化处理规则，如水库概化规则、地下水概化规则、当地可利用地表径流概化规则、污水及处理利用概化规则等；进行各种水源调度的供水规则，如水库群供（弃）水规则、深浅层地下水利用规则、外调水使用规则等；以及引导水流走向及分水配水的计算规则。

由于概化后系统的基本元素功能清晰、相互关系明确，配置模型采用面向对象技术设计整个系统框架，划分各子系统模块，用DELPHI语言编制模型计算部分，达到通用性、可移植性强便于扩展的目的。模型设计兼顾通用性和区域特点，只要按要求设置各类参数，就可根据需要灵活增减水利工程节点和计算单元数目，实现不同工程组合和水源分配方案的计算，迅速得出对应方案的结果。

17.2.2.3 系统化水量平衡关系

在系统模拟中，各类"点"、"线"、"面"的水量平衡关系为水资源平衡计算的基础。"点"的水量平衡主要对象为系统图中各个节点，包括计算单元节点、水利工程节点、分水汇水节点、控制断面等，其平衡关系为计算单元的供需、水量转化关系的平衡，水利工程的水量平衡和分水汇水节点或控制断面的水量平衡等。"线"的水量平衡对象为系统图中各类输水关系，包括地表水输水管道、渠道、河道，跨流域调水的输水线路、弃水传输线路、污水排放的传输线路等，其平衡关系为供水量、损失水量和受水量间的平衡等。"面"的水量平衡对象主要为水资源流域二级区以上的完整区域，其平衡关系为流域总进入系统水量和排出系统水量的平衡。

将水资源系统的各类平衡关系系统概化为对系统内"点"、"线"、"面"对象关系的供需平衡、水量平衡和水量转化计算的描述，有助于对整个水资源系统关系的理解、有助于对各类水源变化的认识和处理、有助于设计和建立相应的模拟计算规程、有助于对模型运行结果的分析，可极大地提高模型系统运行的有效性。

17.2.2.4　配置方案设置

配置方案设置是得到配置结果的前提，方案设置是配置计算中的一项重要工作，也是各种规划决策的直接体现，所以合理设置配置方案尤为重要。水资源配置的方案设置涉及需水预测、节约用水、供水预测、水资源配置和水资源保护等多个环节内容。相关各方面内容一般本身就包含多个方案的设置，而配置工作作为一个中间环节需要将以上各个方面的方案设置有机结合起来形成配置方案集，针对各种方案进行计算和调试，得出各类大框架方案前提下合理的配置结果，再依据方案比选评价原则选择出推荐方案[43-49]。

由于配置方案涉及因素的复杂性，形成了一个极为复杂的多维空间，加之配置计算所要求的多水源、全口径多用户、多区域、多工程在长系列调节计算，具有相当庞大的数据信息量；所以不可能将所有方案组合的可能一一列出，而应当筛选出可行有参考意义的各类方案进行组合，得到配置计算的基本方案集。

按照配置所涉及的以上各个方面因素，为有效考虑各方面因素，同时避免方案集设置过于复杂，将上述涉及的因素划分为供水方案集、需水方案集和运行措施方案集，组合成三维的水资源配置方案集组合，如图17-2所示。其中供水方案包括不同的地表水工程建设方案（包括除险加固等措施）、地下水开采利用方式、污水处理回用、非常规水源利用等各类开源措施组合形成的方案。需水方案根据需水预测所确定的工作确定不同方案下的需水，节水方案体现在不同方案的需水方案中。运行管理措施包括对于可以采用调度措施体现出的区别，如不同用户间的优先级，对生态环境保护与其他供水之间的协调处理等。

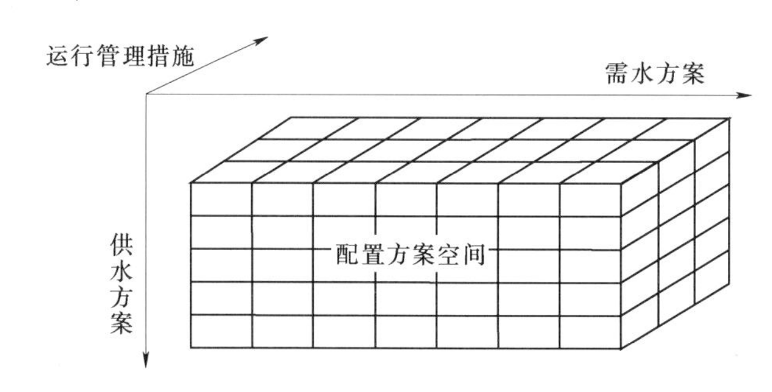

图17-2　水资源配置方案空间

需水方案主要是受经济社会发展和节水实施的影响，涉及一般措施下经济社会需水方案、强化节水下的经济社会需水方案以及生态环境需水方案等。

供水方案涉及地表水工程建设规划、本地中小工程建设规划、跨流域调水规划、地下水开采利用规划、污水处理再利用规划、非常规水源利用规划等。

管理调度措施方案涉及生态环境保护目标、不同用户优先级、水源利用次序、不同水源利用方式及优先序、工程调度方式及调度线、工程分水比（区域及用户）、地下水利用策略等。

对各种组合形成的方案并非全部参与计算，而是筛选出可行且有参考意义的各类方案进行组合。在方案集可行域内，进行初步筛选，形成水资源供需分析计算方案集。方案的设置应依据流域或区域的社会、经济、生态、环境等方面的具体情况有针对性地选取增大供水、加强节水等各种措施组合。而且方案设置本身也是一个动态的过程，通过方案→反馈→新方案→再反馈一系列过程完成方案设置，最后得到水资源配置模型计算的基本方案集（图 17－3），其中需水方案 ABCD，供水方案 12345 及管理调度措施方案一、方案二、方案三等均为给定的一种方案组合。

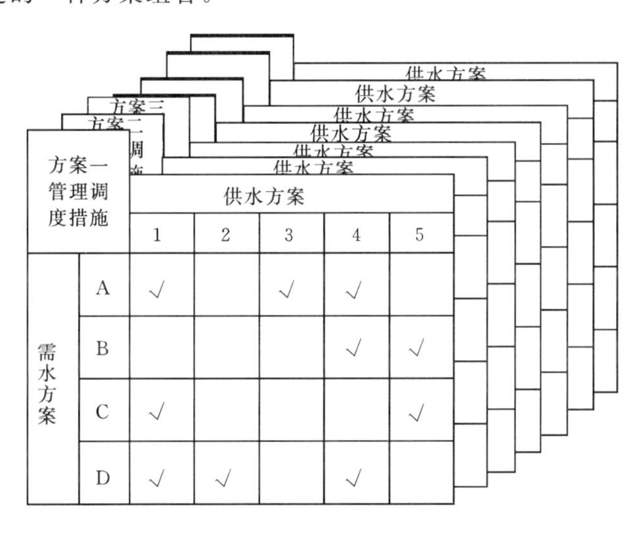

图 17－3 有效配置方案示意图

17.2.2.5 配置方案评价比选

对配置计算的结果进行评价是配置工作的一项重要内容。由于配置结果涉及范围大、层次多，因而是一项复杂系统的工作。水资源配置方案的比选应根据方案经济比较结果及社会、环境等因素综合确定。对比选的配置方案及其主要措施要进行技术经济分析。还须根据有效性、公平性和可持续性原则，从社会、环境、效益等方面按具体制定的评比指标体系，采用适当评价方法，对供需平衡计算所得到的方案集进行分析比较，选出综合表现最好的方案作为推荐方案。对于推荐方案以完整的评价指标体系对推荐方案进行全面评价，得出推荐方案对地区社会经济发展可能产生的影响及程度。评价方案要从水资源所具有的自然、社会、经济和生态等属性出发，分析对区域经济发展的各方面影响，采用完善的指标体系对其进行评价。评价体系应当建立在区域经济发展、工程建设与调度管理三个层次有机结合的基础上，全面衡量推荐方案实施后对区域经济社会系统、生态环境系统和水资源调配系统的影响。

方案评价的指标应具有一定的代表性、独立性和灵敏度，能够反映不同方案之间的差别。评比指标体系中各项指标可以从经济、社会和环境三个方面考虑选取。建立水资源合理配置的评价指标体系，包括三大类：①可直接定量的指标，如投资、耗水量、灌溉面积等；②可间接定量的指标，如灌溉水综合利用系数、扩大灌溉面积和粮食产量等；③定性指标，如配置方案公众认同程度、实施管理难易程度等，通过统计分析、经验判断和其他数学方法量化确定。根据评比指标中的各项结果，并比较各方案之间的相互差别，从总体上说明方案存在的问题和可行程度。

17.3　水资源合理配置模型

水资源配置模型是实现水资源合理配置的具体手段之一。在本次规划工作中，根据研究区的实际情况，有针对性地建立了水资源配置模型。以下对模型的主要内容进行简述。

17.3.1　模型特点

本次研究利用配置模型进行多年逐时段的长系列调节计算。与典型年法比较，长系列调节计算有以下优势：

（1）既能较完整地反映单站地表径流的季节和年际变化，又能反映多站地表径流间的不同步性。

（2）较合理地反映农业需水的动态变化。长系列调节能够同时考虑所在地域降水系列，通过有效降水的转换计算可以求出种植业的需水系列，以反映系统的变动需水要求。

（3）能较精确地确定供水保证率和确定破坏时段的供水破坏深度及其持续性影响。

17.3.2　水资源系统的概化

模型是在概化后的水资源系统的基础上进行计算，因为真实的水资源系统非常复杂，模型不可能完全模拟真实水资源系统中的所有过程。所以首先要从研究的目标出发，提炼出真实水资源系统中的主要特征和过程，实现水资源系统的概化。然后再将水资源系统转化为计算机所能识别的网络系统。具体来讲，它是根据相似性原理，用数学计算公式及程序来描述水资源循环中的主要过程，并将这些程序按照系统的空间和时间顺序组合成一个既符合系统间复杂的相互关系，又能为计算机所识别的网络系统[50,51]。

17.3.2.1　水资源系统描述

鉴于研究区水资源系统的复杂性，本次研究在水资源系统描述方面，采用了多水源、多工程、多水传输系统的系统网络描述法。该方法使水资源系统中的各种水源、水量在各处的调蓄情况及传输关系都能够得到客观、清晰的描述。

在配置方案上考虑了对系统内不同区域的选择和定义、各个工程组合方案、各水平年的需水量、来水量的预测、节水水平、工程运行规则及各种参数等。

在结果分析上包括了各系统元素的水平衡分析、系统内各分区的供水量及供水能力分析、供水效益分析、水源利用情况、弃水情况、工程分水情况等，并对各模拟计算方案进行综合分析比较，寻找出合理可行的规划方案。

17.3.2.2　供水水源分类

本次水资源配置主要以地表水供水为主，配置水源主要有塘堰供水、小型水库供水、中型水库供水、河坝引水、泵站提水供水、漳河水库供水等。

17.3.2.3　需水部门分类

需水部门概化为城镇生活、农村生活、二三产业、农业等几类，在水资源调配时要适当考虑主要河道内生态需水。城镇生活需水仅指城镇居民日常生活需水。第二产业需水指工矿企业在生产过程中用于制造、加工、冷却、洗涤等方面的用水和建筑业用水。第三产业需水包括餐饮业和服务业需水。农村生活需水包括农村居民生活需水。农业需水包括种植业灌溉需水、畜牧业、渔业需水等。

17.3.2.4 计算单元的划分

一个较大的系统其内部会有各种各样的差异。衡量系统的总体情况应当建立在分析其内部差异性的基础上。水资源供需平衡不仅重视分析系统的总体，更要着重分析系统内具体地区的情况。这就要求将研究区域划分为若干计算单元，在对每个计算单元逐个进行供需平衡计算后，再综合概括得到所要分析的特定地区及整个系统的计算成果。

本次规划在研究区水资源分区及行政分区的基础上，考虑到水资源条件及水资源利用方式的差异，将研究区划分为6个计算单元，各计算单元与乡（镇）的对应关系见表17-1。

表17-1 计算单元一乡（镇）对应表

序号	计算单元	乡镇	人口（万人）			耕地面积（万亩）			灌溉面积（万亩）		
			总人口	城镇	农村	合计	水田	旱田	有效灌溉	旱涝保收	机电排灌
合计		40	171.57	68.20	103.37	235.08	174.21	60.88	182.60	140.03	118.54
一	东宝区	6	28.03	16.27	11.76	17.73	16.11	1.62	13.91	11.54	8.21
1		龙泉街办	8.49	7.17	1.32	0.00	0.00	0.00	0.03	0.02	0.01
2		泉口街办	7.88	7.28	0.60	0.06	0.01	0.05	0.00	0.00	0.00
3		石桥驿镇	3.31	0.00	3.31	4.41	3.97	0.44	4.05	2.81	1.24
4		子陵铺镇	4.43	0.34	4.09	5.54	4.75	0.79	4.93	3.42	1.51
5		牌楼镇	1.99	0.00	1.99	2.95	2.35	0.60	2.50	1.74	0.77
6		漳河镇	1.93	1.48	0.45	4.17	4.00	0.17	2.39	1.37	1.51
二	掇刀区	4	22.29	13.76	8.53	17.73	16.41	1.32	14.09	11.19	4.85
1		白庙街办	9.01	8.50	0.51	0.06	0.00	0.06	0.04	0.04	0.02
2		掇刀街办	6.15	4.02	2.13	2.99	2.81	0.18	2.38	1.89	0.82
3		团林铺镇	4.58	0.59	3.99	9.79	9.50	0.29	7.78	6.18	2.68
4		麻城镇	2.55	0.65	1.90	4.89	4.10	0.79	3.89	3.09	1.34
三	沙洋县	13	53.83	20.62	33.21	93.12	77.09	16.03	80.36	60.91	56.83
1		五里铺镇	3.82	1.46	2.36	9.69	8.68	1.01	8.85	5.65	5.30
2		十里铺镇	3.96	1.52	2.44	6.58	6.05	0.53	5.62	4.94	5.49
3		纪山镇	2.70	1.03	1.67	4.18	3.89	0.29	3.47	0.94	1.30
4		拾桥镇	4.19	1.61	2.58	8.12	7.38	0.74	7.72	5.80	4.47
5		后港镇	7.30	2.80	4.50	12.73	12.44	0.29	12.73	11.58	10.26
6		毛李镇	3.86	1.48	2.38	5.37	5.37	0.00	5.37	5.37	5.37
7		官垱镇	3.80	1.46	2.34	7.39	6.64	0.75	6.63	5.21	6.63
8		李市镇	3.75	1.44	2.31	5.55	1.37	4.18	2.38	4.87	1.51
9		马良镇	4.07	1.56	2.51	4.52	0.45	4.07	2.45	1.81	1.98
10		沈集镇	2.05	0.79	1.26	8.44	7.46	0.98	7.08	4.96	4.35
11		曾集镇	4.49	1.72	2.77	10.63	9.86	0.77	9.47	4.94	3.98
12		高阳镇	4.15	1.59	2.56	8.68	7.13	1.55	7.39	3.68	5.05
13		沙洋镇	5.69	2.18	3.51	1.23	0.37	0.86	1.20	1.17	1.14

续表

序号	计算单元	乡镇	人口（万人）			耕地面积（万亩）			灌溉面积（万亩）		
			总人口	城镇	农村	合计	水田	旱田	有效灌溉	旱涝保收	机电排灌
四	钟祥市	6	31.70	8.78	22.92	43.62	27.10	16.52	28.17	21.02	17.74
1		文集镇	4.37	0.21	4.16	4.19	1.70	2.49	1.92	1.50	0.95
2		冷水镇	3.95	1.10	2.85	6.73	5.52	1.21	5.14	3.54	3.41
3		石牌镇	8.55	1.60	6.95	11.60	7.22	4.38	7.58	5.71	5.58
4		胡集镇	7.30	4.31	2.99	10.85	6.99	3.86	8.08	6.09	5.38
5		磷矿镇	3.27	0.86	2.41	4.71	1.58	3.13	1.58	1.41	0.58
6		双河镇	4.26	0.70	3.56	5.54	4.09	1.45	3.88	2.76	1.83
五	荆州区	8	23.31	6.03	17.28	36.97	22.52	14.45	31.37	19.46	21.14
1		纪南	5.61	1.10	4.51	6.61	6.45	0.16	6.41	3.98	4.35
2		川店	2.46	0.20	2.26	7.43	6.91	0.52	5.19	3.23	3.49
3		马山	3.31	0.70	2.61	5.43	5.27	0.16	5.29	3.28	3.56
4		八岭山	3.20	0.50	2.70	5.31	0.43	4.88	5.14	3.19	3.46
5		李埠	3.26	0.35	2.91	3.99	0.80	3.19	3.51	2.17	2.36
6		郢城	2.03	1.23	0.80	1.09	0.98	0.11	0.99	0.61	0.66
7		菱湖农场	2.50	1.95	0.55	3.14	0.03	3.11	3.11	1.93	2.09
8		太湖农场	0.94	0.00	0.94	3.98	1.65	2.33	1.73	1.07	1.16
六	当阳市	3	12.41	2.74	9.67	25.91	14.98	10.94	14.70	15.92	9.77
1		河溶镇	5.63	0.81	4.82	10.26	7.46	2.80	8.07	6.50	2.31
2		淯溪镇	4.29	1.53	2.76	8.75	6.72	2.03	1.22	4.08	2.25
3		草埠湖	2.49	0.40	2.09	6.90	0.80	6.11	5.42	5.34	5.21

17.3.2.5　水资源系统网络

在真实的水资源系统中，计算单元之间、水利工程与计算单元之间都存在着复杂的水力联系。对真实水资源系统进行概化得到的水资源系统网络应充分反映真实系统的主要特征及系统组成部分间的相互关系。水资源系统网络由节点和有向线段构成。节点包括重要水库及计算单元等。有向线段代表天然河道或人工输水渠，它们反映节点之间的水流传输关系。

研究区水资源系统属于多水源复杂水资源系统。该系统的描述和联合补偿调节的核心概念是各类水源的分别平衡和统一受到水资源供水系统硬件参数的制约。如前所述，将水资源配置系统概化为一个网络，则水源工程和用水单元为网络的节点，而输水河渠及排水河渠则成为联系网络上各个节点的弧。

各类水资源的分别平衡和统一调配约束体现在水库与渠系节点和用水单元的水量平衡方程上。首先，对水库而言，其地表水平衡方程包括初始库容、本时段天然来水、蒸发渗漏损失、本库综合利用供水、地表水弃水和时段末库容等项，进入水库的各类水量受到水库的正常库容、死库容及各类调度运行要求的约束。同样道理，各类水量也应受到河渠过水能力和河渠分水节点的有关物理约束和分水比约束。其次，对于城市和农村地区的用水单元，在多水源情形下将由塘堰供水、小型水库供水、中型水库供水、河坝引水、泵站提水等共同满足需水要求。本次规划经过对研究区水资源系统的分析后，概化得到研究区水资源系统网络，如图17－4所示。

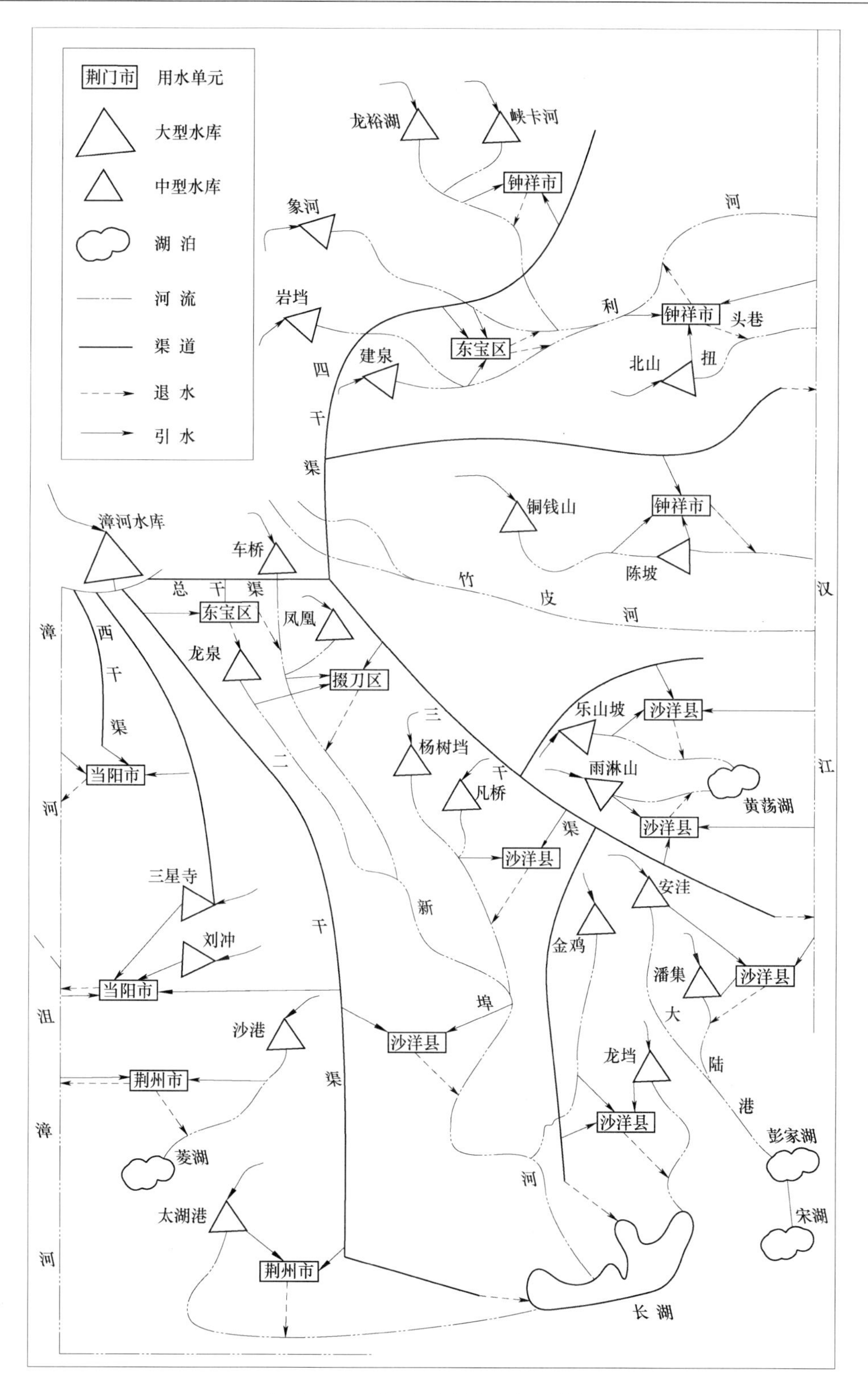

图 17-4　研究区水资源系统网络图

17.3.3　运行规则

模型在模拟实际系统的运行方式时，要有一套运行规则来指导，这些规则的总体构成了系统的运行策略。实际运行时，根据面临时段开始所能得到的系统实际信息，依据运行策略的指导，按照规定的步骤进行计算，就能确定系统在该时段的决策。运行规则包括以下几部分。

17.3.3.1　地表水库的运行调度

每个地表水库都有一个以年为周期的调度图指导其运行。对于漳河水库其形式是：在水库最高兴利水位（汛期为防洪限制蓄水位）和最低允许消落水位即死水位之间，依次有防弃水线和防破坏线控制，从而将水库运行区域分成防弃水区、正常工作区和非正常工作区三部分，如图 17－5 所示。其中防破坏线的划分根据近年来各月生活及二三产业用水量之和的最大值画出，防弃水线的划分根据漳河水库的汛期调度策略得到。当水库水位落在防弃水区时，水库要尽可能多供水，以使水位不超出防弃水线，减少未来时期出现弃水的可能性。水位落在正常工作区时，水库按正常需要供水，除满足生活、两产业需水外，还满足农业需水要求。水位落在非正常工作区时，要限制水库供水。

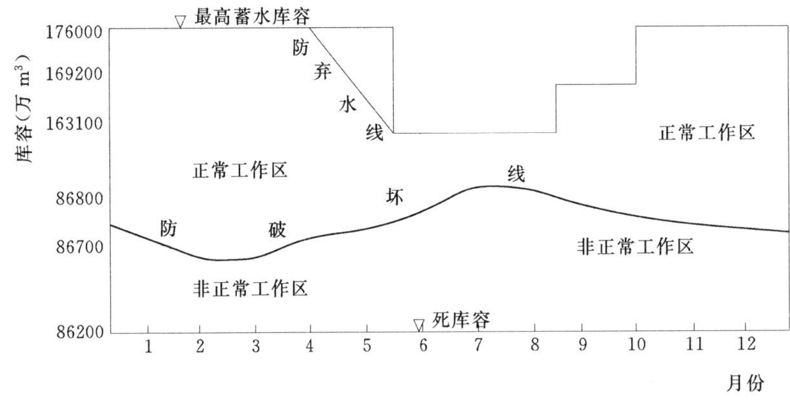

图 17－5　漳河水库调度示意图

对于一般的中型水库而言，由于资料的缺乏我们采用的调度图如图 17－6 所示，水库

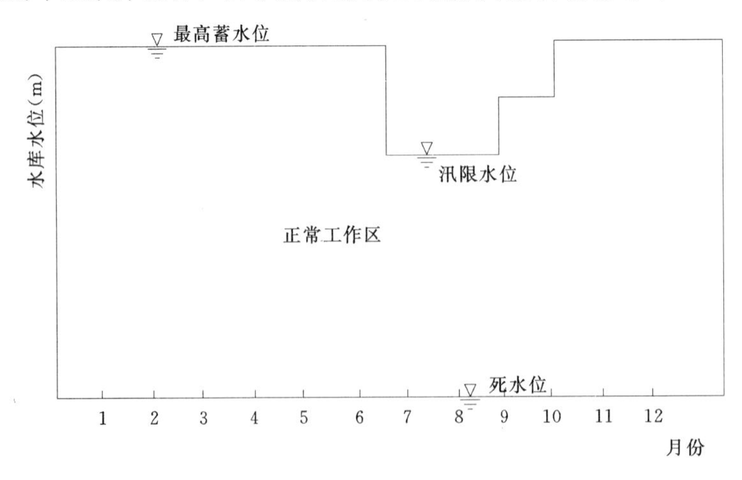

图 17－6　中型水库调度示意图

最高兴利水位（汛期为防洪限制蓄水位）和最低允许消落水位即死水位之间便是水库的正常工作区。

本次水资源供需平衡主要的大中型水库有24座，其主要指标见表17－2。

表17－2　大中型水库主要指标

序号	名称	所在河流	总库容（亿 m^3）	兴利库容（亿 m^3）	死库容（亿 m^3）	正常水位（m）	相应库容（亿 m^3）
1	漳河	漳河	20.3500	9.2400	8.6200	123.5	17.8600
2	金鸡	王桥河	0.1770	0.0960	0.0100	65.50	0.1060
3	龙当	广坪港	0.1435	0.0755	0.0115	52.40	0.0870
4	潘集	大路港	0.1445	0.0908	0.0077	63.40	0.0985
5	安洼	大路港	0.1330	0.0755	0.0165	78.40	0.0920
6	雨林山	官桥河	0.1515	0.0860	0.0140	76.40	0.1000
7	乐山坡	王田巷	0.1518	0.0885	0.0115	77.00	0.1000
8	杨树当	鲍河	0.2500	0.1350	0.0140	75.70	0.1490
9	铜钱山	马家港	0.3470	0.2234	0.0066	83.00	0.2300
10	陈坡	梅龙港	0.1650	0.0490	0.0070	46.50	0.0560
11	峡卡河	峡卡河	0.2590	0.1659	0.0185	128.00	0.1844
12	龙峪湖	双河	0.1685	0.1037	0.0121	117.00	0.1158
13	北山	九度港	0.3769	0.2303	0.0410	91.35	0.2713
14	象河	象河	0.1500	0.1104	0.0030	155.50	0.1134
15	岩当	南桥河	0.1063	0.0712	0.0016	122.00	0.0728
16	建泉	子陵河	0.1237	0.1065	0.0025	100.70	0.1090
17	龙泉	车桥河	0.1660	0.0920	0.0350	93.70	0.1270
18	凤凰	车桥河	0.1035	0.0646	0.0036	104.70	0.0682
19	樊桥	鲍河	0.1260	0.0792	0.0112	81.30	0.0904
20	车桥河	车桥河	0.2011	0.1263	0.0061	112.50	0.1324
21	三星寺	漳河	0.1440	0.1140	0.0010	72.00	0.1150
22	刘冲	漳河	0.1058	0.0768	0.0044	72.00	0.0812
23	沙港	菱角湖	0.1416	0.1038	0.0233	69.50	0.1271
24	太湖港		1.2192	0.2800	0.1021	37.00	0.3835

17.3.3.2 配水规则

1. 各种需水要求满足顺序

依次为城镇与农村生活、二三产业、农业，但每一项需水均有最小控制。供水保证率分别为：城镇与农村生活为100%，二三产业为95%。

2. 不同需水要求下的供水次序

城镇生活为：优质地表水，东宝区和掇刀区由漳河水库供水，其他计算单元依次由小型水库、中型水库、河坝及泵站供水，最后不足部分由漳河水库补充。

农村生活为：主要由除塘堰之外的其他水源按次序供水。

二三产业依次为：小型水库供水；中型水库正常工作区水量；河坝引水与泵站提水供水；漳河水库防弃水线以上水量；漳河水库防破坏线以上水量；漳河水库死水位以上水量。

农业依次为：塘堰供水，小型水库供水，中型水库正常工作区水量，河坝引水与泵站提水供水，漳河水库防弃水线以上水量，漳河水库防破坏线以上水量供水。

发电用水：由于本次调算是以月为计算时段，而漳河水库的发电是根据水库水位确定发电方式和发电流量，属于实时调度的范畴，本次无法考虑发电用水，再者漳河水库以供水为主要目的，发电属于次要目标，暂时可以不考虑。

3. 地表水库对其供水区内各计算单元的分水比

分水比用以直接确定水库供水在各计算单元间的分配关系，本次配置主要考虑了漳河水库农业用水的区域分配关系，同时对于灌区中承担两个计算单元供水任务的象河水库、岩垱水库、建泉水库、车桥水库、龙泉水库等中型水库也要考虑区域分水比例问题。

4. 渠系水利用系数

本次水资源配置模型采用净需水与净供水的供需分析，对于不同的水源采用不同的渠系水利用系数，而且随着水平年的不同，渠系水利用系数也略有不同，具体采用值参考了《湖北省漳河灌区续建配套与节水改造规划报告》的推荐值，见表17-3。另外，水资源配置过程中对于农业用水还要考虑田间水利用系数，本次采用统一值0.90。

表17-3　　各类水利工程渠系水利用系数表

工程类型	塘堰	小型水库	中型水库	漳河水库	引提工程
现状年	0.90	0.75	0.70	0.44	0.75
2020年	0.90	0.8	0.80	0.60	0.8

5. 并列供水水库在同一工作区内水量利用次序

对于这种情况并列供水。显然，供需平衡计算结果与所给定的运行策略有关。通过修正运行策略可得到较为满意的结果。一般原则是：计算单元之间同类供水保证率相差悬殊时，修正相应的供水水库的分水比；计算单元内城镇生活和二产供水保证率偏低或偏高时，修正对应的供水水库的防破坏线。

17.3.4　基本假定与计算原则

模型遵循下述的基本假定与计算原则：

（1）时间上以时段为单位，不考虑时段内来水、需水等不均匀的变化。逐时段计算时，认为面临时段的需水、地表来水等量已知，而未来时期的情况未知。

（2）地域上以计算单元为单位。每个计算单元内不同需水要求所对应的各类供水区的比重预先给定。

（3）按照需水要求供水。塘堰只能供给农业用水，小型水库可以供给农村生活用水、二三产业用水和农业用水，中型水库、河坝引水、泵站提水、漳河水库可以供给各类用水部门用水。

(4) 每个地表水工程只对其指定的供水区承担供水任务。

(5) 同时承担对两个计算单元供水任务的中型水库，分别按50%的比例向两个计算单元供水。

(6) 漳河水库对各计算单元的分水比例根据现状年（2005年）漳河水库实灌面积在各计算单元的分布求得。

(7) 地表水库的时段蒸渗损失按时段初末水库水位的平均值来计算。

17.3.5 模型的约束条件

模型用数学公式来描述水资源循环中的主要过程。各地表水库第$t(t=1，2，\cdots，T_1)$时段的供水量，以$W_{t,g}^{n_1}(n_1=1，2，\cdots，N_1)$表示；各水库第$t$时段的弃水量，用$W_{t,q}^{n_1}(n_1=1，2，\cdots，N_1)$表示；各水库间第$t$时段的输水量，记作$x_t^{(n,m)}(n，m=1，2，\cdots，N_1)$，其中，$(n，m)$表示第$n$水库向第$m$水库输水；各水库第$t$时段初的蓄水量，用$V_t^n$表示，第$t$时段末蓄水量用$V_{t+1}^n$表示。本模型用到的主要约束条件如下：

(1) 保证率约束：在考虑供水优先级的情况下各部门供水保证率应达到设计保证率要求，即城镇生活供水、农村生活供水和工业供水的保证率达到95%以上。

(2) 各水库各时段的水量平衡方程，水库系统中任一个水库，在第t时段的来水量（包括天然入流和受控入流）及出水量间应满足水量平衡方程，即：

$$V_{t+1}^{n_1}=V_t^{n_1}+W_{t,r}^{n_1}+\sum_i \xi_t^{(l,n_1)}x_t^{(l,n_1)}-\sum_m x_t^{(n_1,m)}-W_{t,g}^{n_1}-\Delta W_t^{n_1}-W_{t,q}^{n_1}$$
$$(n_1=1,2,\cdots,N_1),(t_1=1,2,\cdots,T_1) \qquad (17-1)$$

式中：$W_{t,r}^{n_1}$为第t时段第n_1水库的天然入库水量；$\xi_t^{(l,n_1)}$为第t时段第$l(l\neq n)$水库向第n_1水库输水的效率系数；$\Delta W_t^{n_1}$为第t时段第n_1水库的损失水量，上式是水库状态转移方程。

(3) 水库库容（水位）约束，水库系统中任一水库，第t时段末的蓄水量不能超过相应水库允许的最大蓄水量，即：

$$V_s^{n_1}\leqslant V_{t+1}^{n_1}\leqslant V_{t,\max}^{n_1} \quad \forall t,n \qquad (17-2)$$

式中：$V_s^{n_1}$为第n_1水库的死库容；$V_{t+1}^{n_1}$为第n_1水库第t时段末的蓄水量；$V_{t,\max}^{n_1}$为第n_1水库第t时段末的允许最大蓄水库容，在汛期是防洪限制水位相应的库容；在非汛期，是正常蓄水位相应的库容。

(4) 水库的泄水能力约束，各水库任一时段的弃水量不能超过相应水库的最大泄水能力，即：

$$W_{t,q}^{n_1}\leqslant q_{\max}^{n_1},\forall t,n_1 \qquad (17-3)$$

式中：$W_{t,q}^{n_1}$为第n_1水库第t时段的弃水量；$q_{\max}^{n_1}$为第n_1水库第t时段的最大泄水能力。

(5) 水库分水量限制。对于向多个计算单元同时供水的水库，在枯水年或偏枯水年就可能出现这样的情况：最近的计算单元供水很多，需水得以全部满足，而较远的计算单元供水很少，破坏程度很大。实践经验表明，无论是从时间分布还是从空间分布的角度看，需水发生破坏时，都是以“宽浅式”破坏所造成的损失最小。另一方面，实际上有些水库本身对各地区的供水都有一定约定，供水调度必须遵守。否则，可能会导致地区之间的矛盾。因此，对于这样的水库，当进行供水调度计算时，水库对下游元素（下游水库，下游供水区或下游节点）的分水量按确定分水比进行水量的地区分配。

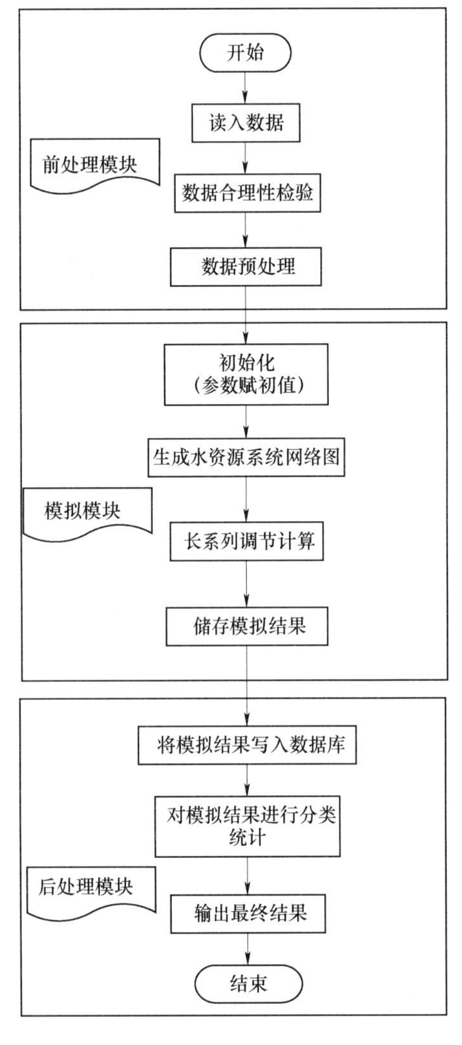

图 17－7　模型程序设计框图

（6）供水渠道过流能力约束。

（7）河流系统生态环境需水量约束，任一时段，水库系统对下游的泄水量应大于河流系统生态环境需水量。

$$W_{t,q}^{n_1} \geqslant W_s,\forall t,n \qquad (17-4)$$

式中：W_s 为河流系统生态环境需水量。

（8）需水量的约束，任一时段，水库与地下水库的供水量之和不能超过总的需水量，即：

$$W_{t,g}^{n_1} + W_{t,g}^{n_2} \leqslant W_{t,x},\forall t,n \qquad (17-5)$$

式中：$W_{t,x}$ 为第 t 时段的最大需水量。

（9）非负约束，上述各式中各决策变量大于等于零。

17.3.6　模型程序的结构

模型的程序设计遵循模块化的原则，以利于模型的应用、修订及升级。模型由前处理模块、模拟计算模块和后处理模块三大部分组成。模型的程序设计框图如图 17－7 所示。

17.3.6.1　前处理模块

前处理模块的功能是完成模拟计算前的各种准备工作，其中包括读入数据、部分数据的预处理及数据合理性检验。读入的数据包括各种基本数据、部分参数初始值及程序控制数据。数据预处理可以减少模拟计算时的重复计算量，提高计算效率，缩短计算时间。数据合理性检验也是必要的环节，可以有效预防不必要的错误。

17.3.6.2　模拟计算模块

模拟计算模块进行长系列逐时段的模拟计算。包括参数赋初值、生成水资源系统网络、长系列模拟计算、计算结果储存等。其中，长系列模拟计算的流程图见图 17－8。

17.3.6.3　后处理模块

后处理模块的功能是对模拟计算结果进行统计处理。此模块由一组相对独立、但又有联系的子程序组成，将模拟计算结果转换为易读的表格形式，以便于结果分析。

单独编制后处理程序来输出计算成果，好处是只需要编制、调整、编译和运行后处理

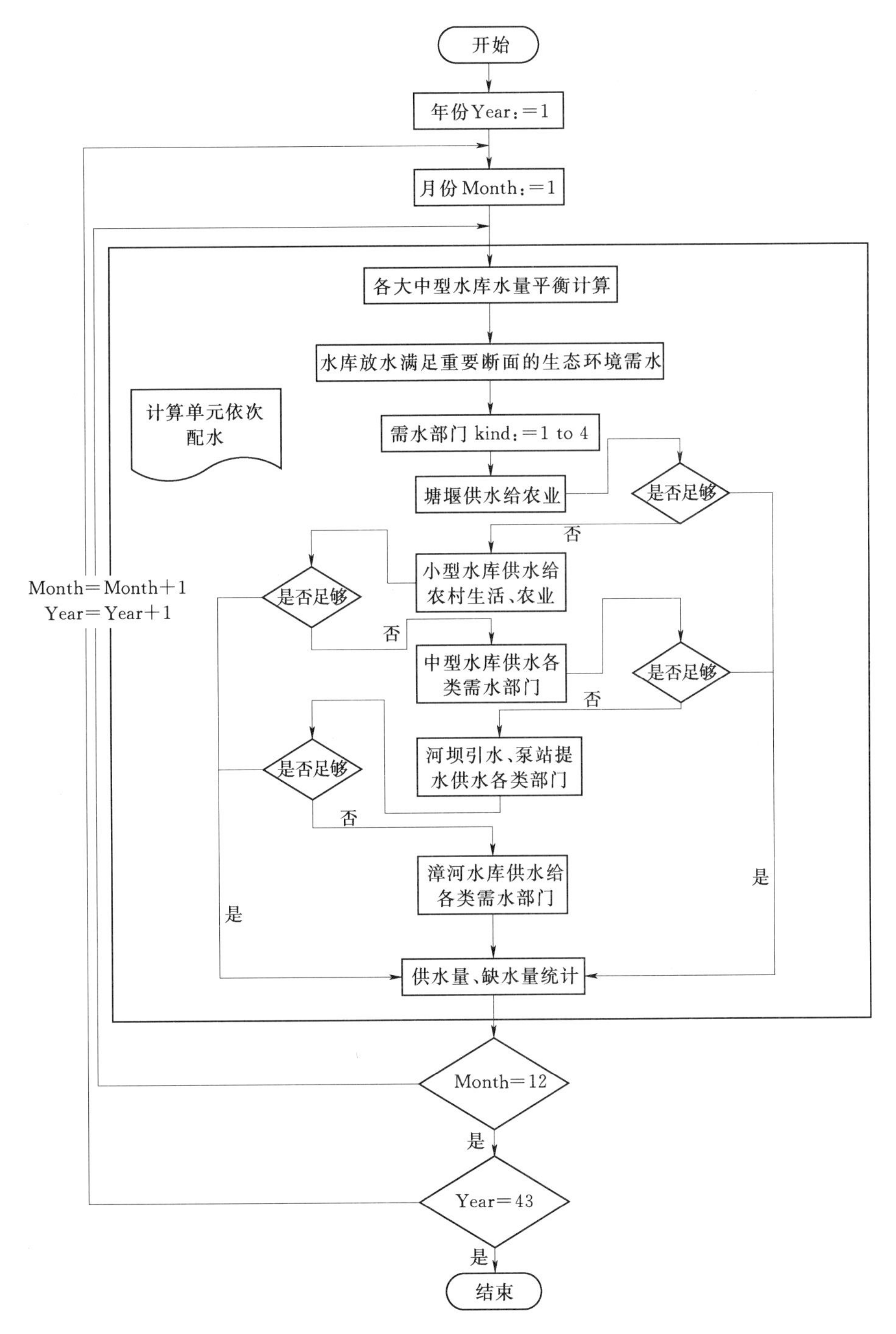

图 17-8　模拟计算过程图

程序，而不需要反复地修改、编译及运行前处理模块和模拟模块。在模型的应用中，经常需要输出不同种类、不同详细程度及不同格式的成果，因此编制了一系列相对独立的子程序来进行各种后处理，输出各种成果。

17.3.7　模型的数据

17.3.7.1　模型输入

模型的输入数据包括：

(1) 需水：历年逐月逐计算单元城镇生活需水、农村生活需水、二三产业需水、农业需水及河道内生态的需水。

(2) 水文气象：24座大中型水库（包括漳河水库）的入流系列、各计算单元的当地径流系列、各计算单元的降水系列及不同频率降雨量、各计算单元的水面蒸发系列。

(3) 工程参数：各大中型水库的特征参数及供水范围、当地中小型水库参数、渠道过流能力。

(4) 各大中型水库的调度规则，包括四条调度线：最高蓄水位、防弃水线、防破坏线和死水位。

(5) 其他：河道控制断面目标流量、各用水部门回归系数等。

17.3.7.2　模型中间成果

模型的中间计算成果包括：水库蓄水量、水库弃水量、各种水源向各用水部门的供水量、各用水部门缺水量、回归水量、河道流量等。

17.3.7.3　模型输出

模型的输出数据：可以统计出所需要的各种供水量、供水过程、缺水量、缺水率等指标，为详细的供需平衡分析提供基础。

17.4　漳河灌区水资源配置方案

水资源配置方案的设置与生成实质上是水资源配置中不同配置措施进行组合的过程，对于研究区水资源配置方案生成有较大影响的调控措施可以大致归为三类：一是区域水资源调控的基本准则，包括研究区与邻近地区的水量分配方案、水资源系统在调度运行中遵循的基本准则等；二是用水模式，主要包括部门用水比例、用水结构、用水效率和节水水平等；三是供水潜力的挖掘，包括水利工程的建设、非常规水源的开发利用等。

在设置方案时，首先是以现状为基础，包括现状的用水结构和用水水平、供水结构和工程布局、现状生态格局等。其次要参照各种规划，包括区域社会经济发展、生态环境保护、产业结构调整、灌区续建配套规划、灌区病险水库改造规划、灌区水利工程及节水治污等方面的规划。

根据研究区水资源配置现状，结合不同水平年的相关规划，对上述主要影响因子进行可能的组合，得到配置方案的初始集。进一步考虑合理配置方案的非劣特性，采用人机交互的方式排除初始方案集中代表性不够和明显较差的方案，得到水资源合理配置方案集。其中现状年方案主要是以现状供用水模式为基础，对2020规划水平年得到3套方案，另外对规划水平年再提出1套节水方案。各方案的设置情况见表17-4。

表 17-4　水资源配置方案的设置

水平年	现状年	2020 年			
方案代码	2005A	2020A	2020B	2020C	2020D
人口	Ⅱ	Ⅱ	Ⅱ	Ⅱ	Ⅱ
城镇化率	Ⅱ	Ⅱ	Ⅰ	Ⅲ	Ⅱ
社会生产总值	Ⅱ	Ⅱ	Ⅰ	Ⅲ	Ⅱ
产业结构	Ⅱ	Ⅱ	Ⅱ	Ⅲ	Ⅱ
工业增加值	Ⅱ	Ⅱ	Ⅰ	Ⅲ	Ⅱ
建筑业	Ⅱ	Ⅱ	Ⅰ	Ⅲ	Ⅱ
第三产业增加值	Ⅱ	Ⅱ	Ⅰ	Ⅲ	Ⅱ
耕地面积	Ⅱ	Ⅱ	Ⅱ	Ⅱ	Ⅱ
播种面积	Ⅱ	Ⅱ	Ⅱ	Ⅱ	Ⅱ
种植结构	Ⅱ	Ⅱ	Ⅱ	Ⅲ	Ⅱ
灌溉面积	Ⅱ	Ⅱ	Ⅱ	Ⅱ	Ⅱ
林牧渔业	Ⅱ	Ⅱ	Ⅱ	Ⅱ	Ⅱ
城镇生活需水定额	Ⅱ	Ⅱ	Ⅱ	Ⅱ	Ⅱ
农村生活需水定额	Ⅱ	Ⅱ	Ⅱ	Ⅱ	Ⅱ
一般工业需水定额	Ⅱ	Ⅱ	Ⅱ	Ⅱ	Ⅱ
火电需水定额	Ⅱ	Ⅱ	Ⅱ	Ⅱ	Ⅱ
第三产业需水定额	Ⅱ	Ⅱ	Ⅱ	Ⅱ	Ⅱ
综合灌溉定额	Ⅱ	Ⅱ	Ⅱ	Ⅱ	Ⅱ
有效灌溉面积	Ⅱ	Ⅱ	Ⅱ	Ⅱ	Ⅱ
渠系水利用系数	见表 17-3	见表 17-3	见表 17-3	见表 17-3	见表 17-3
田间水利用系数	0.9	0.9	0.9	0.9	0.9
调度规则	设计调度线	设计调度线	设计调度线	设计调度线	设计调度线
水利工程	现状	现状	现状	现状	现状
水库分水比例	均分	均分	均分	均分	均分
水库联调	√	√	√	√	√
考虑河道内需水	√	√	√	√	√
节水方案	○	○	○	○	√

注　“√”表示生效的因子，“○”表示未生效的因子；Ⅰ、Ⅱ和Ⅲ分别表示某一因子的低、中和高情景。

对各配置方案的说明如下：

(1) 方案 2005A：用水模式与现状年基本相同，供水方面考虑扣除现状供水量中不合理的部分，如考虑生态环境需水要求等。方案 2005A 对应于现状年水资源一次供需平衡。

(2) 方案 2020A：需水保持外延式增长，供水能力基本保持现状，对应于 2020 水平年水资源一次供需平衡。

(3) 方案 2020B：国民经济低情景发展模式，产业结构调整采用中发展方案，节水为基本节水水平。

（4）方案2020C：国民经济高速发展模式，产业结构调整采用高方案，节水为基本节水水平。

（5）方案2020D：在方案2020A的基础上，考虑通过加大节水，增加再生水的利用，对应于2020水平年水资源二次供需平衡。

17.5　现状年供需分析

根据漳河水库来水系列资料的排频得到50%、75%、95%来水频率分别对应的年份是1969年、2001年和1986年，在对现状年和2020年供需平衡结果进行统计时分别对这些代表年份进行统计。

在现状年推荐水资源配置方案下，利用配置模型进行多年长系列调节计算，得到现状年水资源供需平衡结果。现状年的推荐配置方案为2005A，对应于水资源一次供需平衡。

17.5.1　供需平衡结果

1. 全灌区供需平衡结果

现状年全灌区供需平衡结果见表17-5。表中列出了多年平均及不同供水保证率（50%、75%和95%）时的供需平衡结果。多年平均的净需水量为8.94亿m^3，净供水量为7.99亿m^3，其中对城镇生活、农村生活、二三产业、农业的供水分别为0.36亿m^3、0.19亿m^3、0.84亿m^3和6.61亿m^3，综合缺水率为12%。从缺水率来看，城镇生活与农村生活的需水都基本得到满足。在多年平均及不同供水保证率时，二三产业缺水率在0～6%之间，农业缺水率较高，在1%～38%之间，综合缺水率在1%～33%之间。

表17-5　　**现状年全灌区供需平衡结果**　　单位：万m^3

供水保证率			多年平均	50%	75%	95%
需水	生活	城镇	3609	3609	3609	3609
		农村	1887	1887	1887	1887
	生产	二三产业	8605	8605	8605	8605
		农业	75270	64987	81330	91192
	合计		89371	79088	95431	105293
供水	生活	城镇	3565	3609	3609	3484
		农村	1875	1887	1887	1887
	生产	二三产业	8447	8605	8605	8128
		农业	66053	64375	76058	57556
	合计		79940	78476	90159	71055
缺水	生活	城镇	44	0	0	125
		农村	11	0	0	0
	生产	二三产业	158	0	0	477
		农业	9218	612	5272	34239
	合计		9431	612	5272	34841

续表

供水保证率			多年平均	50%	75%	95%
缺水率	生活	城镇	0.01	0.00	0.00	0.03
		农村	0.01	0.00	0.00	0.00
	生产	二三产业	0.02	0.00	0.00	0.06
		农业	0.14	0.01	0.06	0.38
	综合		0.12	0.01	0.06	0.33

2. 各计算单元供需平衡结果

多年平均和供水保证率为50%、75%和95%下的现状年各计算单元供需平衡统计结果见附表17-1。各计算单元各用水部门在不同供水保证率下的缺水率情况见表17-6。供水保证率为50%时，全灌区只有荆州存在农业缺水情况，其他各计算单元的各类用水需求都能够得到满足；供水保证率为75%时，仍然是农业存在缺水情况，其中荆州区的农业缺水最为严重，农业缺水率达到了38%，这主要是当地地表供水不足造成的；供水保证率为95%时，各计算单元的各类用水部门都不同程度地存在缺水现象，其中仍然以农业缺水最为严重，荆州区和当阳市的农业缺水率分别达到了79%和47%。

表17-6　现状年各计算单元用水部门在不同供水保证率下的缺水率

用水部门		城镇生活	农村生活	二三产业	农业
东宝区	多年平均	0.01	0.00	0.02	0.03
	50%	0.00	0.00	0.00	0.00
	75%	0.00	0.00	0.00	0.00
	95%	0.01	0.00	0.08	0.14
掇刀区	多年平均	0.03	0.01	0.03	0.05
	50%	0.00	0.00	0.00	0.00
	75%	0.00	0.00	0.00	0.00
	95%	0.08	0.00	0.08	0.25
沙洋县	多年平均	0.01	0.01	0.02	0.07
	50%	0.00	0.00	0.00	0.00
	75%	0.00	0.00	0.00	0.00
	95%	0.05	0.00	0.03	0.35
钟祥市	多年平均	0.00	0.00	0.00	0.01
	50%	0.00	0.00	0.00	0.00
	75%	0.00	0.00	0.00	0.00
	95%	0.00	0.00	0.00	0.06
荆州区	多年平均	0.00	0.01	0.01	0.45
	50%	0.00	0.00	0.00	0.06
	75%	0.00	0.00	0.00	0.38
	95%	0.00	0.00	0.00	0.79

续表

用水部门		城镇生活	农村生活	二三产业	农业
当阳市	多年平均	0.01	0.01	0.01	0.13
	50%	0.00	0.00	0.00	0.00
	75%	0.00	0.00	0.00	0.02
	95%	0.00	0.00	0.00	0.47
全灌区	多年平均	0.01	0.01	0.02	0.14
	50%	0.00	0.00	0.00	0.01
	75%	0.00	0.00	0.00	0.06
	95%	0.03	0.00	0.06	0.37

17.5.2　供水结构

1. 全灌区供水结构

现状年全灌区各种水源的供水量见表 17－7，其中包括多年平均及不同供水保证率(50%、75%和 95%）时供水量。全灌区多年平均毛供水量为 13.6 亿 m^3，其中塘堰供水 1.63 亿 m^3，小型水库供水 1.71 亿 m^3，中型水库供水 1.97 亿 m^3，河坝引水与泵站提水分别供水 0.58 亿 m^3 和 1.82 亿 m^3，漳河水库现状年多年平均供水 5.92 亿 m^3，漳河水库供水占灌区总供水量的 43.5%；供水保证率为 50%时，全灌区总供水量为 13.32 亿 m^3，其中塘堰供水 1.75 亿 m^3，小型水库供水 1.94 亿 m^3，中型水库供水 2.23 亿 m^3，河坝引水与泵站提水分别供水 0.41 亿 m^3 和 1.31 亿 m^3，漳河水库供水 5.68 亿 m^3，漳河水库供水占灌区总供水量的 42.7%；供水保证率为 75%时，全灌区总供水量为 15.87 亿 m^3，其中塘堰供水 1.59 亿 m^3，小型水库供水 1.35 亿 m^3，中型水库供水 2.27 亿 m^3，河坝引水与泵站提水分别供水 0.59 亿 m^3 和 2.04 亿 m^3，漳河水库供水 8.03 亿 m^3，漳河水库供水占灌区总供水量的 50.6%；供水保证率为 95%时，全灌区总供水量为 12.02 亿 m^3，其中塘堰供水 1.59 亿 m^3，小型水库供水 1.35 亿 m^3，中型水库供水 1.52 亿 m^3，河坝引水与泵站提水分别供水 0.62 亿 m^3 和 1.82 亿 m^3，漳河水库供水 5.12 亿 m^3，漳河水库供水占灌区总供水量的 42.6%。

表 17－7　　现状年灌区供水量汇总表　　单位：万 m^3

供水类型	多年平均	50%	75%	95%
塘堰供水	16250	17507	15874	15874
小型水库	17064	19425	13469	13469
中型水库	19678	22288	22707	15186
河坝引水	5829	4098	5893	6224
泵站提水	18192	13079	20445	18238
漳河水库	59215	56772	80279	51169
总供水量	136228	133169	158667	120160

2. 各计算单元供水结构

多年平均和供水保证率为50%、75%和95%下的现状年各计算单元各种水源的供水结构统计见附表17-2，现状年多年平均状况下各计算单元的供水结构见表17-8。从水源结构来看，除钟祥市和当阳市外各计算单元漳河水库的供水比例最大，其中漳河水库供给掇刀区和东宝区的水量占计算单元总供水量的比例最大，分别达到64.92%和60.42%，从区域分配角度看，漳河水库供给沙洋县的水量最大，达到了46.04%，其次是东宝区为20.92%。需要说明的是，在供需平衡模型中只对漳河水库的农业供水进行了区域按比例分配，所以此处得到的结果可以和当时设置的供水比例不同。

表17-8　现状年多年平均状况下各计算单元的供水结构　单位：万 m^3

供水水源	东宝区		掇刀区		沙洋县		钟祥市		荆州区		当阳市	
	水量	比例	水量	比例	水量	比例	水量	比例	水量	比例	水量	比例
塘堰	4927	24.03%	2392	16.58%	3425	5.75%	3920	22.17%	1024	6.85%	563	6.17%
小库	1906	9.30%	1236	8.57%	5209	8.75%	5139	29.06%	1483	9.92%	2092	22.94%
中型水库	572	2.79%	582	4.03%	9040	15.18%	5287	29.90%	3424	22.91%	772	8.47%
河坝	630	3.07%	659	4.57%	3488	5.86%	1042	5.89%	10	0.07%	0	0.00%
泵站	79	0.39%	192	1.33%	11131	18.69%	1680	9.50%	2015	13.48%	3094	33.94%
漳河水库	12387	60.42%	9365	64.92%	27263	45.77%	615	3.48%	6987	46.77%	2597	28.48%
全灌区	20501	100.00%	14426	100.00%	59556	100.00%	17683	100.00%	14943	100.00%	9118	100.00%

17.6 2020水平年供需平衡分析

在2020规划水平年推荐水资源配置方案下，利用配置模型进行多年长系列调节计算，得到2020水平年水资源供需平衡结果。2020水平年的推荐配置方案为2020D。推荐配置方案对应于水资源二次供需平衡。

17.6.1 供需平衡结果

1. 全灌区供需平衡结果

2020年全灌区供需平衡结果见表17-9。表中列出了多年平均及不同供水保证率（50%、75%和95%）时的供需平衡结果，详见附表17-3～附表17-6。多年平均的净需水量为10.0亿 m^3，净供水量为8.62亿 m^3，其中对城镇生活、农村生活、二三产业、农业的供水分别为0.90亿 m^3、0.27亿 m^3、2.12亿 m^3 和5.33亿 m^3，综合缺水率为14%。从缺水率来看，农业缺水程度远远高于其他用水部门的缺水率。在多年平均及不同供水保证率时，二三产业缺水率在0～27%之间，农业缺水率较高，在2%～48%之间，综合缺水率在1%～40%之间。

表 17-9　　2020年全灌区供需平衡结果　　单位：万 m^3

供水保证率			多年平均	50%	75%	95%
需水	生活	城镇	9454	9454	9454	9454
		农村	2700	2700	2700	2700
	生产	二三产业	22948	22948	22948	22948
		农业	64890	56343	69955	78049
	合计		99992	91445	105057	113151
供水	生活	城镇	9018	9454	9454	8253
		农村	2654	2700	2700	2700
	生产	二三产业	21200	22948	22948	16817
		农业	53331	55225	67296	40408
	合计		86203	90327	102399	68178
缺水	生活	城镇	436	0	0	1201
		农村	47	0	0	0
	生产	二三产业	1749	0	0	6132
		农业	11558	1118	2659	37641
	合计		13790	1118	2659	44974
缺水率	生活	城镇	0.05	0.00	0.00	0.13
		农村	0.02	0.00	0.00	0.00
	生产	二三产业	0.08	0.00	0.00	0.27
		农业	0.18	0.02	0.04	0.48
	综合		0.14	0.01	0.03	0.40

2. 各计算单元供需平衡结果

多年平均和供水保证率为50%、75%和95%下的2020年各计算单元供需平衡结果见附表17-6。2020年各个计算单元各用水部门在不同供水保证率下的缺水情况见表17-10。供水保证率为50%时，全灌区综合缺水率为1%，全灌区主要缺水发生在农业用水部门，除当阳市城镇生活有少量缺水外，其他各用水部门的用水都得到了较好的满足，其中荆州区的农业缺水率较大，达到了12%，这可能与当地供水不足有关；供水保证率为75%时，全灌区综合缺水率为3%，全灌区各类用水或多或少都存在缺水情况，其中农业缺水最为严重，其中荆州区的农业缺水率达到了23%；供水保证率为95%时，全灌区综合缺水率为42%，各计算单元的各类用水部门都不同程度地存在缺水现象，其中仍然以农业缺水最为严重，荆州区和沙洋县的农业缺水率分别达到了71%和57%。

表 17-10　　2020年各计算单元各用水部门在不同供水保证率下的缺水率

用　水　部　门		城镇生活	农村生活	二三产业	农　业
东宝区	多年平均	0.03	0.00	0.08	0.07
	50%	0.00	0.00	0.00	0.00
	75%	0.00	0.00	0.00	0.00
	95%	0.13	0.00	0.31	0.37
掇刀区	多年平均	0.10	0.01	0.11	0.12
	50%	0.00	0.00	0.00	0.00
	75%	0.00	0.00	0.00	0.00
	95%	0.34	0.00	0.43	0.49
沙洋县	多年平均	0.05	0.03	0.06	0.16
	50%	0.00	0.00	0.00	0.00
	75%	0.00	0.00	0.00	0.00
	95%	0.10	0.00	0.11	0.57
钟祥市	多年平均	0.00	0.00	0.00	0.00
	50%	0.00	0.00	0.00	0.00
	75%	0.00	0.00	0.00	0.00
	95%	0.00	0.00	0.00	0.07
荆州区	多年平均	0.02	0.03	0.04	0.49
	50%	0.00	0.00	0.00	0.12
	75%	0.00	0.00	0.00	0.23
	95%	0.00	0.00	0.00	0.71
当阳市	多年平均	0.04	0.02	0.04	0.15
	50%	0.00	0.00	0.00	0.00
	75%	0.00	0.00	0.00	0.00
	95%	0.00	0.00	0.00	0.35
全灌区	多年平均	0.05	0.02	0.08	0.18
	50%	0.00	0.00	0.00	0.02
	75%	0.00	0.00	0.00	0.04
	95%	0.13	0.00	0.27	0.47

17.6.2　供水结构

1. 全灌区供水结构

2020年全灌区各种水源的供水量见表17-11，其中包括多年平均及不同供水保证率（50%、75%和95%）时供水量。全灌区多年平均毛供水量为13.34亿m^3，其中塘堰供水1.56亿m^3，小型水库供水1.67亿m^3，中型水库供水1.96亿m^3，河坝引水与泵站提水分别供水0.51亿m^3和1.40亿m^3，漳河水库2020年多年平均供水6.23亿m^3，漳河水库供水占灌区总供水量的46.7%。供水保证率为50%时，全灌区总供水量为14.14亿m^3，其中塘堰供水1.68亿m^3，小型水库供水1.82亿m^3，中型水库供水2.22亿m^3，河坝引水与泵站提水分别供水0.38亿m^3和0.82亿m^3，漳河水库供水7.23亿m^3，漳河水库供水占灌区总供水量的51.1%；供水保证率为75%时，全灌区总供水量为10.12亿m^3，其中塘堰供水1.50亿m^3，小型水库供水1.37亿m^3，中型水库供水1.59亿m^3，河坝引水与泵站提水分别供水0.67亿m^3和1.63亿m^3，漳河水库供水3.37亿m^3，漳河水库供水占灌区总供水量的33.3%；供水保证率为95%时，全灌区总供水量为10.12亿m^3，其中塘堰供水1.50亿m^3，小型水库供水1.37亿m^3，中型水库供水1.59亿m^3，河坝引水与泵站提水分别供水0.67亿m^3和1.63亿m^3，漳河水库供水3.37亿m^3，漳河水库供水占灌区总供水量的33.3%。

表17-11　2020年灌区供水量汇总表　单位：万m^3

供水类型	多年平均	50%	75%	95%
塘堰供水	15588	16835	15031	15031
小型水库	16717	18204	13655	13655
中型水库	19554	22159	24203	15853
河坝引水	5139	3793	5404	6651
泵站提水	14049	8156	18329	16320
漳河水库	62303	72271	84959	33738
总供水量	133350	141418	161581	101248

2. 各计算单元供水结构

多年平均和供水保证率为50%、75%和95%下的现状年各计算单元各种水源的供水结构统计见附表17-7，多年平均状况下各计算单元的供水结构见表17-12。从水源结构来看，除钟祥市和当阳市外各计算单元漳河水库的供水比例最大，其中漳河水库供给掇刀区和东宝区的水量占计算单元总供水量的比例最大，分别达到77.01%和77.99%，从区域分配角度看，漳河水库供给东宝区的水量最大，达到了37.82%，其次是沙洋县为31.57%。

表17-12　2020年多年平均状况下各计算单元的供水结构　单位：万m^3

供水水源	东宝区		掇刀区		沙洋县	
	水量	比例	水量	比例	水量	比例
塘堰供水	4398.50	14.19%	2313.24	12.62%	3424.98	7.14%
小库供水	1520.64	4.91%	927.41	5.06%	5218.43	10.87%
中型水库	397.92	1.28%	385.72	2.10%	9247.73	19.27%
河坝供水	446.75	1.44%	465.45	2.54%	3604.68	7.51%
泵站供水	58.97	0.19%	122.80	0.67%	8631.05	17.98%
漳河水库	24169.06	77.99%	14111.25	77.01%	17872.89	37.23%
合计	30991.84	100.00%	18325.87	100.00%	47999.76	100.00%

续表

供水水源	钟祥市		荆州区		当阳市	
	水量	比例	水量	比例	水量	比例
塘堰供水	3864.37	24.65%	1023.69	7.90%	563.40	7.62%
小库供水	5258.79	33.56%	1605.98	12.39%	2185.96	29.57%
中型水库	5100.98	32.55%	3652.43	28.17%	769.05	10.40%
河坝供水	613.33	3.91%	8.98	0.07%	0.00	0.00%
泵站供水	809.57	5.16%	1932.27	14.90%	2494.12	33.73%
漳河水库	27.15	0.17%	4741.71	36.57%	1381.33	18.68%
合计	15674.19	100.00%	12965.06	100.00%	7393.86	100.00%

17.7 特殊干旱期应急对策制定

干旱和供水工程的破坏，将减少区域的供水量，从而使其社会经济和生态环境蒙受一定的损失。城镇往往是区域社会经济发展的集聚地，对供水量的消减所产生的影响更为敏感。为减少特殊情境下因供水过度减少对城镇产生的负面影响，维护区域的安定，需要从风险管理的角度对区域供水应急管理。灌区干旱主要包括两种情况，分别是偶遇干旱和连续干旱情况。

偶遇干旱的识别特征是汛期来水小于95%保证率的来水，即使考虑到水库的多年调节，其供水仍然不能满足城市的用水需求。连续干旱的识别特征是连续多年汛期来水均小于50%保证率的来水，历史上，灌区曾出现过连续2年、连续3年、连续4年的枯水期。

17.7.1 历史枯水分析和缺水分析

根据46年来的评价资料（图17-9），灌区历史上曾出现了1968—1971年、1976—1978年、1984—1986年和1994—1995年等几个的连续枯水年。最枯年出现在1976年，从现状年供水结果和综合缺水率来看，1976—1978年连枯水年缺水最为严重，这几年综合缺水率最大（图17-10和图17-12）。

考虑到现状年的供用水水平，1976—1978年连续枯水情境下灌区的综合缺水率可达到35%，农业缺水率达到了37%，城镇生活缺水率达到了15%，二三产业缺水率达到了19%；1984—1986年连续枯水情境下灌区综合缺水率达到26%，农业缺水率达到了29%，城镇生活缺水率达到了3%，二三产业缺水率达到了6%。（图17-10和图17-11）。

17.7.2 应急供水原则与应急供水策略

1. 应急情景设定

为确保区域应急情景下的用水安全，本次规划结合灌区多年城市供用水过程和历史时

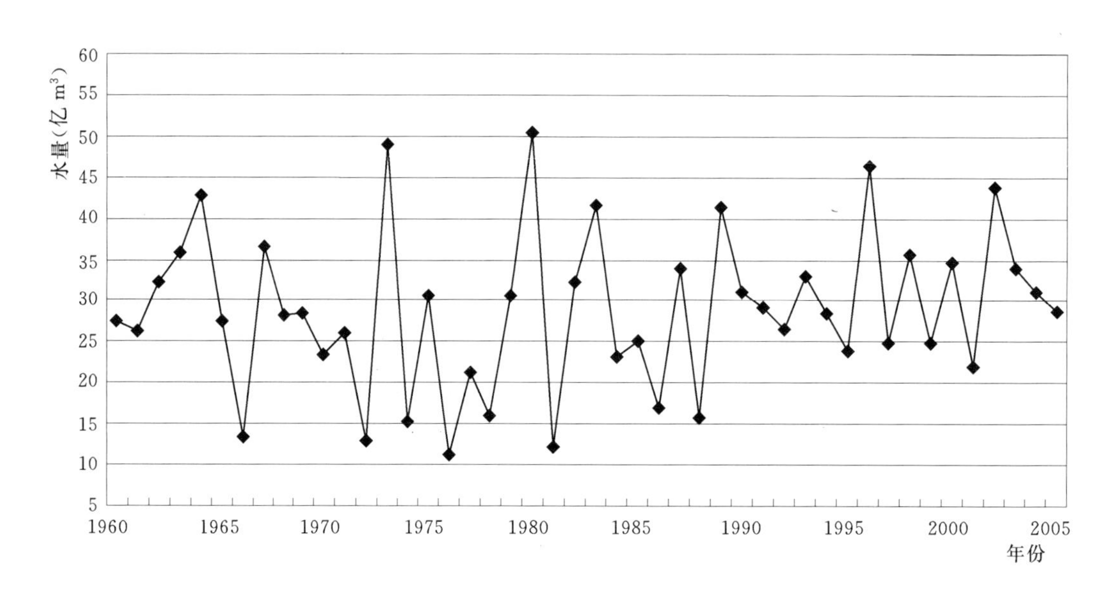

图 17-9　研究区历年地表水资源演变情势图

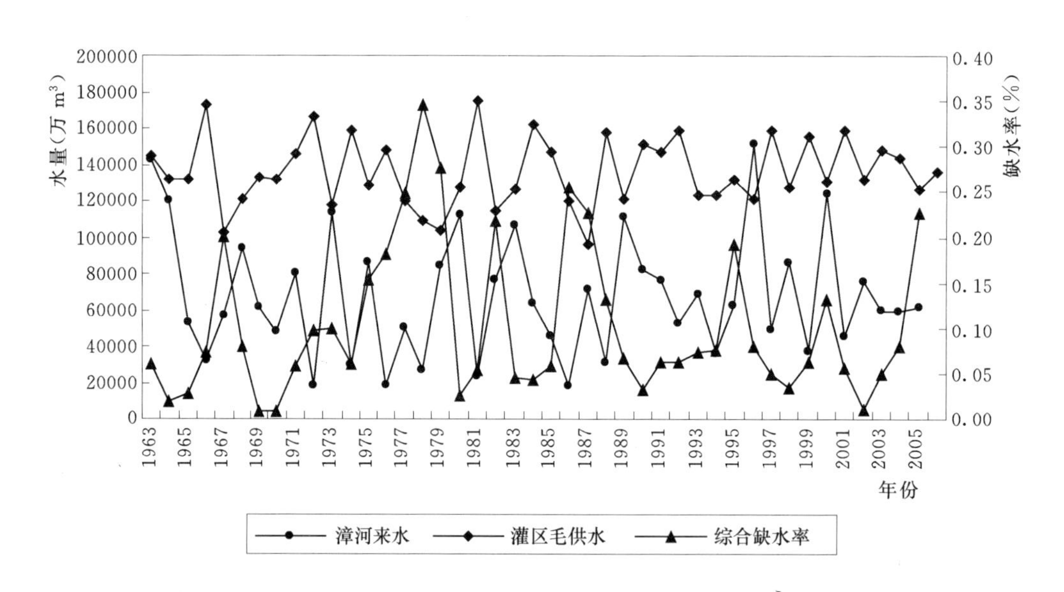

图 17-10　现状水平年 1963—2005 年漳河灌区供水和综合缺水情况

段的供水特征，以影响最为严重的应急组合特征作为预案。由于长时段的来水预测十分困难，且在进行连续枯水年的应急预报与应急供水时，需根据历年特征进行滚动修正，因此，偶遇枯水年应急情景的应急处理策略已包含在连续枯水应急情景中（第一年）。在本次规划中，设定以下应急情景：

(1) 特殊干旱年应急情景。来水量为 95%保证率情况下的来水，地表供水水源的供水量减少 50%，持续时间为 6 个月。

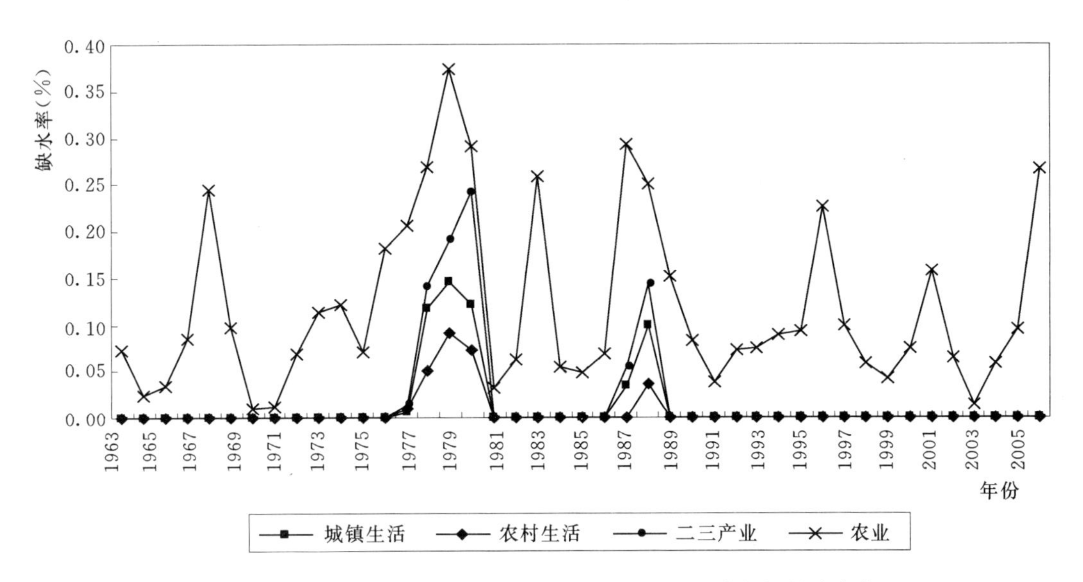

图 17-11 现状水平年 1963—2005 年漳河灌区各用水部门缺水率情况

(2) 连续枯水年应急情景。灌区典型连续枯水年(1976—1978 年)的来水状况的频率组合为:95.3%、69.8%、90.7%。为不失一般性,本次设定在连续枯水系列的某一年或几年,来水频率为 95%。

2. 应急供水策略

在上述特殊干旱年和连续枯水年发生的情景下,主要从以下几个方面进行应急抗旱工作。

(1) 保证城市生活和重点行业用水。

在水资源严重短缺的情况下,要严格控制供水。供水的优先顺序为:一是生活、菜田和副食品生产;二是重点工业用水;三是一般工业用水;四是农业用水。在枯水年份要削减农作物灌溉用水;特枯或连续枯水年份除保证城市生活、菜田和副食品生产用水外,其他用水都要压缩。山区与农村要立足当地水资源,采取各种应急自救措施。

(2) 适当开采地下水。漳河灌区的地下水储量丰富,遇枯水年份时,加大地下水的开采力度,可以很大程度上缓解农村生活和农业灌溉用水短缺情况。

(3) 动用漳河水库的死库容。漳河水库的死库容为 8.62 亿 m^3,遇特枯和连续枯水年份时,为保证荆门市生活与工业用水可以动用这部分库容以保证重点行业和城市生活用水。

(4) 加大河坝引水和泵站提水力度,特别是通过对汉江水和长湖水的抽引,解决灌区供水不足问题。

(5) 降低用水标准,包括农业作物布局与结构的调整,减少农业供水。

(6) 在有条件的地方农业灌溉可以适当利用城市废污水。

(7) 通过临时性超标准用水的惩罚性收费以减少用水需求和用水浪费现象。

附表

附表 17-1　　现状年（2005年）漳河灌区水资源供需平衡表　　单位：万 m^3

年份	净需水量					净缺水量					毛供水量						
	城镇生活	农村生活	二三产业	农业	合计	城镇生活	农村生活	二三产业	农业	合计	塘堰供水	小库供水	中型水库	河坝供水	泵站供水	漳河供水	合计
1963	3609	1887	8605	76035	90136	0	0	0	5499	5499	17840	17450	22364	5725	16696	64772	144847
1964	3609	1887	8605	64987	79088	0	0	0	1587	1587	17507	19425	19480	4036	14686	56220	131354
1965	3609	1887	8605	64987	79088	0	0	0	2264	2264	17507	19425	14131	4126	14627	62156	131972
1966	3609	1887	8605	91190	105291	0	0	0	7706	7706	10381	16077	13557	11327	32815	88863	173020
1967	3609	1887	8605	64987	79088	0	0	0	15918	15918	17507	19425	10207	4508	16320	34196	102163
1968	3609	1887	8605	64987	79088	0	0	0	6295	6295	17507	19425	19419	4139	13231	47870	121591
1969	3609	1887	8605	64987	79088	0	0	0	612	612	17507	19425	22288	4098	13079	56772	133169
1970	3609	1887	8605	64987	79088	0	0	0	764	764	17507	19425	25140	3706	12012	54628	132418
1971	3609	1887	8605	76035	90136	0	0	0	5281	5281	17840	17453	25753	5126	13681	66010	145863
1972	3609	1887	8605	91190	105291	0	0	0	10328	10328	10381	16077	14234	10943	33758	81249	166642
1973	3609	1887	8605	64987	79088	0	0	0	7908	7908	17507	19425	20963	3585	13317	42828	117625
1974	3609	1887	8605	81330	95431	0	0	0	5726	5726	15874	13469	22436	5504	17853	84121	159257
1975	3609	1887	8605	76035	90136	0	0	0	13804	13804	17840	17453	17237	5733	16917	53230	128410
1976	3609	1887	8605	91190	105291	22	18	129	18857	19026	10381	16077	11738	11419	33533	65038	148186
1977	3609	1887	8605	81330	95431	426	95	1219	21912	23652	15874	13469	20333	5948	18545	45526	119695
1978	3609	1887	8605	91190	105291	525	172	1641	34055	36393	10381	16077	12838	11213	33219	25685	109413
1979	3609	1887	8605	76035	90136	441	136	2091	22190	24858	17840	17453	18483	5455	16611	27796	103638
1980	3609	1887	8605	64987	79088	0	0	0	2086	2086	17507	19425	27444	3845	12906	46918	128045
1981	3609	1887	8605	91190	105291	0	0	0	5790	5790	10381	16077	24016	11402	29485	83357	174718
1982	3609	1887	8605	76035	90136	0	0	0	19653	19653	17840	17453	18715	5304	16878	38861	115051

续表

年份	净需水量					净缺水量					毛供水量						
	城镇生活	农村生活	二三产业	农业	合计	城镇生活	农村生活	二三产业	农业	合计	塘堰供水	小库供水	中型水库	河坝供水	泵站供水	漳河供水	合计
1983	3609	1887	8605	64987	79088	0	0	0	3530	3530	17507	19425	23432	4089	12596	49424	126473
1984	3609	1887	8605	81330	95431	0	0	0	4025	4025	15874	13469	24756	5833	16637	85983	162552
1985	3609	1887	8605	76035	90136	0	0	0	5296	5296	19226	17272	13650	5800	18279	72789	147016
1986	3609	1887	8605	81330	95431	125	0	477	23774	24376	15874	13469	15186	6224	18238	51169	120160
1987	3609	1887	8605	64987	79088	355	67	1226	16265	17913	17507	19425	18047	3925	14109	22975	95988
1988	3609	1887	8605	91190	105291	0	0	0	13898	13898	10381	16077	19936	11362	31346	68321	157423
1989	3609	1887	8605	64987	79088	0	0	0	5374	5374	17507	19425	26641	3891	13387	39942	120793
1990	3609	1887	8605	76035	90136	0	0	0	2857	2857	17840	17453	22610	5184	15836	72479	151402
1991	3609	1887	8605	76035	90136	0	0	0	5600	5600	17840	17453	17920	5102	17128	71135	146578
1992	3609	1887	8605	81330	95431	0	0	0	6065	6065	15874	13469	20503	5737	17527	86214	159324
1993	3609	1887	8605	64987	79088	0	0	0	5804	5804	17507	19425	14906	4108	15777	51507	123230
1994	3609	1887	8605	64987	79088	0	0	0	6026	6026	17507	19425	17159	3969	13903	50879	122842
1995	3609	1887	8605	81330	95431	0	0	0	18324	18324	15874	13469	17464	6372	19637	59109	131925
1996	3609	1887	8605	64987	79088	0	0	0	6377	6377	17507	19425	19744	4231	13481	46721	121109
1997	3609	1887	8605	81330	95431	0	0	0	4691	4691	15874	13469	29493	5292	17086	78011	159225
1998	3609	1887	8605	64987	79088	0	0	0	2809	2809	17507	19425	26628	4087	10519	49672	127838
1999	3609	1887	8605	81330	95431	0	0	0	6036	6036	15874	13469	24504	5662	21581	74707	155797
2000	3609	1887	8605	76035	90136	0	0	0	11937	11937	17840	17453	20178	5401	17596	52740	131208
2001	3609	1887	8605	81330	95431	0	0	0	5272	5272	15874	13469	22707	5893	20445	80279	158667
2002	3609	1887	8605	64987	79088	0	0	0	896	896	17507	19425	23915	3903	13600	53373	131723
2003	3609	1887	8605	76035	90136	0	0	0	4491	4491	17840	17453	19879	5991	16178	70948	148289
2004	3609	1887	8605	76035	90136	0	0	0	7148	7148	17840	17453	14847	5143	17384	71551	144218
2005	3609	1887	8605	81330	95431	0	0	0	21632	21632	15874	13469	11293	6328	19804	60214	126982
多年平均	3609	1887	8605	75270	89371	44	11	158	9218	9431	16250	17064	19678	5829	18192	59215	136228

附表 17-2　　现状年（2005 年）漳河灌区各计算单元水资源供需平衡表　　单位：万 m³

用户名	东宝区				掇刀区				沙洋县			
典型年	多年平均	50%	75%	95%	多年平均	50%	75%	95%	多年平均	50%	75%	95%
城镇生活需水	861	861	861	861	728	728	728	728	1091	1091	1091	1091
农村生活需水	215	215	215	215	156	156	156	156	606	606	606	606
二三产业需水	3402	3402	3402	3402	1779	1779	1779	1779	1473	1473	1473	1473
农业需水	7509	6725	7567	8721	5636	4842	5695	6864	33250	28725	33586	40256
城镇生活总供水	854	861	861	861	708	728	728	728	1077	1091	1091	1079
农村生活总供水	214	215	215	215	155	156	156	156	599	606	606	588
二三产业总供水	3333	3402	3402	3402	1731	1779	1779	1779	1446	1473	1473	1351
农业总供水	7290	6725	7567	8235	5333	4842	5695	6010	31001	28725	33586	34538
城镇生活缺水	7	0	0	0	20	0	0	0	14	0	0	12
农村生活缺水	1	0	0	0	1	0	0	0	7	0	0	18
二三产业缺水	69	0	0	0	48	0	0	0	27	0	0	122
农业缺水	218	0	0	486	303	0	0	854	2249	0	0	5719
塘堰实际供水	3991	4287	4438	2556	1937	2039	2079	1254	2774	3081	4204	1725
小库实际供水	1287	1181	1374	1673	834	987	793	835	3516	4234	3596	2635
中型水库实际供水	361	366	205	226	367	276	340	264	5696	5328	3541	3324
河坝实际供水	425	228	378	1057	445	295	457	838	2354	2170	2192	3765
泵站实际供水	54	31	45	146	129	57	143	263	7513	6886	6886	12304
漳河实际供水	5575	5110	5605	7056	4214	3851	4546	5219	12269	10197	16338	13802
塘堰实际毛供水	4927	5293	5478	3155	2392	2518	2566	1548	3425	3803	5190	2130
小库实际毛供水	1906	1750	2036	2478	1236	1463	1174	1237	5209	6273	5328	3904
中型水库实际毛供水	572	580	325	358	582	438	539	419	9040	8458	5621	5276
河坝实际毛供水	630	338	561	1565	659	436	677	1242	3488	3214	3247	5577
泵站实际毛供水	79	46	66	217	192	84	212	390	11131	10201	10201	18229
漳河实际毛供水	12387	11355	12455	15680	9365	8558	10103	11597	27263	22659	36308	30671

续表

用户名	钟祥市				荆州区				当阳市			
典型年	多年平均	50%	75%	95%	多年平均	50%	75%	95%	多年平均	50%	75%	95%
城镇生活需水	465	465	465	465	319	319	319	319	145	145	145	145
农村生活需水	418	418	418	418	315	315	315	315	176	176	176	176
二三产业需水	597	597	597	597	984	984	984	984	370	370	370	370
农业需水	10700	9113	10818	13156	12517	10751	12648	15252	5659	4831	5721	6941
城镇生活总供水	465	465	465	465	318	319	319	319	143	145	145	135
农村生活总供水	418	418	418	418	314	315	315	315	175	176	176	176
二三产业总供水	597	597	597	597	976	984	984	984	365	370	370	363
农业总供水	10610	9113	10818	12697	6891	10139	7479	5368	4928	4831	5594	5485
城镇生活缺水	0	0	0	0	1	0	0	0	2	0	0	10
农村生活缺水	0	0	0	0	2	0	0	0	1	0	0	0
二三产业缺水	0	0	0	0	8	0	0	0	5	0	0	6
农业缺水	90	0	0	458	5626	612	5169	9884	731	0	127	1456
塘堰实际供水	3175	3331	3410	2079	829	929	929	521	456	513	513	275
小库实际供水	3469	3800	3572	3637	1001	1218	926	846	1412	1691	1399	1226
中型水库实际供水	3331	3391	2854	2571	2157	4313	1117	786	487	368	543	224
河坝实际供水	703	72	881	2035	7	2	8	13	0	0	0	0
泵站实际供水	1134	0	1486	3239	1360	462	1734	2789	2089	1393	2045	3893
漳河实际供水	277	0	95	617	3144	4832	4385	2031	1169	1558	1785	542
塘堰实际毛供水	3920	4113	4210	2566	1024	1148	1148	643	563	634	634	339
小库实际毛供水	5139	5629	5291	5388	1483	1805	1371	1254	2092	2506	2072	1816
中型水库实际毛供水	5287	5382	4530	4080	3424	6846	1772	1248	772	584	863	356
河坝实际毛供水	1042	106	1304	3015	10	3	11	19	0	0	0	0
泵站实际毛供水	1680	0	2201	4798	2015	685	2568	4132	3094	2063	3030	5767
漳河实际毛供水	615	0	212	1371	6987	10738	9744	4514	2597	3462	3967	1204

附表 17-3　**2020 水平年（2020A）漳河灌区水资源供需平衡表**　单位：万 m^3

年份	净需水量					净缺水量					毛供水量						
	城镇生活	农村生活	二三产业	农业	合计	城镇生活	农村生活	二三产业	农业	合计	塘堰供水	小库供水	中型水库供水	河坝供水	泵站供水	漳河供水	合计
1963	9952	2700	23304	77798	113754	0	0	0	7225	7225	17853	17760	24867	5605	15592	85193	166870
1964	9952	2700	23304	69281	105237	0	0	0	1948	1948	17631	20695	19314	4442	9989	92243	164314
1965	9952	2700	23304	69281	105237	0	0	0	3954	3954	17631	20695	13523	4782	14033	90406	161070
1966	9952	2700	23304	90778	126734	1286	59	3295	22492	27132	10379	17462	11357	12598	30517	72970	155283
1967	9952	2700	23304	69281	105237	1402	204	4144	30063	35813	17631	20695	12345	5063	13362	33497	102593
1968	9952	2700	23304	69281	105237	0	0	0	20362	20362	17631	20695	19215	4459	11196	56643	129839
1969	9952	2700	23304	69281	105237	0	0	0	4919	4919	17631	20695	22913	4485	10530	81165	157419
1970	9952	2700	23304	69281	105237	0	0	0	9772	9772	17631	20695	23873	3659	8836	74259	148953
1971	9952	2700	23304	77749	113705	1396	154	4843	27723	34116	17851	17760	26643	4187	10963	41206	118610
1972	9952	2700	23304	90778	126734	937	39	5155	28495	34626	10379	17462	12395	11966	32064	56488	140754
1973	9952	2700	23304	69281	105237	910	115	3434	18297	22756	17631	20695	23491	4060	9906	48759	124542
1974	9952	2700	23304	81473	117429	775	39	2576	11613	15003	15440	14312	19623	5578	18824	88734	162511
1975	9952	2700	23304	77749	113705	1496	247	5041	28245	35029	17851	17760	17322	5415	16255	43252	117855
1976	9952	2700	23304	90778	126734	1399	64	4898	28351	34712	10379	17462	11414	11561	32687	57346	140849
1977	9952	2700	23304	81473	117429	2412	239	7238	26454	36343	15440	14312	21106	6749	18026	46741	122374
1978	9952	2700	23304	90778	126734	3061	391	11384	37474	52310	10379	17462	13135	10767	31976	24470	108189
1979	9952	2700	23304	77749	113705	1834	259	6711	30424	39228	17851	17760	19608	5112	15248	34176	109755
1980	9952	2700	23304	69281	105237	0	0	0	4935	4935	17631	20695	28102	3872	9370	76579	156249
1981	9952	2700	23304	90778	126734	434	24	1243	9979	11680	10379	17462	24124	11855	28705	87967	180492
1982	9952	2700	23304	77749	113705	1501	101	6991	33870	42463	17851	17760	18400	5209	15388	29478	104086
1983	9952	2700	23304	69281	105237	0	0	0	9691	9691	17631	20695	24969	3707	11235	69684	147921
1984	9952	2700	23304	81473	117429	0	0	0	7182	7182	15440	14312	23993	6028	16244	100232	176249

续表

年份	净需水量					净缺水量					毛供水量						
	城镇生活	农村生活	二三产业	农业	合计	城镇生活	农村生活	二三产业	农业	合计	塘堰供水	小库供水	中型水库供水	河坝供水	泵站供水	漳河供水	合计
1985	9952	2700	23304	77749	113705	0	0	0	14283	14283	19238	17760	13405	5997	17261	82695	156356
1986	9952	2700	23304	81473	117429	3283	243	11866	40018	55410	15440	14312	15787	7175	18741	17002	88457
1987	9952	2700	23304	69281	105237	1304	191	5249	25984	32728	17631	20695	17981	4299	9879	37357	107842
1988	9952	2700	23304	90778	126734	769	25	2308	26265	29367	10379	17462	21058	11760	28390	59850	148899
1989	9952	2700	23304	69281	105237	481	9	2173	15712	18375	17631	20695	27733	3747	11410	49629	130845
1990	9952	2700	23304	77749	113705	0	0	0	5552	5552	17851	17760	22467	4785	15088	93375	171326
1991	9952	2700	23304	77749	113705	0	0	0	12638	12638	17851	17760	17985	5061	15288	85593	159538
1992	9952	2700	23304	81473	117429	0	0	0	17063	17063	15440	14312	20779	6350	16699	85184	158764
1993	9952	2700	23304	69281	105237	270	0	1247	22505	24022	17631	20695	15167	4239	13400	52617	123749
1994	9952	2700	23304	69281	105237	124	60	1405	25394	26983	17631	20695	17168	3806	11105	48104	118509
1995	9952	2700	23304	81473	117429	1627	175	6385	34761	42948	15440	14312	17532	6492	18735	38673	111184
1996	9952	2700	23304	69281	105237	0	0	0	18245	18245	17631	20695	20855	3708	9096	62179	134164
1997	9952	2700	23304	81473	117429	0	0	0	7061	7061	15440	14312	28015	4809	16149	96843	175568
1998	9952	2700	23304	69281	105237	0	0	0	10435	10435	17631	20695	27629	2809	6863	71785	147412
1999	9952	2700	23304	81473	117429	0	0	0	16606	16606	15440	14312	25961	5386	21128	74500	156727
2000	9952	2700	23304	77749	113705	1689	251	7129	31272	40341	17851	17760	21262	4544	16504	28990	106911
2001	9952	2700	23304	81473	117429	0	0	0	5244	5244	15440	14312	24393	5500	21190	97397	178232
2002	9952	2700	23304	69281	105237	0	0	0	3843	3843	17631	20695	22736	3864	11491	82940	159357
2003	9952	2700	23304	77749	113705	0	0	0	17078	17078	17851	17760	19700	5295	15638	74306	150550
2004	9952	2700	23304	77749	113705	211	138	816	28060	29225	17851	17760	14502	4723	17477	57054	129367
2005	9952	2700	23304	81473	117429	1342	198	5457	36794	43791	15440	14312	11364	7396	20234	42129	110875
多年平均	9952	2700	23304	77283	113239	696	75	2581	19030	22382	16198	18009	19889	5882	16575	63481	140034

附表 17-4　**2020 水平年（2020B）漳河灌区水资源供需平衡表**　单位：万 m^3

年份	净需水量					净缺水量					毛供水量						
	城镇生活	农村生活	二三产业	农业	合计	城镇生活	农村生活	二三产业	农业	合计	塘堰供水	小库供水	中型水库供水	河坝供水	泵站供水	漳河供水	合计
1963	9952	2700	22654	73487	108793	0	0	0	6233	6233	17369	17221	24438	5353	14418	81766	160565
1964	9952	2700	22654	65411	100717	0	0	0	1188	1188	17117	19489	19341	4366	9587	88261	158161
1965	9952	2700	22654	65411	100717	0	0	0	3134	3134	17117	19489	13930	4460	13085	87081	155162
1966	9952	2700	22654	86601	121907	1005	59	2679	17489	21232	10211	17057	11821	12393	29346	76964	157792
1967	9952	2700	22654	65411	100717	1401	204	3916	28070	33591	17117	19489	12122	4999	12892	32630	99249
1968	9952	2700	22654	65411	100717	0	0	0	17858	17858	17117	19489	18800	4307	10589	56854	127156
1969	9952	2700	22654	65411	100717	0	0	0	3983	3983	17117	19489	22287	4375	9812	78843	151923
1970	9952	2700	22654	65411	100717	0	0	0	6721	6721	17117	19489	23963	3175	8569	74798	147111
1971	9952	2700	22654	73487	108793	1215	153	4178	25307	30853	17369	17224	26300	3429	10631	41501	116454
1972	9952	2700	22654	86601	121907	757	0	4413	24292	29462	10211	17057	13254	11857	30889	58471	141739
1973	9952	2700	22654	65411	100717	908	115	3277	16578	20878	17117	19489	22511	3993	9409	48307	120826
1974	9952	2700	22654	78233	113539	488	27	1523	9513	11551	15310	13738	21165	5041	17592	89186	162032
1975	9952	2700	22654	73487	108793	1494	242	4875	26151	32762	17369	17224	17448	4967	15469	41268	113745
1976	9952	2700	22654	86601	121907	1306	64	4398	24485	30253	10211	17057	11371	11344	31542	59330	140855
1977	9952	2700	22654	78233	113539	2224	212	6789	24212	33437	15310	13738	21201	6564	17469	46741	121023
1978	9952	2700	22654	86601	121907	3061	390	10815	34655	48921	10211	17057	13000	10572	30899	24470	106209
1979	9952	2700	22654	73487	108793	1834	254	6490	28261	36839	17369	17224	19208	4665	15134	32220	105820
1980	9952	2700	22654	65411	100717	0	0	0	3867	3867	17117	19489	28082	3872	9009	73073	150642
1981	9952	2700	22654	86601	121907	0	0	0	8275	8275	10211	17057	24013	11624	27094	88732	178731
1982	9952	2700	22654	73487	108793	1403	100	6776	31712	39991	17369	17224	17899	5018	14960	27893	100363
1983	9952	2700	22654	65411	100717	0	0	0	7521	7521	17117	19489	24545	3525	10863	69015	144554
1984	9952	2700	22654	78233	113539	0	0	0	6076	6076	15310	13738	24014	5708	15555	97352	171677

续表

年份	净需水量					净缺水量					毛供水量						
	城镇生活	农村生活	二三产业	农业	合计	城镇生活	农村生活	二三产业	农业	合计	塘堰供水	小库供水	中型水库供水	河坝供水	泵站供水	漳河供水	合计
1985	9952	2700	22654	73487	108793	0	0	0	9382	9382	18756	17224	13955	5600	16453	84985	156973
1986	9952	2700	22654	78233	113539	2926	243	10208	37891	51268	15310	13738	15456	6964	18161	19926	89555
1987	9952	2700	22654	65411	100717	1230	107	4920	24000	30257	17117	19489	18252	4275	9415	36232	104780
1988	9952	2700	22654	86601	121907	611	25	1895	23114	25645	10211	17057	21009	11357	27358	60574	147566
1989	9952	2700	22654	65411	100717	481	8	2088	14355	16932	17117	19489	26942	3738	10585	48477	126348
1990	9952	2700	22654	73487	108793	0	0	0	4543	4543	17369	17224	21915	4676	14577	89146	164907
1991	9952	2700	22654	73487	108793	0	0	0	8933	8933	17369	17224	18039	5019	14292	86108	158051
1992	9952	2700	22654	78233	113539	0	0	0	13043	13043	15310	13738	20724	5862	16248	87709	159591
1993	9952	2700	22654	65411	100717	112	0	75	20607	20794	17117	19489	14995	4015	13065	53578	122259
1994	9952	2700	22654	65411	100717	0	0	391	23146	23537	17117	19489	16999	3760	10578	49483	117426
1995	9952	2700	22654	78233	113539	1624	174	6115	33083	40996	15310	13738	18141	6194	18312	36193	107888
1996	9952	2700	22654	65411	100717	0	0	0	15141	15141	17117	19489	20616	3500	8934	62747	132403
1997	9952	2700	22654	78233	113539	0	0	0	6233	6233	15310	13738	28214	4676	15388	93061	170387
1998	9952	2700	22654	65411	100717	0	0	0	6927	6927	17117	19489	27377	2388	6721	73376	146468
1999	9952	2700	22654	78233	113539	0	0	0	13285	13285	15310	13738	25340	5353	20461	76167	156369
2000	9952	2700	22654	73487	108793	1279	251	6279	28716	36525	17369	17224	20898	4372	16023	29755	105641
2001	9952	2700	22654	78233	113539	0	0	0	4655	4655	15310	13738	24006	5477	20741	93390	172662
2002	9952	2700	22654	65411	100717	0	0	0	2704	2704	17117	19489	22845	3671	10967	79870	153959
2003	9952	2700	22654	73487	108793	0	0	0	12357	12357	17369	17224	19549	4971	14804	77136	151053
2004	9952	2700	22654	73487	108793	0	0	0	25233	25233	17369	17224	14055	4695	16983	58078	128404
2005	9952	2700	22654	78233	113539	1059	152	4626	34949	40786	15310	13738	11407	7195	19651	42442	109743
多年平均	9952	2700	22654	73416	108722	614	65	2250	16695	19624	15830	17233	19801	5660	15919	63097	137540

附表 17-5　　2020 水平年（2020C）漳河灌区水资源供需平衡表　　单位：万 m^3

年份	净需水量					净缺水量					毛供水量						
	城镇生活	农村生活	二三产业	农业	合计	城镇生活	农村生活	二三产业	农业	合计	塘堰供水	小库供水	中型水库供水	河坝供水	泵站供水	漳河供水	合计
1963	9952	2700	23834	77110	113596	0	0	0	7421	7421	17477	17236	24617	5740	15430	86166	166666
1964	9952	2700	23834	67821	104307	0	0	0	1917	1917	17192	19792	19540	4433	9979	92163	163099
1965	9952	2700	23834	67821	104307	0	0	0	3946	3946	17192	19792	14316	4489	13474	90636	159899
1966	9952	2700	23834	92434	128920	1444	59	3826	23853	29182	10252	17266	11361	12609	31181	72767	155436
1967	9952	2700	23834	67821	104307	1401	204	4326	29991	35922	17192	19792	12289	5059	13346	33535	101213
1968	9952	2700	23834	67821	104307	0	0	0	20524	20524	17192	19792	18942	4484	11252	56739	128401
1969	9952	2700	23834	67821	104307	0	0	0	4958	4958	17192	19792	22537	4510	10536	81693	156260
1970	9952	2700	23834	67821	104307	0	0	0	10110	10110	17192	19792	24004	3366	8855	73960	147169
1971	9952	2700	23834	77110	113596	1447	154	5027	28024	34652	17477	17238	26874	4219	10892	41014	117714
1972	9952	2700	23834	92434	128920	911	0	5177	30261	36349	10252	17266	12724	12025	32666	56477	141410
1973	9952	2700	23834	67821	104307	908	115	3557	18175	22755	17192	19792	23171	4175	9992	49061	123383
1974	9952	2700	23834	82482	118968	769	39	3071	12668	16547	15421	14037	20750	5558	18235	88432	162433
1975	9952	2700	23834	77110	113596	1494	242	5154	28819	35709	17477	17238	17296	5510	15984	43316	116821
1976	9952	2700	23834	92434	128920	1399	64	5058	30163	36684	10252	17266	11384	11673	33287	57282	141144
1977	9952	2700	23834	82482	118968	2365	212	7490	27841	37908	15421	14037	21306	6677	18160	46741	122342
1978	9952	2700	23834	92434	128920	3126	390	11663	39062	54241	10252	17266	13044	10879	32644	24470	108555
1979	9952	2700	23834	77110	113596	1834	254	6832	30944	39864	17477	17238	19606	5223	15251	33899	108694
1980	9952	2700	23834	67821	104307	0	0	0	4895	4895	17192	19792	27850	3872	9465	77002	155173
1981	9952	2700	23834	92434	128920	434	24	1662	11651	13771	10252	17266	24185	11955	29150	87785	180593
1982	9952	2700	23834	77110	113596	1529	100	7155	34306	43090	17477	17238	18461	5137	15353	29433	103099
1983	9952	2700	23834	67821	104307	0	0	0	9839	9839	17192	19792	24564	3736	11334	69918	146536
1984	9952	2700	23834	82482	118968	0	0	0	7838	7838	15421	14037	23868	5979	16457	102211	177973

续表

年份	净需水量					净缺水量					毛供水量						
	城镇生活	农村生活	二三产业	农业	合计	城镇生活	农村生活	二三产业	农业	合计	塘堰供水	小库供水	中型水库供水	河坝供水	泵站供水	漳河供水	合计
1985	9952	2700	23834	77110	113596	0	0	0	15829	15829	18864	17238	13625	6123	17149	80575	153574
1986	9952	2700	23834	82482	118968	3302	243	12228	41446	57219	15421	14037	15617	7101	18908	17002	88086
1987	9952	2700	23834	67821	104307	1289	189	5387	26133	32998	17192	19792	17787	4078	9965	37436	106250
1988	9952	2700	23834	92434	128920	769	25	2352	28179	31325	10252	17266	20983	11859	29038	59825	149223
1989	9952	2700	23834	67821	104307	481	8	2236	15821	18546	17192	19792	27328	3777	11437	49916	129442
1990	9952	2700	23834	77110	113596	0	0	0	5764	5764	17477	17238	22555	4903	14815	94125	171113
1991	9952	2700	23834	77110	113596	0	0	0	13581	13581	17477	17238	18028	5146	15150	84915	157954
1992	9952	2700	23834	82482	118968	79	27	145	18500	18751	15421	14037	20767	6303	16967	85024	158519
1993	9952	2700	23834	67821	104307	270	0	1379	22683	24332	17192	19792	15125	4118	13404	52396	122027
1994	9952	2700	23834	67821	104307	149	40	1442	25447	27078	17192	19792	17119	3818	11097	48127	117145
1995	9952	2700	23834	82482	118968	1625	174	6552	36238	44589	15421	14037	17571	6348	18884	38821	111082
1996	9952	2700	23834	67821	104307	0	0	0	18388	18388	17192	19792	21119	3703	9185	61589	132580
1997	9952	2700	23834	82482	118968	0	0	0	7573	7573	15421	14037	27986	4701	16471	98896	177512
1998	9952	2700	23834	67821	104307	0	0	0	11305	11305	17192	19792	27539	2861	6856	70373	144613
1999	9952	2700	23834	82482	118968	0	0	0	18209	18209	15421	14037	25374	5374	21395	75219	156820
2000	9952	2700	23834	77110	113596	1586	251	7681	31519	41037	17477	17238	21166	4626	16522	28752	105781
2001	9952	2700	23834	82482	118968	0	0	0	5894	5894	15421	14037	23722	5477	21304	100211	180172
2002	9952	2700	23834	67821	104307	0	0	0	4168	4168	17192	19792	22885	3791	11553	82293	157506
2003	9952	2700	23834	77110	113596	0	0	0	19074	19074	17477	17238	19692	5388	15426	71832	147053
2004	9952	2700	23834	77110	113596	211	138	884	28784	30017	17477	17238	14495	4796	17246	56861	128113
2005	9952	2700	23834	82482	118968	1339	196	5577	38434	45546	15421	14037	11431	7323	20483	41803	110498
多年平均	9952	2700	23834	77041	113527	701	73	2694	19772	23240	15917	17448	19874	5882	16655	63504	139280

附表 17-6　　**2020 水平年（2020D）漳河灌区水资源二次供需平衡表**　　单位：万 m^3

年份	净需水量					净缺水量					毛供水量						
	城镇生活	农村生活	二三产业	农业	合计	城镇生活	农村生活	二三产业	农业	合计	塘堰供水	小库供水	中型水库供水	河坝供水	泵站供水	漳河供水	合计
1963	9454	2700	22948	78434	113536	0	0	0	7103	7103	17859	17725	25047	5652	15383	85034	166700
1964	9454	2700	22948	67427	102529	0	0	0	1284	1284	17569	20267	19203	4383	9776	89635	160833
1965	9454	2700	22948	67427	102529	0	0	0	3208	3208	17569	20267	13898	4400	13317	88402	157853
1966	9454	2700	22948	93404	128506	1188	59	3349	22467	27063	10386	17409	11605	12562	31021	75482	158465
1967	9454	2700	22948	67427	102529	1315	204	3941	28630	34090	17569	20267	12304	4952	13089	32904	101085
1968	9454	2700	22948	67427	102529	0	0	0	18717	18717	17569	20267	18948	4233	10679	56688	128384
1969	9454	2700	22948	67427	102529	0	0	0	4059	4059	17569	20267	22725	4302	9929	79705	154497
1970	9454	2700	22948	67427	102529	0	0	0	7506	7506	17569	20267	23816	3627	8306	74929	148514
1971	9454	2700	22948	78434	113536	1133	154	4544	27713	33544	17859	17727	26668	4404	10628	42110	119396
1972	9454	2700	22948	93404	128506	877	39	4866	30125	35907	10386	17409	12424	11899	32623	56761	141502
1973	9454	2700	22948	67427	102529	839	115	3305	17055	21314	17569	20267	23071	3954	9576	48223	122660
1974	9454	2700	22948	83718	118820	708	39	2722	12377	15846	15537	14313	20121	5556	18599	89270	163396
1975	9454	2700	22948	78434	113536	1389	245	4934	28617	35185	17859	17727	17294	5359	16101	42998	117338
1976	9454	2700	22948	93404	128506	1311	64	4650	29952	35977	10386	17409	11431	11565	33224	57600	141615
1977	9454	2700	22948	83718	118820	2239	238	7062	28148	37687	15537	14313	21047	6690	18100	46741	122428
1978	9454	2700	22948	93404	128506	2855	391	11109	39370	53725	10386	17409	13090	10798	32531	24470	108684
1979	9454	2700	22948	78434	113536	1698	256	6584	30853	39391	17859	17727	19496	5032	15248	33848	109210
1980	9454	2700	22948	67427	102529	0	0	0	4174	4174	17569	20267	27769	3850	9131	74435	153021
1981	9454	2700	22948	93404	128506	408	24	1335	10962	12729	10386	17409	24153	11865	29254	88580	181647
1982	9454	2700	22948	78434	113536	1346	101	6830	34229	42506	17859	17727	18249	5229	15430	29238	103732
1983	9454	2700	22948	67427	102529	0	0	0	8408	8408	17569	20267	24737	3560	10993	68538	145664
1984	9454	2700	22948	83718	118820	0	0	0	7355	7355	15537	14313	24067	5987	16258	102279	178441

续表

年份	净需水量					净缺水量					毛供水量						
	城镇生活	农村生活	二三产业	农业	合计	城镇生活	农村生活	二三产业	农业	合计	塘堰供水	小库供水	中型水库供水	河坝供水	泵站供水	漳河供水	合计
1985	9454	2700	22948	78434	113536	0	0	0	14548	14548	19246	17727	13526	5895	17351	81778	155523
1986	9454	2700	22948	83718	118820	2894	243	11636	41922	56695	15537	14313	15704	7055	18801	17244	88654
1987	9454	2700	22948	67427	102529	1215	179	5116	24722	31232	17569	20267	17781	4243	9524	36592	105976
1988	9454	2700	22948	93404	128506	724	25	2161	27404	30314	10386	17409	21178	11819	28959	60439	150190
1989	9454	2700	22948	67427	102529	446	7	2092	14679	17224	17569	20267	27362	3745	10744	48798	128485
1990	9454	2700	22948	78434	113536	0	0	0	5376	5376	17859	17727	22428	4761	14960	93675	171410
1991	9454	2700	22948	78434	113536	0	0	0	12546	12546	17859	17727	17877	5101	15235	85644	159443
1992	9454	2700	22948	83718	118820	14	0	1	17983	17998	15537	14313	20745	6333	16764	85862	159554
1993	9454	2700	22948	67427	102529	242	0	1300	20985	22527	17569	20267	14979	4142	13274	51587	121818
1994	9454	2700	22948	67427	102529	0	0	548	24028	24576	17569	20267	17019	3778	10738	48936	118307
1995	9454	2700	22948	83718	118820	1519	175	6158	36240	44092	15537	14313	17651	6418	18811	38824	111554
1996	9454	2700	22948	67427	102529	0	0	0	16843	16843	17569	20267	20733	3591	8963	60921	132044
1997	9454	2700	22948	83718	118820	0	0	0	7276	7276	15537	14313	28300	4772	16323	98314	177559
1998	9454	2700	22948	67427	102529	0	0	0	9426	9426	17569	20267	27532	2401	6698	70198	144665
1999	9454	2700	22948	83718	118820	0	0	0	17392	17392	15537	14313	25904	5369	21322	75314	157759
2000	9454	2700	22948	78434	113536	1559	251	6993	31438	40241	17859	17727	21313	4540	16675	28604	106718
2001	9454	2700	22948	83718	118820	0	0	0	5528	5528	15537	14313	24396	5480	21179	99339	180244
2002	9454	2700	22948	67427	102529	0	0	0	3322	3322	17569	20267	22577	3743	11059	80506	155721
2003	9454	2700	22948	78434	113536	0	0	0	16901	16901	17859	17727	19729	5259	15469	74588	150631
2004	9454	2700	22948	78434	113536	121	90	515	28329	29055	17859	17727	14388	4750	17514	57154	129392
2005	9454	2700	22948	83718	118820	1246	191	5188	38401	45026	15537	14313	11330	7318	20306	42326	111130
多年平均	9454	2700	22948	77656	112758	635	72	2487	19014	22208	16200	17834	19852	5823	16508	63361	139578

附表17-7　　2020年漳河灌区各计算单元水资源供需平衡表（2020D）　　单位：万 m³

用户名	东宝区				掇刀区				沙洋县			
典型年	多年平均	50%	75%	95%	多年平均	50%	75%	95%	多年平均	50%	75%	95%
城镇生活需水	2049	2049	2049	2049	1786	1786	1786	1786	3217	3217	3217	3217
农村生活需水	188	188	188	188	134	134	134	134	706	706	706	706
二三产业需水	10756	10756	10756	10756	5491	5491	5491	5491	3854	3854	3854	3854
农业需水	6751	6096	7140	7140	4860	4196	5254	5254	28744	24970	30980	30980
城镇生活总供水	1987	2049	2049	1782	1604	1786	1786	1181	3066	3217	3217	2889
农村生活总供水	188	188	188	188	133	134	134	134	684	706	706	706
二三产业总供水	9940	10756	10756	7404	4863	5491	5491	3123	3636	3854	3854	3442
农业总供水	6247	6096	7140	4804	4263	4196	5254	3006	24264	24970	30980	15440
城镇生活缺水	63	0	0	267	182	0	0	606	151	0	0	328
农村生活缺水	0	0	0	0	1	0	0	0	22	0	0	0
二三产业缺水	816	0	0	3352	628	0	0	2368	218	0	0	412
农业缺水	504	0	0	2336	597	0	0	2248	4479	0	0	15540
塘堰实际供水	3563	3859	3253	3253	1874	1979	1976	1976	2774	3081	2464	2464
小库实际供水	1095	889	954	954	668	611	509	509	3757	4601	3160	3160
中型水库实际供水	286	211	1069	102	278	83	179	122	6658	6354	11015	2957
河坝实际供水	322	181	372	372	335	193	391	394	2595	2355	2056	3108
泵站实际供水	42	22	52	52	88	61	93	99	6214	4112	7112	7409
漳河实际供水	13054	13926	14432	9445	7620	8679	9516	4343	9651	12245	12951	3380
塘堰实际毛供水	4399	4765	4017	4017	2313	2443	2440	2440	3425	3803	3042	3042
小库实际毛供水	1521	1235	1325	1325	927	849	707	707	5218	6391	4388	4388
中型水库实际毛供水	398	294	1485	142	386	116	249	169	9248	8825	15298	4106
河坝实际毛供水	447	251	517	517	465	268	543	547	3605	3271	2855	4317
泵站实际毛供水	59	31	72	72	123	85	129	137	8631	5710	9878	10290
漳河实际毛供水	24169	25789	26726	17491	14111	16073	17622	8043	17873	22676	23983	6259

续表

用户名	钟祥市				荆州区				当阳市			
典型年	多年平均	50%	75%	95%	多年平均	50%	75%	95%	多年平均	50%	75%	95%
城镇生活需水	1022	1022	1022	1022	1060	1060	1060	1060	320	320	320	320
农村生活需水	781	781	781	781	581	581	581	581	310	310	310	310
二三产业需水	811	811	811	811	1565	1565	1565	1565	471	471	471	471
农业需水	9059	7748	9836	9836	10675	9215	11539	11539	4801	4118	5206	5206
城镇生活总供水	1020	1022	1022	1022	1033	1060	1060	1060	307	320	320	320
农村生活总供水	780	781	781	781	564	581	581	581	304	310	310	310
二三产业总供水	809	811	811	811	1498	1565	1565	1565	453	471	471	471
农业总供水	9019	7748	9836	9288	5477	8098	8881	4267	4061	4118	5206	3602
城镇生活缺水	2	0	0	0	26	0	0	0	12	0	0	0
农村生活缺水	1	0	0	0	16	0	0	0	6	0	0	0
二三产业缺水	2	0	0	0	67	0	0	0	18	0	0	0
农业缺水	40	0	0	547	5197	1118	2659	7272	740	0	0	1604
塘堰实际供水	3130	3275	3327	3327	829	929	744	744	456	513	411	411
小库实际供水	3786	3780	3079	3079	1156	1457	856	856	1574	1768	1274	1274
中型水库实际供水	3673	3307	3600	3734	2630	5601	1079	4049	554	398	484	451
河坝实际供水	442	0	1064	910	6	2	8	4	0	0	0	0
泵站实际供水	583	0	1381	853	1391	493	2175	1047	1796	1184	2385	2291
漳河实际供水	15	0	0	0	2561	2820	7225	774	746	1356	1754	276
塘堰实际毛供水	3864	4043	4107	4107	1024	1148	918	918	563	634	507	507
小库实际毛供水	5259	5249	4276	4276	1606	2024	1188	1188	2186	2455	1770	1770
中型水库实际毛供水	5101	4594	4999	5186	3652	7779	1499	5624	769	552	672	627
河坝实际毛供水	613	0	1478	1264	9	3	12	6	0	0	0	0
泵站实际毛供水	810	0	1918	1185	1932	685	3020	1454	2494	1645	3312	3182
漳河实际毛供水	27	0	0	0	4742	5223	13380	1433	1381	2511	3248	511

第18章 结论与建议

本章系统总结了项目的主要研究结论，并提出了相应的政策建议。

18.1 主要研究结论

18.1.1 查明了研究区水资源量

根据漳河水库流域、灌区各水文站1960—2005年的降雨量资料，用泰森多边形法计算出研究区的多年年平均降雨量为986mm，其中漳河水库流域为989.6mm，灌区为984.6mm。研究区降雨量年内不均，其中汛期（5—10月）的降雨量一般占整个年降雨量的81%，而非汛期（11月—次年4月）则只占整个年降雨量19%。

研究区多年年平均蒸发量为946.5mm，其中漳河水库流域的多年平均年蒸发量为927.9mm，灌区的为958.4mm，漳河水库流域多年蒸发量变化趋势基本稳定，而漳河水库灌区多年蒸发量的变化趋势是逐年变小的。

根据漳河打鼓台站的泥沙资料，得出漳河水库流域多年平均年输沙量为21万t，输沙模数为95 t/km^2，根据水力侵蚀强度分级说明，属于微度侵蚀，说明漳河水库流域的水土流失较轻。

研究区的水资源总量为30.31亿m^3，其中地表水资源量为24.94亿m^3，地下水资源总量9.92亿m^3，不重复地下水资源量5.37亿m^3。漳河水库流域的水资源总量为9.69亿m^3，其中水资源可利用总量为6.92亿m^3；灌区的水资源总量为20.62亿m^3，其中水资源可利用总量为9.33亿m^3。

18.1.2 摸清了研究区水资源开发、利用与保护现状

2005年灌区各种水利工程实际供水总量为8.97亿m^3，地表水供水总量8.90亿m^3，占供水总量的99.2%，地下水供水总量0.07亿m^3，占供水总量的0.8%。在地表水供水工程中，蓄水工程占80.0%，引水工程占2.6%，提水工程占17.4%。漳河水库和泵站提水对灌区的供水贡献最大，供水总量分别为3.28亿m^{3}和1.55亿m^3，各占灌区总供水量的36.6%和17.3%。

2005年灌区总用水量为8.97m^3，其中农业灌溉用水量7.34亿m^3，占用水总量的81.8%；工业用水量0.48亿m^3，占用水总量的5.4%；生活用水0.56亿m^3，占用水总量的6.2%；其他用水量0.59亿m^3，占用水总量的6.6%。灌区农业是主要的用水部门，农业用水比重比2005年全国平均值高20个百分点，工业用水比重则比全国平均值低18个百分点，生活用水量所占比重也比全国平均水平低5个百分点。

灌区多年平均水资源总量为20.62亿m^3，2005年灌区当地供水总量为5.69亿m^3，

地表水供水量 5.62 亿 m³。因此，灌区的水资源开发利用率为 27.6%，高于全国水资源开发利用率的 19.6%。但是，比北方六区（松花江、辽河、海河、黄河、淮河、西北诸河）的 43.3%要低，比南方四区（长江、东南诸河、珠江及西南诸河）的 14.1%要高。

2005 年灌区人均用水量为 522.8m³，高于全国平均用水水平。就各行政区域而言，当阳市人均用水量最大是 668.8m³，荆门市和荆州区分别为 499.1m³ 和 583.4m³；漳河灌区万元 GDP 用水量为 341.8m³，高于全国万元 GDP 用水量；荆门市区城镇人口生活用水水平为 164.2 L/（p·d），比同期全国的城镇人口生活日用水量要小；荆门市城区工业万元产值（含火电）用水量为 76.6m³；漳河水库灌区农业亩均灌溉用水量 401.9m³，低于全国亩均灌溉用水量的 448m³。

在水资源和水生态保护方面，灌区尚未形成全面有效的保护体系，个别地方的地表水的水质污染都较为严重。

18.1.3 分析了研究区水资源演变情势

根据 1960—2005 年漳河水库流域灌区降水、地表水和地下水资源的演变规律及其影响因子，得出研究区 1960—2005 年的降雨量、地表水资源、地下水资源量依次经历了偏丰、偏枯、偏丰、偏丰、偏枯等五个阶段。

18.1.4 计算灌区的节水潜力，合理制定了各项节水指标和方案

现状年灌区单位 GDP 用水量高于全国平均水平，与北京和天津等节水先进地区相比存在一定差距，还有很大的节水潜力。参照《全国节水规划纲要》、《中国城市节水 2010 年技术进步发展规划》以及湖北省相关部门制定的节水标准与用水标准等，计算出灌区现状年至 2020 年的节水潜力为 2.07 亿 m³，主要是工程节水潜力。

结合灌区实际情况，确定城镇生活、工业和农业的节水发展方向和节水目标：规划至 2020 年，城市供水节水器具普及率 90%，城市供水管网漏失率低于 13%，工业用水重复利用率总体提高到 86%，万元工业增加值用水量下降到 120m³；漳河水库渠系水综合利用系数提高到 0.6，农田综合毛灌溉定额控制在 299.0m³ 以下。在以上指标实现的条件下，现状年至 2020 年灌区总节水量约 2.07 亿 m³。

18.1.5 对漳河灌区国民经济发展及其需水量进行了科学预测

2005 年漳河灌区经济社会净需水在不同保证率情况下需水量分别为 9.00 亿 m³（P=50%）、9.54 亿 m³（P=75%）和 10.52 亿 m³（P=95%）。随着经济社会的发展以及灌区有效灌溉面积的增大，漳河灌区经济社会需水量呈不断增长的态势。到 2020 年，灌区 GDP 总量将达 1008.7 亿元。城镇生活需水量为 0.67 亿 m³；农村生活需水量为 0.18 亿 m³；75%保证率条件下农业总净需水量为 8.15 亿 m³，95%保证率条件下农业总需水量为 9.09 亿 m³。第二产业需水量为 2.04 亿 m³；第三产业需水量为 0.25 亿 m³，不同保证率情况下灌区 2020 年净需水量将达到 10.96 亿 m³（P=50%）、11.34 亿 m³（P=75%）和 12.28 亿 m³（P=95%）。

18.1.6 提出了漳河灌区水资源合理配置方案和供需平衡结果

通过方案比选，现状年采用的配置方案为 2005A，用水模式与现状年基本相同，供水

方面考虑扣除现状供水量中不合理的部分，如考虑生态环境需水要求等，该方案对应于现状年水资源一次供需平衡；2020 水平年的推荐配置方案为 2020D，该方案也是在国民经济发展中速方案，同时也考虑了一般的节水力度，该推荐配置方案对应于水资源二次供需平衡。

现状年全灌区供需平衡结果：多年平均的净需水量为 8.94 亿 m^3，净供水量为 7.99 亿 m^3，其中对城镇生活、农村生活、二三产业、农业的供水分别为 0.36 亿 m^3、0.19 亿 m^3、0.84 亿 m^3 和 6.61 亿 m^3，综合缺水率为 12%；50%供水保证率的净需水量为 7.91 亿 m^3，净供水量为 7.85 亿 m^3，其中对城镇生活、农村生活、二三产业、农业的供水分别为 0.36 亿 m^3、0.19 亿 m^3、0.86 亿 m^3 和 6.44 亿 m^3，综合缺水率为 1%；75%供水保证率的净需水量为 9.54 亿 m^3，净供水量为 9.02 亿 m^3，其中对城镇生活、农村生活、二三产业、农业的供水分别为 0.36 亿 m^3、0.19 亿 m^3、0.86 亿 m^3 和 7.61 亿 m^3，综合缺水率为 6%；95%供水保证率的净需水量为 10.53 亿 m^3，净供水量为 7.11 亿 m^3，其中对城镇生活、农村生活、二三产业、农业的供水分别为 0.35 亿 m^3、0.19 亿 m^3、0.81 亿 m^3 和 5.76 亿 m^3，综合缺水率为 33%；从缺水率来看，城镇生活与农村生活的需水都基本得到满足。在多年平均及不同供水保证率时，二三产业缺水率在 0～6%之间，农业缺水率较高，在 1%～38%之间，综合缺水率在 1%～33%之间。

2020 年全灌区供需平衡结果：多年平均的净需水量为 10.0 亿 m^3，净供水量为 8.62 亿 m^3，其中对城镇生活、农村生活、二三产业、农业的供水分别为 0.90 亿 m^3、0.27 亿 m^3、2.12 亿 m^3 和 5.33 亿 m^3，综合缺水率为 14%；50%供水保证率的净需水量为 9.14 亿 m^3，净供水量为 9.03 亿 m^3，其中对城镇生活、农村生活、二三产业、农业的供水分别为 0.95 亿 m^3、0.27 亿 m^3、2.29 亿 m^3 和 5.52 亿 m^3，综合缺水率为 1%；75%供水保证率的净需水量为 10.51 亿 m^3，净供水量为 10.24 亿 m^3，其中对城镇生活、农村生活、二三产业、农业的供水分别为 0.95 亿 m^3、0.27 亿 m^3、2.29 亿 m^3 和 6.73 亿 m^3，综合缺水率为 3%；95%供水保证率的净需水量为 11.32 亿 m^3，净供水量为 6.82 亿 m^3，其中对城镇生活、农村生活、二三产业、农业的供水分别为 0.83 亿 m^3、0.27 亿 m^3、1.68 亿 m^3 和 4.04 亿 m^3，综合缺水率为 40%；从缺水率来看，农业缺水程度远远高于其他用水部门的缺水率。在多年平均及不同供水保证率时，二三产业缺水率在 0～27%之间，农业缺水率较高，在 2%～48%之间，综合缺水率在 1%～40%之间。

18.2 建议

区域水资源合理配置，关系当地经济建设全局，将有力促进生产力的发展，同时需要在生产关系方面同步进行调整。为此提出以下建议。

18.2.1 经济建设布局要以水资源条件为基础

漳河灌区经济社会的发展和生态环境的建设，必须充分考虑当地水资源承载能力，按照以供定需原则，进行经济社会布局和产业结构调整，严格控制人口增长，发展特色经济。要充分重视农业的基础地位，发展优质畜产高效农业，推进农业产业化，把第一产业调优；壮大支柱和特色工业，积极发展高新技术产业，大力改造提高传统工业，把第二产业调强；加快发展信息、流通、旅游、综合服务等产业，把第三产业调大。

要积极稳妥地进行农林牧结构调整，同时要调整作物种植结构，确保有限的水资源能够较为经济的配置到各用水部门，使得供水效益最大化。在城市和工业发展中，要贯彻节水优先、治污为本的原则，严格控制兴建耗水量大和污染严重的项目。

18.2.2 建立有效的水资源管理体制

漳河灌区水资源管理体制的现状可以概括为"多龙管水、政出多门、职责交叉、责任不明"，具体表现为水源地不管供水、供水的不管排水、排水的不管治污、治污的不管回用，增加了水资源管理的难度，造成水资源短缺、水污染加剧、水生态恶化及水资源浪费严重等不协调局面。因此，在实践操作过程中，必须尽快推进以下几项改革，采取有力措施，推进水务管理一体化的建设：①积极构建新型水务统一管理模式；②加快水管理和水务管理的法制化进程；③鼓励公众参与水务管理，大力推广和普及农民用水者协会参与到灌区水务管理当中。

18.2.3 进行水资源使用权的初始分配尝试

水资源开发利用过程实质上是资源再配置过程，无论是采取传统的计划方式还是现代的市场方式进行配置，都要以水资源有偿使用和产权制度为基础。漳河灌区经济的发展导致枯水和偏枯年份，特别是连续枯水段的水资源短缺、水环境承载能力不足。原有的水资源配置格局必须做相应调整，这将涉及到水权管理问题。

水资源使用权不可能一次分配到位，分配后在实践中会不断出现新的问题。当发现水资源使用权分配不合适时，原则上政府不干预，而是通过市场来调节，多余的水权指标可以转让。当出现较大的不适宜时，需通过一定程序由政府组织及时加以调控。

各地区在第一次获得水资源使用权时需要缴纳一定的费用，主要有三个目的：一是水资源所有权向使用者转让时在经济上要有一个度量；二是通过竞争投标获得水资源使用权可以有效防止某些地区无限制地要求水资源使用权；三是区域获得水资源使用权的费用可以在每个用户的水资源费（税）中包括。每个用户的水资源费（税）除此之外还应包括水资源监测、保护、规划和管理费用的分摊。在水资源使用权转让时，则完全受市场规律的调节，在政府的监控下由买卖双方确定。

建立水权交易制度，提高全社会的水商品意识，培育和发展水市场。逐步建立符合区情的水权交易制度、交易规则和规范交易行为。允许水权拥有者通过水权交易市场，平等协商，将其节约的水有偿转让其他用户，形成合理利用市场配置水资源的有偿使用制度。

18.2.4 建立合理水价形成机制和水价体系

面对水资源严重短缺和市场转型的大形势，应实行面向可持续发展的合理水价体系。水价应包括三个部分：一是水资源费，可称为资源水价，包括资源的监测、评价、保护与管理费用，也包括使用稀缺性资源对全社会做出的补偿，还包括《中华人民共和国水法》规定的国家所有权向用户使用权的转让费用；二是生产成本和产权收益，即工程水价；三是水污染处理费和水环境容量费，即环境水价。按上述口径进行水价测算，提出各水平年的目标水价。

有了合理水价体系以后，要建立统一的收费体制，逐步改变目前水资源费、水费、排污费分别收费的状况，缩小不同水源供水费率的差别，充分利用水资源费的经济杠杆作用，向多水源统一费率过渡。制定季节性水价和累进制水价，利用价格杠杆抑制过度需求和促进节水。

总之，水资源合理配置方案的实施要与水价形成机制结合起来，把水利建设、水污染防治工程建设与改革水费和排污收费机制结合，既要制定工程建设规划，又要制定调水和治污、节水的筹资管理、运行机制改革规划，要考虑工程建成后运行、成本、效益。因此，核心是水价改革，尽快提交合理的水价形成机制。

18.2.5　实行对农业节水灌溉的补贴制度

农业是用水大户，用水量占总用水量的80%以上，而农民对节水水价的承受能力非常有限。因此，在确保以城市和工业供水为主的供水目标的同时，也要研究实行向农业和生态供水水费的补贴制度，以利于农业的可持续发展和生态环境的恢复与改善。

18.2.6　制定有效保护水资源的地方条例

在区域水资源保护规划的基础上，应立即着手区域水资源保护立法工作，包括区域水资源保护条例、水功能区划和管理办法、水污染和污水排放监测监督制度、供水水源地保护管理条例等。

在水资源保护条例中，首先要建立水环境有偿使用的制度，这包括两层规定：①对于在容许排污量范围之内或是排放指标以下的排放量收取一定的基本水环境容量费，主要用于水环境监测和江河水体的水资源保护，包括地下水的监测和保护；②超标罚款，对超标排放量采取经济措施控制。

抓紧完善修订环境标准和排污标准，根据水功能区划，实行排污总量控制，并分解到排污单位，实施河流水质跨地区水质断面达标管理制度。完善水质影响评价制度，加强小型企业，特别是农村乡镇企业的排污监测监督工作。坚决实施排污许可和入河排污许可，实行总量控制，提高透明度。对于新上生产线要申请排污许可认证，对于已有的排污达不到标准的企业要限期整顿治理，直至排污达标，否则，责令停产甚至关闭。同时要增强公众的水环境保护意识，采用先进的信息技术，建立水质旬报制度，向社会公布，进行公众监督。

参 考 文 献

[1] 荆门水利［R］，荆门：荆门市水利局，2005.

[2] 漳河水库初步设计意见［R］，武昌：湖北省水利勘察设计院，1963.

[3] 湖北省荆门市水利发展“十一五”规划报告［R］，荆门：荆门市水利局，2005.

[4] 湖北省漳河水库区域地貌图［U］，荆州：湖北省水文地质大队，1983.

[5] 水利电力部水文局. 中国水资源评价［M］. 北京：水利电力出版社，1987.

[6] 詹道江，叶守则. 工程水文学［M］. 北京：水利电力出版社，1985.

[7] Johnson V M，Rogers L L. Accuracy of network approximators in simulation-optimization［J］. Water Resource Plan Manage，ASCE，2000，126（2）：48－56.

[8] 谢新民. 水资源评价及可持续利用规划理论与实践［M］. 郑州：黄河水利出版社，2003.

[9] ICWE. The Dublin Statement and Report of the Conference In Globle Water Resources Issues［M］. Cambridge：Cambridge University Press，1990.

[10] 《中国大百科全书》总编委会. 中国大百科全书. 大气科学、海洋科学、水文科学［M］. 北京：中国大百科全书出版社，1987.

[11] Johnson. L E Water resources management decision support system of water resources planing and management［M］. Cambridge：Cambridge University Press，2004.

[12] Reeves A. Variable Parameter Muskingum-Cunge Flood Routing［D］. Birmingham：Uniersity of Birmingham and HR Wallingford，1995.

[13] 海南省水资源评价［R］. 北京：中国水利水电科学研究院，2002.

[14] Stoer J Present and future perspectives of water resources in development countries［J］. Jourinal of Hydraulic research，1988.

[15] 赵金河，陈崇德. 漳河水库调度手册［M］. 湖北：湖北省漳河工程管理局，2001.

[16] MCGraw-Hill. Water-Resources Engineering［M］. NewYork：Cambridge University Press，1999.

[17] 赵海瑞，尹东伟. 三峡地区水资源评价［J］. 水文，1995（8）：21－25.

[18] Mccarthy G T. The unit Hydrological and flood routing［M］. Washington：Washington D C，2001.

[19] Loucks D P，Stedinger J R，Haith D A. Water resources systems planning and analysis［M］. New Jersey：Prentice-Hall，Englewood Cliffs，1981.

[20] 水资源可利用量估算方法［R］. 北京：水利部水利水电规划总院，2004.

[21] 张洪刚，张翔，吕孙云，等. 国内外水资源可利用量计算办法概析［J］. 人民长江，2008，39（17）：20－23.

[22] 刘尚仁. 地下水资源与环境［M］. 广州：中山大学出版社，1999.

[23] GB 3838—2002 地表水环境质量标准. 北京：中国标准出版社，2002.

[24] 钱正英，张光斗. 中国可持续发展水资源战略研究综合报告及各专题报告［M］. 北京：中国水利水电出版社，2001.

[25] 陈志凯. 中国水资源的可持续利用［J］. 中国水利，2002（8）：38－40.

[26] 张德尧，程晓冰. 我国水环境问题及对策［J］. 中国水利，2000（6）：14－16.

[27] 李庆国. 水文水资源系统计算智能评价与预测方法研究［D］. 大连：大连理工大学，2004.

[28] 王浩，陈敏建，秦大庸，等. 西北地区水资源合理配置和承载能力研究［M］. 郑州：黄河水利

出版社，2003.
[29] 王顺久，侯玉，张欣莉，等. 中国水资源优化配置研究进展与展望 [J]. 水利发展研究，2002，2 (9)：9-11.
[30] 尤祥瑜，谢新民，孙仕军. 我国水资源配置模型研究现状与展望 [J]. 中国水利水电科学院院报，2004，2 (2)：131-140.
[31] 冯耀龙，韩文秀，王宏江，等. 面向可持续发展的区域水资源优化配置研究 [J]. 系统工程理论与实践，2003，2：131-136.
[32] 尹明万，谢新民，王浩，等. 安阳市水资源配置系统方案研究 [J]. 中国水利，2003，488 (7)：14-16.
[33] 甘泓，李令跃，尹明万. 水资源合理配置浅析 [J]. 中国水利，2000 (4)：3-6.
[34] 王劲峰，刘昌明. 区域调水时空优化配置理论模型探讨 [J]. 水利学报，2001 (4)：7-14.
[35] 常炳炎，薛松贵，张会育，等. 黄河流域水资源合理分配和优化调度 [M]. 郑州：黄河水利出版社，1998.
[36] 叶秉如. 水资源系统优化规划和调度 [M]. 北京：中国水利水电出版社，2001.
[37] 华士乾. 水资游系统分析指南 [M]. 北京：水利电力出版社，1988.
[38] 李钰心. 水资源系统运行调度 [M]. 北京：中国水利水电出版社，1995.
[39] 马文正，袁宏源. 水资源系统模拟技术 [M]. 北京：水利电力出版社，1987.
[40] 王浩，秦大庸，王建华. 流域水资源规划的系统观和方法论 [J]. 水利学报，2002 (8)：5-9.
[41] 赵建世，王忠静，翁文斌. 水资源复杂适应配置系统的理论与模型 [J]. 地理学报，2002，57 (6)：103-107.
[42] 常炳炎，薛松贵，张会育，等. 黄河流域水资源合理分配和优化调度 [M]. 郑州：黄河水利出版社，1998.
[43] 娄岳. 水库调度与运用 [M]. 北京：中国水利水电出版社，1995.
[44] 冯尚友. 水资源系统分析应用的目前动态与发展趋势 [J]. 系统工程理论与实践，1990 (5)：43-48.
[45] 周惠成，梁国华，王本德，等. 水库洪水调度系统通用化模版设计与开发 [J]. 水科学进展，2002 (1)：42-48.
[46] 王义民，黄强，畅建霞，等. 水库洪水调度仿真模型及应用 [J]. 西安理工大学学报，2001 (3)：283-287.
[47] 游进军，王浩，甘泓. 水资源配置模型研究现状与展望 [J]. 水资源与水工程学报，2003 (3)：2-3.
[48] 畅建霞，黄强，王义民. 水电站水库优化调度几种方法的探讨 [J]. 水电能源科学，2000，18 (3)：19-22.
[49] 甘泓. 水资源合理配置理论与实践研究 [D]. 北京：中国水利水电科学研究院，2000.
[50] 方红远. 水资源合理配置中的水量调控模式研究 [D]. 南京：河海大学，2003.
[51] 甘治国，蒋云钟，鲁帆，胡明罡. 北京市水资源配置模拟模型研究 [J]. 水利学报，2008，39 (1)：91-95.

作者简介

韩宇平（1975— ），男，教授，博士后，硕士生导师，华北水利水大学任教，教育部“新世纪优秀人才支持计划”人选，河南省“科技创新杰出青年”人选，河南省优秀青年科技专家，河南省教育厅学术技术带头人。中国水利学会水资源专业委员会委员，中国自然资源学会水资源专业委员会委员，中国可持续发展协会水问题专业委员会委员，水利部发展研究中心特约研究员。主要从事水资源合理配置和高效利用、社会水文学、生态水文学和水资源系统管理等方面的研究工作，先后主持或参加了国家自然科学基金面上项目、国家重大水专项、十一五、十二五国家科技支撑计划项目、国家自然科学基金重点项目、水利部公益性行业专项资金项目等 20 多项，出版学术专著 5 部，发表学术论文 70 多篇，获省部级科技进步奖 4 项。

张建龙（1981— ），男，工程师，博士，工作于山西省水利建设开发中心，主要从事水资源合理配置、规划和管理方面的研究工作。先后参加了国家“863”项目、水利发展“十二五”规划重大专题、国家自然基金项目等省部级项目 10 多项，出版学术专著 1 部，发表学术论文 30 多篇，获得省级奖励 4 项，获得专利 2 项。

朱庆福（1977— ），男，硕士研究生，河南省水利厅主任科员。主要从事水利规划及水资源管理方面的研究与管理工作。先后参加多个科研项目，参与出版学术专著 2 部，发表学术论文 2 篇。

黄会平（1979— ），女，讲师，西北大学博士研究生，华北水利水电大学任教。主要从事 GIS 与资源配置研究，参与多项科研项目，参编教材 1 部，发表学术论文 20 余篇。